Excel 2003
Programmation VBA

Guide de formation avec cas pratiques

CHEZ LE MÊME ÉDITEUR ──────────────────

Dans la collection *Les guides de formation Tsoft*

P. Morié, B. Boyer. – **Excel 2003 Initiation.** *Guide de formation avec exercices et cas pratiques.*
N°11417, 2004, 206 pages.

P. Morié, B. Boyer. – **Excel 2003 Avancé.** *Guide de formation avec exercices et cas pratiques.*
N°11418, 2004, 204 pages.

P. Morié, B. Boyer. – **Excel 2002 Initiation.** *Guide de formation avec exercices et cas pratiques.*
N°11237, 2003, 200 pages.

P. Morié, B. Boyer. – **Excel 2002 Avancé.** *Guide de formation avec exercices et cas pratiques.*
N°11238, 2003, 200 pages.

P. Morié, Y. Picot. – **Access 2003.** *Guide de formation avec exercices et cas pratiques.*
N°11490, 2004, 400 pages.

C. Monjauze, P. Morié. – **PowerPoint 2003.** *Guide de formation avec exercices et cas pratiques.*
N°11419, 2004, 320 pages.

P. Morié. – **Word 2003 Initiation.** *Guide de formation avec exercices et cas pratiques.*
N°11415, janvier 2004, 222 pages.

P. Morié. – **Word 2003 Avancé.** *Guide de formation avec exercices et cas pratiques.*
N°11416, janvier 2004, 220 pages.

P. Morié, P. Moreau. – **Windows XP Professionnel et Édition Familiale.**
N°11524, 2004, 402 pages.

X. Pichot. – **Windows XP Professionnel.** *Administration et support.*
N°11144, 2002, 384 pages.

Autres ouvrages ──────────────────

J. Walkenbach. – **VBA pour Excel 2003.**
N°11432, 2004, 980 pages.

J. Rubin. – **Analyse financière et reporting avec Excel.**
G11460, 2004, 278 pages.

J. Steiner – **Les fonctions d'Excel 2003.**
N°11533, 2004, 552 pages.

J. Steiner – **Excel 2003.**
N°11434, 2004, 656 pages.

A. Taylor, V. Andersen. – **VBA pour Access 2003.**
N°11465, 2004, 658 pages.

B. Marcelly, L. Godard. – **Programmation OpenOffice.org** – *Macros OOoBASIC et API.*
N°11439, 2004, 696 pages.

S. Gautier, C. Hardy, F. Labbe, M. Pinquier. – **OpenOffice.org 1.1.3 efficace.**
N°11438, 2e édition 2005, 366 pages avec CD-Rom.

Excel 2003
Programmation
VBA

Guide de formation avec cas pratiques

Daniel Jean-David

Tsoft
EDITEUR

EYROLLES

ÉDITIONS EYROLLES
61, bd Saint-Germain
75240 Paris Cedex 05
www.editions-eyrolles.com

TSOFT
10, rue du Colisée
75008 Paris
www.tsoft.fr

Avant - propos

Conçu par des formateurs expérimentés, cet ouvrage vous permet d'acquérir de bonnes bases pour développer avec Microsoft VBA pour Excel. Il s'adresse à des utilisateurs avancés de Microsoft Excel qui veulent créer des applications utilisant les outils et les objets Excel.

Les versions successives de Microsoft Excel 2000, 2002, 2003 ont surtout apporté des changements aux commandes de feuilles de calcul d'Excel, notamment dans le domaine de la conversion en pages Web. Le langage VBA n'a pas connu d'évolution au niveau de sa syntaxe depuis Excel 2000, et les rares changements apportés au modèle objet d'Excel ne concernent que des éléments très marginaux que nous n'abordons pas dans ce livre.

Fiches pratiques Ce manuel commence par présenter sous forme de fiches pratiques les "briques de base" de la programmation avec Microsoft VBA pour Excel. Ces fiches pratiques peuvent être utilisées soit dans une démarche d'apprentissage pas à pas, soit au fur et à mesure de vos besoins lors de la réalisation de vos applications avec Excel VBA.

Méthodologie Une deuxième partie fournit des bases méthodologiques et des exemples réutilisables dans vos programmes. Tous les exemples donnés sont "passe-partout", indépendants de toute version. Nous insistons plutôt sur les aspects "stratégie de la programmation" qui ne doivent pas reposer sur des détails de langage.

Cas pratiques La troisième partie vous propose des cas pratiques à réaliser par vous-même pour acquérir un savoir-faire en programmation VBA pour Excel. Cette partie vous aidera à développer des applications en mettant en œuvre les techniques et méthodes étudiées dans les parties précédentes.
- Ces cas pratiques constituent autant d'étapes d'un parcours de formation ; la réalisation de ce parcours permet de s'initier seul en autoformation.
- Un formateur pourra aussi utiliser ces cas pratiques pour animer une formation à la programmation VBA pour Excel. Mis à la disposition des apprenants ce parcours permet à chaque élève de progresser à sa vitesse et de poser ses questions au formateur sans ralentir la cadence des autres élèves.

Les fichiers nécessaires et les exemples de codes utiles à la réalisation de ces exercices pratiques peuvent être téléchargés depuis le site Web *www.editions-eyrolles.com*. Il vous suffit pour cela de taper le code **11622** dans le champ RECHERCHE de la page d'accueil du site. Vous accéderez ainsi à la fiche de l'ouvrage sur laquelle se trouve un lien vers le fichier à télécharger, *InstallExosVBAExcel.exe*. Une fois ce fichier téléchargé sur votre poste de travail, il vous suffit de l'exécuter pour installer automatiquement les fichiers des cas pratiques dans un dossier nommé *Exercices Excel VBA*, créé à la racine du disque C: sur votre ordinateur.

Les cas pratiques sont particulièrement adaptés en fin de parcours de formation ou d'un cours de formation en ligne (e-learning) sur Internet, par exemple.

Tous les exemples ont été testés sur PC, mais ils devraient fonctionner sans problèmes sur Mac.

Téléchargez les fichiers des cas pratiques depuis www.editions-eyrolles.com

Des différences se rencontrent dans les manipulations de fichiers, mais sur des éléments non abordés ici ou évités grâce à l'emploi de la propriété PathSeparator.

Conventions typographiques

Actions à effectuer

Les commandes de menus sont en italiques, séparées par des tirets : *Fichier – Ouvrir*.

Une suite d'actions à effectuer est présentée avec des puces :
- *Affichage*
- Clic sur la fenêtre à afficher

Une énumération ou une alternative est présentée avec des tirets : Par exemple :
- soit par un nombre
- soit par <nombre1> To <nombre 2>

L'action de frappe de touche est représentée par la touche ainsi : F11.

L'action de frappe d'une combinaison de touches est représentée ainsi : Alt–F11.

L'action de cliquer sur un bouton est représentée ainsi : OK.

Les onglets sont entre guillemets : « Général » ou on précise : Onglet *Général*.

Les cases à cocher sont marquées ainsi : ☒ ou ☑ (il faut la cocher), ☐ (il faut la décocher).

Les boutons radio sont marqués ainsi : ⊙ (choisi), O (non choisi).

Extraits de programme

Les extraits de programme sont représentés comme suit :

```
Sub exemple()
Dim x As Integer
    x=3
End Sub
```

Le trait figure la marge. Les indentations (décalages comme pour x=3) doivent être respectées.

Dans les descriptions de syntaxe

Une désignation générique d'un élément est présentée entre <> ; dans une instruction véritable, elle doit être remplacée par un élément de syntaxe correcte jouant ce rôle ; une définition générique sera le plus souvent suivie d'un exemple réel en caractères Courier. Par exemple, La déclaration d'une variable est de la forme :

```
Dim <variable> As <type>    Ex. : Dim x as Integer
```

Dans une description, un élément facultatif est présenté entre [ ] (qui ne doivent pas être tapés) : For <variable>=<début> To <fin> [Step <pas>]

Une répétition facultative est présentée comme suit :

```
Dim <variable> As <type>[,<variable> As <type> [,…]]
```

La place des virgules et des crochets montre que chaque élément, s'il existe en plus du premier, doit être précédé de la virgule qui le sépare du précédent. Les [ ] les plus internes peuvent être absents.

Abréviations

BD :	Base de données	VB :	Visual Basic sans application hôte
BDi ;	Boîte de dialogue/Formulaire	VBA :	Visual Basic Applications
désign. :	désignation	VBAE :	Visual Basic Applications pour Excel

Table des matières

10 - CONSEILS MÉTHODOLOGIQUES 149

PARTIE 3 Cas pratiques   157

11 - RÉSULTATS DE FOOTBALL 159

12 - SYSTÈME DE QCM 171

13 - GESTION D'UNE ASSOCIATION 197

14 - FACTURATION 215

15 - TOURS DE HANOI 237

PARTIE 1
APPRENTISSAGE

Création d'un programme

1

Enregistrement d'une macro

Écriture des instructions VBA : l'Éditeur VBA

Règles fondamentales de présentation

Projets, différentes sortes de modules

Options de projets

Les différentes sortes d'instructions

Les menus de l'Éditeur VBA

ENREGISTREMENT D'UNE MACRO

ENREGISTRER UNE SUITE D'OPÉRATIONS EXCEL

Nous allons voir qu'on peut mémoriser une suite d'opérations Excel pour pouvoir répéter cette suite ultérieurement sans avoir à refaire les commandes.

- Étant sur une feuille de classeur Excel, faites *Outils – Macro – Nouvelle macro :*

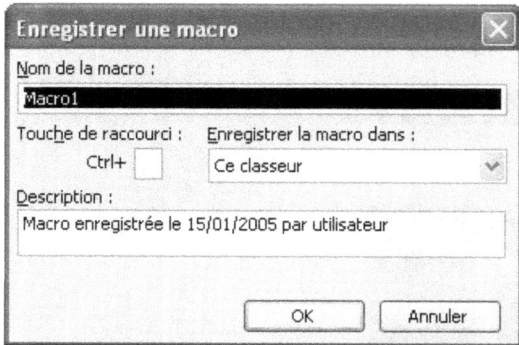

- Vous avez la possibilité de changer le nom de la macro, de la sauvegarder dans d'autres classeurs (le plus souvent, on la sauvegarde dans le classeur en cours) ou de donner une description plus complète de la macro en cours de définition. L'option probablement la plus utile est d'associer une touche de raccourci. Cliquez sur ▢ OK ▢ pour valider.

Il apparaît alors sur l'écran une petite boîte à outils dont le nom complet est *Arrêt* : le bouton avec le carré bleu ❶ permet d'arrêter l'enregistrement comme sur un magnétophone, le second bouton ❷ permet de décider si la rédaction de la macro traitera les coordonnées de cellules en absolu ou en relatif (absolu par défaut) :

- Faites les opérations Excel que vous souhaitez enregistrer….
- Cliquez sur le bouton d'arrêt ❶ de l'enregistrement de la petite boîte à outils ci-dessus.

DÉCLENCHER UNE NOUVELLE EXÉCUTION

- Revenu sur la feuille Excel, modifiez éventuellement certaines données.
- Faites *Outils – Macro – Macros*, la boîte de dialogue suivante s'affiche :

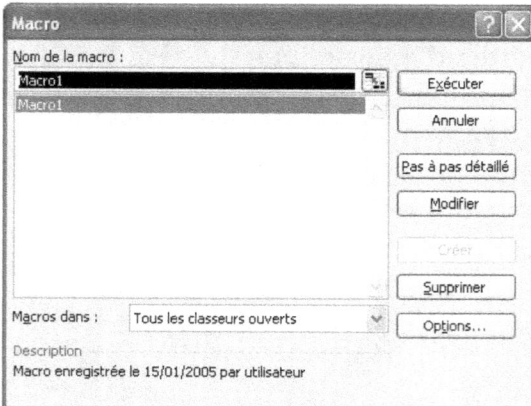

ENREGISTREMENT D'UNE MACRO

Ce dialogue permet de choisir une macro dans la liste. Cette liste est formée de toutes les procédures connues de Visual Basic soit dans tous les classeurs ouverts, soit dans le classeur spécifié grâce à la liste déroulante <Macros dans > en bas de la BDi.

- Après avoir sélectionné la macro, cliquez sur le bouton | Exécuter |, vous pouvez constater que vos opérations sont répétées

EXAMINER LA MACRO PRODUITE

Il faut pouvoir examiner ce qu'Excel a mémorisé en fonction des actions enregistrées. Cet examen est en particulier nécessaire si l'exécution de la macro ne produit pas les résultats voulus : c'est probablement qu'une action parasite a été enregistrée et il faudra enlever ce qui la représente dans l'enregistrement

Une autre raison d'examiner la macro telle qu'elle est enregistrée est de pouvoir la modifier. Des modifications mineures qu'on peut vouloir faire viennent du processus même de l'enregistrement : supposons que, voulant sélectionner la cellule A3, vous sélectionniez d'abord, suite à une hésitation, la cellule A4 ; bien entendu, vous allez rectifier et cliquer sur A3. Mais Excel aura enregistré deux opérations de sélection et il sera conseillé de supprimer la sélection de A4. Donc une première raison de modification est d'élaguer la macro des opérations inutiles.

Un autre motif de modification, beaucoup plus important, est de changer le comportement de la macro pour le rendre plus ergonomique, ou pour traiter d'autres aspects de l'application.

Appel de l'éditeur VBA

- Faites *Outils – Macro – Visual Basic Editor* ou Alt+F11 (vous retiendrez rapidement ce raccourci, best seller auprès des programmeurs VBA). La fenêtre de l'Éditeur VBA apparaît. On passe de la fenêtre VBA à la fenêtre classeur et inversement par clics sur leurs boutons dans la barre en bas de l'écran ou à coups de Alt+F11.

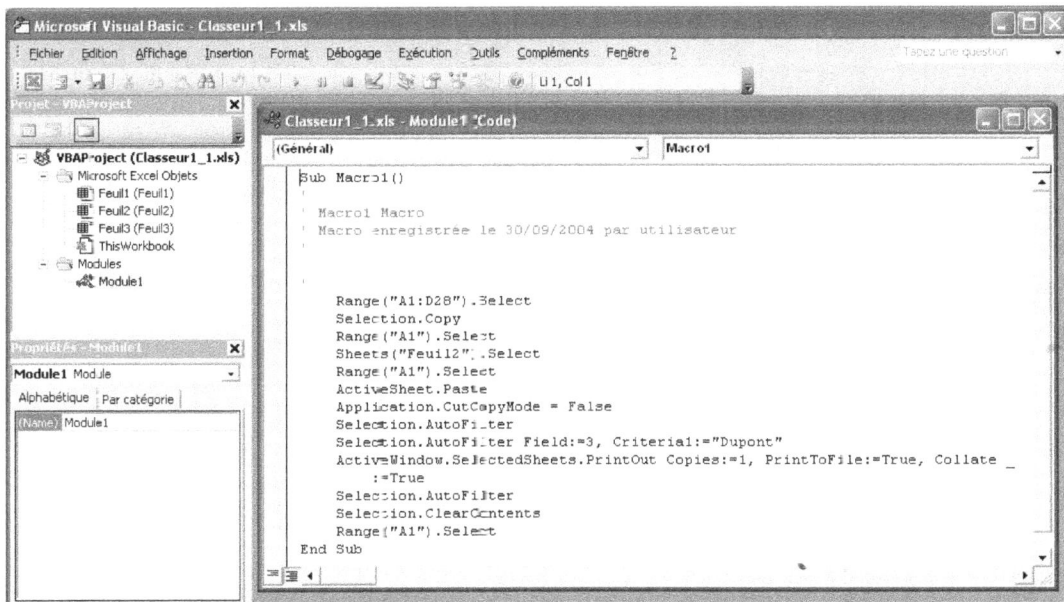

A part ses barres de menus et d'outils, la fenêtre VBA comprend deux volets. Celui de gauche se partage de haut en bas en Explorateur de projets et Fenêtre de propriétés ; le volet de droite est occupé par une ou plusieurs fenêtres de code.

ENREGISTREMENT D'UNE MACRO

– Si vous n'avez pas l'affichage correspondant à la figure, le plus probable est que vous n'ayez pas la fenêtre de code, mais que vous ayez le volet de gauche. Dans l'Explorateur de projets, vous devez avoir au moins une tête d'arborescence *VBAProject(nom de votre classeur)*. Pour VBA, un classeur et l'ensemble de ses macros forme un **projet** . L'arborescence de votre projet doit se terminer par une rubrique Modules.

– Si celle-ci n'est pas développée, cliquez sur son signe ⊞ : Module1 doit apparaître

– Double cliquez sur le mot *Module1* : la fenêtre de code doit apparaître.

– Si vous n'avez pas le volet de gauche, appelez le menu *Affichage* et cliquez les rubriques *Explorateur de projets* et *Fenêtre Propriétés*, puis éventuellement arranger leurs tailles et positions.

Avantages et inconvénients de la construction de macros par enregistrement

On peut créer une macro sans enregistrer des actions Excel, en écrivant le texte du programme souhaité directement dans une fenêtre module sous l'Éditeur VBA.

Un avantage de l'enregistrement d'une séquence de commandes est que, la macro étant générée par Excel, elle ne peut contenir aucune faute de frappe. Du côté des inconvénients, nous noterons un certain manque de souplesse : la macro ne peut que faire exactement ce qu'on a enregistré, sans paramétrage possible.

Autre inconvénient, plus grave et qui justifie que l'on puisse saisir des programmes directement au clavier : par enregistrement, on ne peut que générer un programme à logique linéaire où toutes les actions se suivent en séquence ; on ne peut pas créer un programme où, en fonction de premiers résultats, on effectue telle action ou bien telle autre : lors de l'enregistrement, on suivra une seule des voies possibles et elle seule sera enregistrée.

A fortiori, lorsqu'une sous-étape du traitement doit être répétée plusieurs fois, l'enregistrement ne mémorise qu'un passage. Ces possibilités appelées **alternatives** et **boucles** sont offertes par des instructions de VBA mais qui doivent être fournies directement. Ces instructions s'appellent *instructions de structuration*.

Mais un grand avantage de l'enregistrement, qui est à nos yeux le plus important, est que cette méthode est une extraordinaire machine à apprendre VBAE, ou plutôt les objets et leur manipulation : dès qu'on sait accomplir une action par les commandes Excel, on saura comment cela s'écrit en VBA, ou plutôt quels objets manipuler et comment. Il suffit de se mettre en mode enregistrement, d'effectuer les commandes Excel voulues, arrêter l'enregistrement puis examiner ce que le système a généré. Par exemple, pour voir comment on imprime, il suffit de commander une impression en mode enregistrement. Bien sûr, on pourrait trouver la réponse dans l'aide en ligne, mais la méthode de l'enregistrement épargne une longue recherche.

ÉCRITURE DES INSTRUCTIONS VBA : L'ÉDITEUR VBA

CRÉER UN MODULE

Depuis un classeur Excel, on arrive à l'écran VBA par la commande *Outils – Macro – Visual Basic Editor* ou Alt+F11. On a vu dans la section précédente comment assurer que la fenêtre de projets soit présente. Elle a au moins une arborescence *VBA Project(nom de votre classeur)* et celle-ci a au moins une rubrique *Microsoft Excel Objects*.

– Si le programme que vous souhaitez écrire doit gérer la réponse à des événements concernant une feuille de classeur ou le classeur, les modules correspondants apparaissent dans l'arborescence sous *Microsoft Excel Objects*. Double-cliquez sur la feuille voulue ou le classeur : la fenêtre de module apparaît.

– Dans les autres cas :
  • Sélectionnez le projet (clic sur sa ligne dans la fenêtre *Projets*), puis
  • *Insertion – Module* pour un module normal. Les autres choix sont *Module de classe* et *User Form* (Boîte de dialogue et module gestion des objets contenus). Ces cas sont traités dans d'autres chapitres, donc plaçons-nous ici dans le cas du module normal.
  • Une fois le module créé, la rubrique *Modules* apparaît dans l'arborescence. Pour pouvoir écrire le programme, développez la rubrique, puis double-cliquez sur le nom du module voulu.
  • Il faut maintenant créer une procédure. Le menu *Insertion* a une rubrique *Procédure*, mais il suffit d'écrire `Sub <nom voulu>` dans le module.

SUPPRIMER UN MODULE

On peut avoir à supprimer un module, notamment parce que, si on enregistre plusieurs macros, VBA peut décider de les mettre dans des modules différents (par exemple Module2 etc.) alors qu'il est préférable de tout regrouper dans Module 1.

• Après avoir déplacé les procédures des autres modules dans Module 1, sélectionnez chaque module à supprimer par clic sur son nom sous la rubrique Modules.

• *Fichier – Supprimer Module 2* (c'est le nom du module sélectionné qui apparaît dans le menu *Fichier*).

• Une BDi apparaît, proposant d'exporter le module. Cliquez sur ☐ Non ☐

EXPORTER/IMPORTER UN MODULE

Exporter :

Si dans la BDi précédente, vous cliquez sur ☐ Oui ☐, vous exportez le module, c'est-à-dire que vous créez un fichier d'extension .bas qui contiendra le texte des procédures du module. Un tel fichier peut aussi se construire par :

• Mettez le curseur texte dans la fenêtre du module voulu

• *Fichier – Exporter un fichier*

• La BDi qui apparaît vous permet de choisir disque, répertoire et nom de fichier.

Importer :

L'opération inverse est l'importation qui permet d'ajouter un fichier à un projet :

• Sélectionnez le projet concerné (par clic sur sa ligne dans la fenêtre de projets), puis faites *Fichier – Importer un fichier*

• Dans la BDi, choisissez disque, répertoire et nom de fichier. Les extensions possibles sont .bas (module normal), .cls (module de classe) et .frm (BDi construite par l'utilisateur et le module de code associé).

Cette technique permet de développer des éléments, procédures ou BDi servant pour plusieurs projets.

ÉCRITURE DES INSTRUCTIONS VBA : L'ÉDITEUR VBA

OPTIONS RÉGLANT LE FONCTIONNEMENT DE L'ÉDITEUR

- Dans l'écran VBA, faites *Outils – Options*. Le fonctionnement de l'éditeur obéit aux onglets *Éditeur* et *Format de l'éditeur*. L'onglet *Éditeur* règle le comportement vis-à-vis du contenu du programme notamment les aides à l'écriture procurées par l'éditeur :

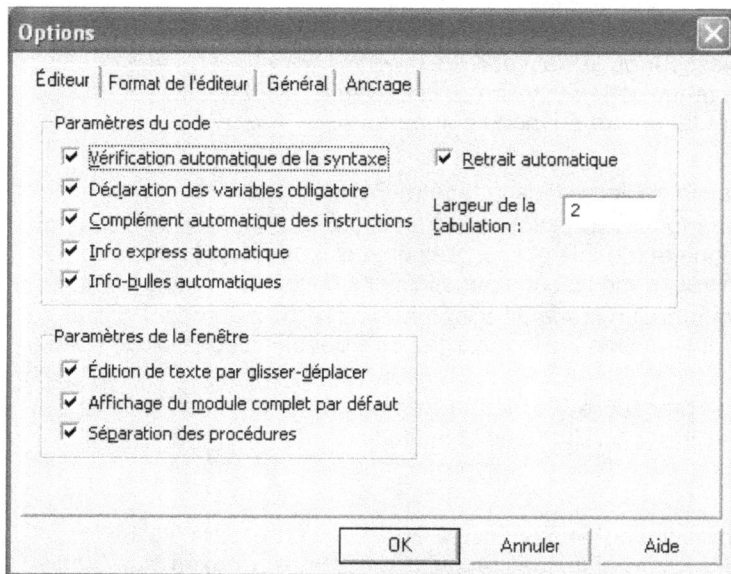

```
Options                                                    [X]

 Éditeur | Format de l'éditeur | Général | Ancrage |

 ┌ Paramètres du code ──────────────────────────────────────┐
 │ [✓] Vérification automatique de la syntaxe   [✓] Retrait automatique │
 │ [✓] Déclaration des variables obligatoire                │
 │ [✓] Complément automatique des instructions  Largeur de la  [ 2 ] │
 │ [✓] Info express automatique                 tabulation :       │
 │ [✓] Info-bulles automatiques                              │
 └──────────────────────────────────────────────────────────┘

 ┌ Paramètres de la fenêtre ───────────────────────────────┐
 │ [✓] Édition de texte par glisser-déplacer                │
 │ [✓] Affichage du module complet par défaut               │
 │ [✓] Séparation des procédures                            │
 └──────────────────────────────────────────────────────────┘

              [   OK   ]   [ Annuler ]   [ Aide ]
```

- Les choix de la figure nous semblent les plus raisonnables.
  - ☑ *Vérification automatique de la syntaxe* parle d'elle-même
  - ☑ *Déclaration de variables obligatoire* installe automatiquement Option Explicit en tête de tous les modules. Si la case n'est pas cochée, vous devez taper la directive partout où il le faut.
  - ☑ *Complément automatique des instructions* présente les informations qui sont le complément logique de l'instruction au point où on est arrivé.
  - ☑ *Info express automatique* affiche des informations au sujet des fonctions et de leurs paramètres au fur et à mesure de la saisie
  - ☑ *Info-bulles automatiques* : en mode Arrêt, affiche la valeur de la variable sur laquelle le curseur est placé.
  - ☑ *Retrait automatique* : si une ligne de code est mise en retrait, toutes les lignes suivantes sont automatiquement alignées par rapport à celle-ci. Pensez en même temps à choisir l'amplitude des retraits successifs (ci-dessus 2, au lieu de la valeur par défaut 4).
- Les options *Paramètres de la fenêtre* sont moins cruciales.
  - ☑ *Édition de texte par glisser-déplacer* permet de faire glisser des éléments au sein du code et de la fenêtre Code vers les fenêtres Exécution ou Espions.
  - ☑ *Affichage du module complet par défaut* fait afficher toutes les procédures dans la fenêtre Code ; on peut, par moments, décider d'afficher les procédures une par une.
  - ☑ *Séparation des procédures* permet d'afficher ou de masquer les barres séparatrices situées à la fin de chaque procédure dans la fenêtre Code. L'intérêt de cette option est diminué par le fait que ces séparations n'apparaissent pas à l'impression du listing ; une solution est d'insérer devant chaque procédure une ligne de commentaire remplie de tirets :   '--------...

ÉCRITURE DES INSTRUCTIONS VBA : L'ÉDITEUR VBA

L'onglet *Format* de l'éditeur fixe les couleurs des différents éléments du code. C'est lui qui décide par défaut mots-clés en bleu, commentaires en vert, erreurs en rouge.

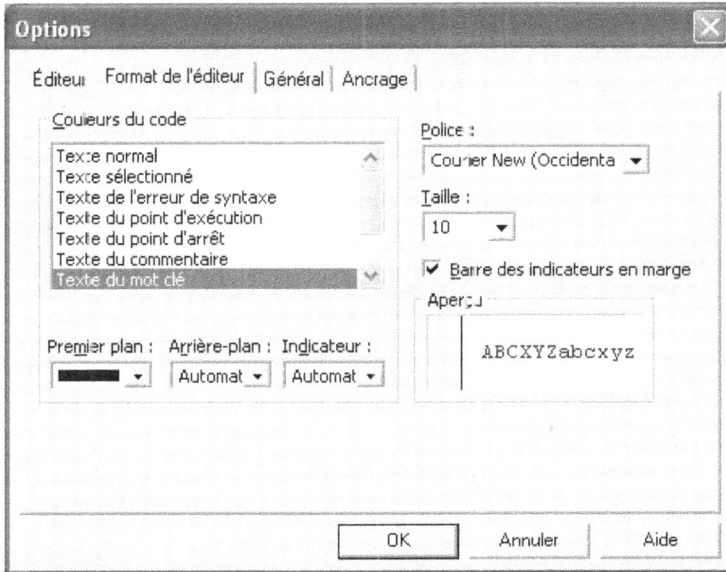

- ☑ *Barre des indicateurs en marge* affiche ou masque la barre des indicateurs en marge qui sont utiles pour le dépannage.
- Ayant choisi un des éléments dans la liste, vous déterminez la police, taille et couleur de façon classique ; en principe, on utilise une police de type Courrier parce qu'elle donne la même largeur à tous les caractères, mais rien ne vous y oblige.
- Les éléments possibles sont : Texte normal, Texte sélectionné, Texte de l'erreur de syntaxe, Texte du point d'exécution, Texte du point d'arrêt, Texte du commentaire, Texte du mot clé, Texte de l'identificateur, Texte du signet, Texte de retour de l'appel.

RÈGLES FONDAMENTALES DE PRÉSENTATION

UNE INSTRUCTION PAR LIGNE

La règle fondamentale est qu'on écrive une instruction sur chaque ligne. Lorsque vous tapez sur la touche ⏎, VBA suppose qu'on passe à la prochaine instruction. Cette règle admet deux exceptions qui n'interviennent que très rarement.

- On peut mettre plusieurs instructions sur une ligne à condition de les séparer par le caractère deux-points (:).

```
x = 3 : y = 5
```

Cette pratique est tout à fait déconseillée ; elle ne se justifie que pour deux instructions courtes formant en quelque sorte un bloc logique dans lequel il n'y aura en principe pas de risque d'avoir à insérer d'autres instructions.

- Une instruction peut avoir à déborder sur la (ou les) lignes suivantes. La présentation est alors la suivante :

```
xxxxxxxxxxxxxxxxxxxx(1zre partie)xxxxxxxxxxxxxxxxxxxx _
        yyyyyy(2e partie)yyyyyyyyyyyyyyy
```

Les lignes qui ne sont pas la dernière doivent se terminer par la séquence <espace><signe souligné>. Bien entendu, la coupure doit être placée judicieusement : en fait, là où l'instruction aurait naturellement un espace. On ne doit pas couper un mot-clé propre au langage, ni un nom de variable.

Cas particulier : on ne doit pas couper une chaîne de caractères entre guillemets (comme "Bonjour"). La solution est la suivante : on remplace la longue chaîne par une concaténation de deux parties ("1zre partie" + "2e partie") et on coupera comme suit :

```
........"1zre partie" + _
"2e partie"  .
```

MAJUSCULES ET MINUSCULES

Sauf à l'intérieur d'une chaîne de caractères citée entre ", les majuscules et minuscules ne comptent pas en VBA ; en fait, les mots-clés et les noms d'objets et de propriétés prédéfinis comportent des majuscules et minuscules et vous pouvez définir des noms de variables avec des majuscules où vous le souhaitez ; mais vous pouvez taper ces éléments en ne respectant pas les majuscules définies (mais il faut que les lettres soient les mêmes) : l'éditeur VBA rétablira automatiquement les majuscules de la définition ; pour les noms de variables, on se basera sur la 1zre apparition de la variable (en principe sa déclaration).

Il en résulte un conseil très important : définissez des noms avec un certain nombre de majuscules bien placées et tapez tout en minuscules : si VBA ne rétablit pas de majuscules dans un nom, c'est qu'il y a une faute d'orthographe.

Un autre élément qui peut vous permettre de déceler une faute d'orthographe, mais seulement dans un mot-clé, est que si un mot n'est pas reconnu comme mot-clé, VBA ne l'affichera pas en bleu. Bien sûr, vous devez être vigilants sur ces points : plus tôt une faute est reconnue, moins il y a de temps perdu.

Pour les chaînes de caractères entre ", il s'agit de citations qui apparaîtront telles quelles, par exemple un message à afficher, le nom d'un client etc. Il faut donc taper exactement les majuscules voulues.

COMMENTAIRES, LIGNES VIDES

Un commentaire est une portion de texte figurant dans le programme et n'ayant aucun effet sur celui-ci. La seule chose que VBA fait avec un commentaire, c'est de le mémoriser et de l'afficher dans le listing du programme. Les commentaires servent à donner des explications sur le programme, les choix de méthodes de traitement, les astuces utilisées etc.

RÈGLES FONDAMENTALES DE PRÉSENTATION

Ceci est utile pour modifier le programme, car, pour cela, il faut le comprendre ; c'est utile même pour le premier auteur du programme car lorsqu'on reprend un programme plusieurs mois après l'avoir écrit, on a oublié beaucoup de choses. Il est donc conseillé d'incorporer beaucoup de commentaires à un programme dès qu'il est un peu complexe.

VBA admet des commentaires en fin de ligne ou sur ligne entière.

– En fin de ligne, le commentaire commence par une apostrophe. Ex. :

```
Remise = Montant * 0.1      ' On calcule une remise de 10%
```

– Sur ligne entière, le commentaire commence par une apostrophe ou le mot-clé Rem. On utilise plutôt l'apostrophe. Si le commentaire occupe plusieurs lignes, chaque ligne doit avoir son apostrophe.

– Les lignes vides sont autorisées en VBA ; elles peuvent servir à aérer le texte. Nous conseillons de mettre une apostrophe en tête pour montrer que le fait que la ligne soit vide est voulu par le programmeur.

LES ESPACES

Les espaces sont assez libres en VBA, mais pas totalement. Là où il peut et doit y avoir un espace, vous pouvez en mettre plusieurs, ou mettre une tabulation.

On ne doit en aucun cas incorporer d'espaces à l'intérieur d'un mot-clé, d'un nom d'objet prédéfini, d'un nombre ou d'un nom de variable : ces mots ne seraient pas reconnus.

Au contraire, pour former des mots, ces éléments doivent être entourés d'espaces, ou d'autres caractères séparateurs comme la virgule.

Les opérateurs doivent être entourés d'espaces, mais vous n'êtes pas obligés de les taper, l'éditeur VBA les fournira sauf pour &. Si vous tapez a=b+c vous obtiendrez a = b + c.

LES RETRAITS OU INDENTATIONS

Les instructions faisant partie d'une même séquence doivent normalement commencer au même niveau d'écartement par rapport à la marge. Lors de l'emploi d'instructions de structuration, les séquences qui en dépendent doivent être en retrait par rapport aux mots-clés de structuration. En cas de structures imbriquées, les retraits doivent s'ajouter. Exemple fictif :

```
x = 3
For I = 2 To 10
    a = 0.05 * I
    If b < x Then
        x = x - a
    Else
        b = b - a
    End If
Next I
```

En cas de nombreuses imbrications, le retrait peut être un peu grand : bornez-vous à 2 caractères à chaque niveau. Bien sûr, ces retraits ne sont pas demandés par le langage, ils n'ont que le but de faciliter la compréhension en faisant ressortir la structure du programme (ou plutôt, la structure souhaitée, car, dans son interprétation, VBA ne tient compte que des mots-clés, pas des indentations : mais justement un désaccord entre les mots-clés et les indentations peut vous aider à dépister une erreur).

Il est donc essentiel, bien que non obligatoire que vous respectiez les indentations que nous suggèrerons pour les instructions.

RÈGLES FONDAMENTALES DE PRÉSENTATION

AIDE À LA RECHERCHE D'ERREURS

Nous avons vu plus haut que VBA introduisait de lui-même les majuscules voulues dans les mots-clés et les noms de variables, d'où notre conseil de tout taper en minuscules : s'il n'y a pas de transformation, c'est qu'il y a probablement une faute de frappe.

Pour les mots-clés, on a une aide supplémentaire : VBA met les mots-clés en bleu (en fait, la couleur choisie par option) ; si un mot n'est pas transformé, c'est qu'il n'est pas reconnu, donc qu'il y a une faute.

Une autre aide automatique est que, en cas d'erreur de syntaxe, VBA affiche aussitôt un message d'erreur et met l'instruction en rouge. Bien sûr cela ne décèle que les erreurs de syntaxe, pas les erreurs de logique du programme.

AIDES À L'ÉCRITURE

L'éditeur VBA complète automatiquement certaines instructions :

1) Dès que vous avez tapé une instruction `Sub` ou `Function`, VBA fournit le `End Sub` ou le `End Function`.

2) Si vous tapez `endif` sans espace, VBA corrige : `End If`. Attention, il ne le fait que pour celle-là : pour `End Select` ou pour `Exit Sub` ou d'autres, il faut taper l'espace.

3) Dès que vous tapez un espace après l'appel d'une procédure, ou la parenthèse ouvrante à l'appel d'une fonction, VBA vous suggère la liste des arguments. Il le fait toujours pour un élément prédéfini ; pour une procédure ou fonction définie par vous, il faut qu'elle ait été définie avant.

4) Dès que vous tapez le `As` dans une déclaration, VBA fournit une liste déroulante des types possibles ; il suffit de double-cliquer sur celui que vous voulez pour l'introduire dans votre instruction. Vous avancez rapidement dans la liste en tapant la première lettre souhaitée. Un avantage supplémentaire est qu'un élément ainsi écrit par VBA ne risque pas d'avoir de faute d'orthographe.

5) De même, dès que vous tapez le point après une désignation d'objet, VBA affiche la liste déroulante des sous-objets, propriétés et méthodes qui en dépendent et vous choisissez comme précédemment. L'intérêt est que la liste suggérée est exhaustive et peut donc vous faire penser à un élément que vous aviez oublié. Attention, cela n'apparaît que si l'aide en ligne est installée et si le type d'objet est connu complètement à l'écriture, donc pas pour une variable objet qui aurait été déclarée d'un type plus général que l'objet désigné (ex. `As Object`).

PROJETS, DIFFÉRENTES SORTES DE MODULES

DÉFINITION

Un **projet** est l'ensemble de ce qui forme la solution d'un problème (nous ne voulons pas dire "application" car ce terme a un autre sens, à savoir l'objet Application, c'est-à-dire Excel lui-même), donc un classeur Excel avec ses feuilles de calcul, et tous les programmes écrits en VBA qui sont sauvegardés avec le classeur. Les programmes sont dans des modules ; le texte des programmes est affiché dans ces fenêtres de code. Il peut y avoir un module associé à chaque feuille ou au classeur. Il peut y avoir un certain nombre de modules généraux. De plus, le projet peut contenir aussi des modules de classe et des boîtes de dialogue créées par le programmeur : chaque BDi a en principe un module de code associé.

Un programme peut ouvrir d'autres classeurs que celui qui le contient ; ces classeurs forment autant de projets, mais secondaires par rapport au projet maître.

LES FENÊTRES DU PROJET

L'écran VBA contient principalement la fenêtre de projet où apparaît le projet associé à chaque classeur ouvert. Chaque projet y apparaît sous forme d'une arborescence (développable ou repliable) montrant tous les éléments du projet. Sous la fenêtre de projet, peut apparaître une fenêtre Propriétés qui affiche les propriétés d'un élément choisi dans la fenêtre de projet ou d'un contrôle sélectionné dans une BDi en construction.

La plus grande partie de l'écran sera consacrée aux fenêtres de BDi en construction ou de code. Comme ces fenêtres sont en principe présentées en cascade, on choisit celle qui est en premier plan par clic dans le menu *Fenêtre*. On décide de l'affichage d'un tel élément par double-clic dans l'arborescence.

On peut faire apparaître d'autres fenêtres par clic dans le menu *Affichage*. C'est le cas des fenêtres de (l'Explorateur de) Projets, Propriétés, Explorateur d'objets, Exécution, Variables locales et Espions, ces trois dernières servant surtout au dépannage des programmes.

Le menu *Affichage* permet de basculer entre l'affichage d'un objet (comme une BDi) et la fenêtre de code correspondante (raccourci touche F7).

Le choix des fenêtres à afficher peut se faire aussi par des boutons de la barre d'outils Standard de l'écran VBA.

DIFFÉRENTES SORTES DE MODULES

A chacune des quatre rubriques de la hiérarchie dépendant du projet correspond une sorte de module. À *Microsoft Excel Objects* (les feuilles et le classeur) correspondent des modules où se trouveront les programmes de réponse aux événements de la feuille (ex. *Worksheet_Change*) ou du classeur (ex. *Workbook_Open*).

À *Feuilles* correspondent les BDi construites par le programmeur (UserForms). Chacune a un module associé qui contient les procédures de traitement des événements liés aux contrôles de la BDi (ex. *UserForm_Initialize*, CommandButton1_Click etc.) ;

À *Modules* correspondent les différents modules « normaux » introduits. C'est dans ces modules (en principe, on les regroupe en un seul) que sont les procédures de calcul propres au problème.

La dernière sorte de modules dépend de la rubrique *Modules de classe* ; les modules de classe permettent de définir des objets propres au programmeur. Ils sont beaucoup moins souvent utilisés car, vu la richesse des objets prédéfinis en Excel VBA, on en utilise rarement plus de 10%, alors on a d'autant moins de raisons d'en créer d'autres !

Une dernière rubrique, *Références* peut être présente dans l'arborescence, mais elle n'introduit pas de modules.

OPTIONS DE PROJETS

LA COMMANDE OUTILS-OPTIONS

Cette commande concerne les projets par ses onglets *Général* et *Ancrage*. L'onglet *Ancrage* décide quelles fenêtres vont pouvoir être ancrées c'est-à-dire fixées en périphérie de l'écran. Ce n'est pas vital. L'onglet *Général* a plus à dire :

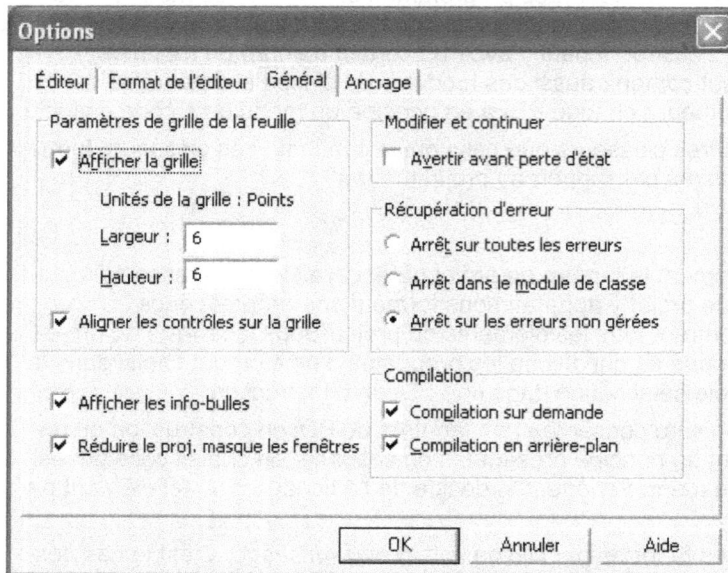

- Le cadre <u>Paramètres de grille de la feuille</u> gère le placement des contrôles sur une BDi construite par le programmeur, donc voir chapitre 6.

- ☑ *Afficher les info-bulles* affiche les info-bulles des boutons de barre d'outils.

- ☑ *Réduire le proj. masque les fenêtres* définit si les fenêtres de projet, UserForm, d'objet ou de module sont fermées automatiquement lors de la réduction du projet dans l'Explorateur de projet.

- <u>Modifier et continuer</u>

  - ☑ *Avertir avant perte d'état* active l'affichage d'un message lorsque l'action demandée va entraîner la réinitialisation de toutes les variables de niveau module dans le projet en cours.

- <u>Récupération d'erreur</u> définit la gestion des erreurs dans l'environnement de développement Visual Basic. L'option s'applique à toutes les occurrences de Visual Basic lancées ultérieurement.

  - ⊙ *Arrêt sur toutes les erreurs* : en cas d'erreur quelle qu'elle soit, le projet passe en mode Arrêt.

  - ⊙ *Arrêt dans les modules de classe* : en cas d'erreur non gérée survenue dans un module de classe, le projet passe en mode Arrêt à la ligne de code du module de classe où s'est produite l'erreur.

  - ⊙ *Arrêt sur les erreurs non gérées* : si un gestionnaire d'erreurs est actif, l'erreur est interceptée sans passage en mode Arrêt. Si aucun gestionnaire d'erreurs n'est actif, le projet passe en mode Arrêt. Ceci est l'option la plus conseillée.

OPTIONS DE PROJETS

- Compilation
  - ☑ *Compilation sur demande* définit si un projet est entièrement compilé avant d'être exécuté ou si le code est compilé en fonction des besoins, ce qui permet à l'application de démarrer plus rapidement, mais retarde l'apparition des messages d'erreur éventuels dans une partie de programme rarement utilisée.
  - ☑ *Compilation en arrière-plan* définit si les périodes d'inactivité sont mises à profit durant l'exécution pour terminer la compilation du projet en arrière-plan, ce qui permet un gain de temps. Possible seulement en mode compilation sur demande.

LA COMMANDE OUTILS-PROPRIÉTÉS DE <NOM DU PROJET>

Cette commande fait apparaître une BDi avec deux onglets :

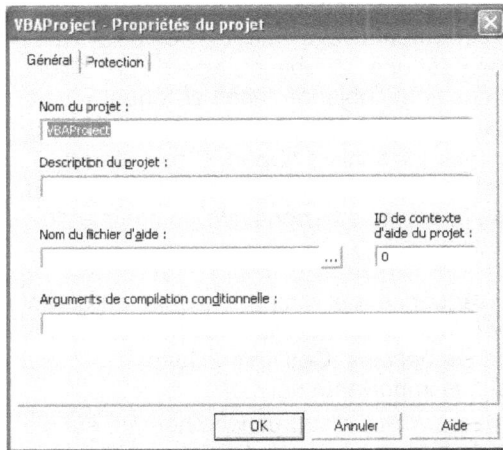

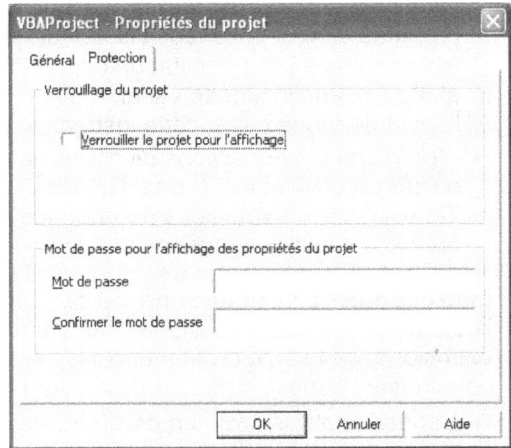

- L'onglet *Général* permet de donner un nom plus spécifique que VBAProject, et surtout de fournir un petit texte descriptif. Les données concernant l'aide n'ont plus d'intérêt : la mode est maintenant de fournir une aide sous forme HTML. La compilation conditionnelle est sans réel intérêt.
- L'onglet *Protection* permet de protéger votre travail.
  - ☑ *Verrouiller le projet pour l'affichage* interdit toute modification d'un élément quelqu'il soit de votre projet que ce soit. Il ne faut y faire appel que lorsque le projet est parfaitement au point !
  - La fourniture d'un mot de passe (il faut le donner deux fois, c'est classique) empêche de développer l'arborescence du projet dans la fenêtre Explorateur de projets si l'on ne donne pas le mot de passe. Donc un "indiscret" qui n'a pas le mot de passe n'a accès à aucune composante de votre projet.

LA COMMANDE OUTILS-RÉFÉRENCES

Permet de définir une référence à la bibliothèque d'objets d'une autre application pour y sélectionner des objets appartenant à cette application, afin de les utiliser dans votre code. C'est une façon d'enrichir votre projet.

LES DIFFÉRENTES SORTES D'INSTRUCTIONS

Les instructions VBA se répartissent en instructions exécutables ou ordres et instructions non exécutables ou déclarations.

INSTRUCTIONS EXÉCUTABLES

Ce sont les instructions qui font effectuer une action par l'ordinateur. Elles se répartissent en

– **Instructions séquentielles,** telles que l'instruction qui sera exécutée après est l'instruction qui suit dans le texte. La principale instruction de cette catégorie est :

- *L'instruction d'affectation,* de la forme `[Set]<donnée>=<expression>` , où l'expression indique un calcul à faire. L'expression est calculée et le résultat est affecté à la donnée. En l'absence de `Set` (on devrait normalement mettre `Let`, mais il n'est jamais employé), l'expression conduit à une valeur et <donnée> est une variable ou une propriété d'objet ; elle reçoit la valeur calculée comme nouvelle valeur. Avec `Set`, l'expression a pour résultat un objet et <donnée> est une variable du type de cet objet : après l'instruction, cette variable permettra de désigner l'objet de façon abrégée. A part l'appel de procédures, cette instruction est la plus importante de tout le langage.
- *Toute une série d'actions diverses,* notamment sur les fichiers (Open, Close, Print#...) ou sur certains objets (Load, Unload ...) ou encore certaines opérations système (Beep, Time ...). Ces instructions pourraient d'ailleurs aussi bien être considérées comme des appels à des procédures ou des méthodes prédéfinies.

– **Instructions de structuration,** ou de rupture de séquence, qui rompent la suite purement linéaire des instructions, aiguillant le traitement vers une séquence ou une autre selon des conditions, ou faisant répéter une séquence selon les besoins. Ces instructions construisent donc la structure du programme. La plus importante est :

- *L'appel de procédure* : on déroute l'exécution vers un bloc d'instructions nommé qui remplit un rôle déterminé. La fin de l'exécution de la procédure se réduit à un retour dans la procédure appelante juste après l'instruction d'appel. Cela permet de subdiviser un programme complexe en plusieurs petites unités beaucoup plus faciles à maîtriser. La plupart du temps, l'instruction se réduit à citer le nom de la procédure à appeler.

  Les autres instructions de structuration permettent d'implémenter les deux structures de la programmation structurée.
- *La* structure alternative *où,* en fonction de certaines conditions, on fera une séquence ou bien une autre. VBA offre pour cela deux instructions principales, `If` qui construit une alternative à deux branches et `Select Case` qui permet plusieurs branches.
- *La* structure itérative *ou* **boucle,** où on répète une séquence jusqu'à ce qu'une certaine condition soit remplie (ou tant que la condition contraire prévaut). VBA offre pour cette structure les instructions `Do...Loop...`, `While...Wend` et, surtout, `For...Next` qui est la plus employée.

INSTRUCTIONS NON EXÉCUTABLES OU DÉCLARATIONS

Ces instructions ne déclenchent pas d'actions de l'ordinateur, mais donnent des précisions au système VBA sur la manière dont il doit traiter les instructions exécutables. La plus importante de ces instructions est la déclaration de variable qui :

– annonce qu'on va utiliser une variable de tel ou tel nom

– indique le type (par exemple réel, ou entier etc...) de la variable, c'est-à-dire des données qu'elle va contenir. Il est évident que les calculs ne s'effectuent pas de la même façon sur un nombre entier ou sur un réel. C'est en cela que les déclarations orientent le travail de VBA. **Elles sont donc aussi importantes que les instructions exécutables.**

LES DIFFÉRENTES SORTES D'INSTRUCTIONS

Place des déclarations de variables

Normalement, il suffit qu'une déclaration de variable soit n'importe où avant la première utilisation de cette variable. En fait on recommande vivement de placer les déclarations de variables en tête de leur procédure. Par ailleurs, certaines déclarations de variables doivent être placées en tête de module, avant la première procédure du module.

Parmi les déclarations importantes, les couples `Sub` ... `End Sub` et `Function` ... `End Function` délimitent respectivement une procédure ou une fonction. Sub et Function ont en outre le rôle de déclarer des éventuels arguments. Les deux End ... sont à la fois des déclarations - elles délimitent la fin de la procédure ou de la fonction – et des instructions exécutables : lorsque l'on arrive sur elles on termine la procédure ou la fonction et on retourne à l'appelant.

DIRECTIVES

Les directives sont des déclarations particulières qui jouent un rôle global au niveau du projet. Elles sont placées tout à fait en tête de module. Certaines peuvent être spécifiées sous forme d'options de projet auquel cas la directive est écrite automatiquement en tête de tous les modules.

`Option Explicit`
Exige que toute variable soit déclarée. Nous conseillons vivement cette option car si vous faites une faute de frappe dans un nom de variable, en l'absence de cette option, VBA "croira" que vous introduisez une nouvelle variable, alors qu'avec cette option, il y aura un message d'erreur vous permettant de la corriger aussitôt.

`Option Base <0 ou 1>`
Fixe à 0 ou à 1 la première valeur des indices de tableaux. La valeur par défaut est 0. Souvent les programmeurs utilisent les indices à partir de 1 sans spécifier `Option Base 1` : l'élément 0 est laissé vide. Cette pratique a un inconvénient : si par erreur un indice était calculé à 0, la directive assurerait un message d'erreur.

`Option Compare <choix>`
Fixe la façon dont les chaînes de caractères sont comparées. Avec `Text`, une majuscule et sa minuscule sont confondues alors qu'avec `Binary`, la comparaison est complète et les minuscules sont plus loin que les majuscules dans l'ordre alphabétique.

`Option Private Module`
Déclare le module entier comme privé, donc aucun de ses éléments, variables, procédures ou fonctions ne sera accessible depuis un autre module.

LES MENUS DE L'ÉDITEUR VBA

Fichier

	Enregistrer Classeur1_1.xls	Ctrl+S
	Importer un fichier...	Ctrl+M
	Exporter un fichier...	Ctrl+E
	Supprimer Module1...	
	Imprimer...	Ctrl+P
	Fermer et retourner à Microsoft Excel	Alt+Q

Insertion

	Procédure...
	UserForm
	Module
	Module de classe
	Fichier...

Format

	Aligner	▶
	Uniformiser la taille	▶
	Ajuster la taille	
	Ajuster à la grille	
	Espacement horizontal	▶
	Espacement vertical	▶
	Centrer sur la feuille	▶
	Réorganiser les boutons	▶
	Grouper	
	Dissocier	
	Plan	▶

Outils

	Références...
	Contrôles supplémentaires...
	Macros...
	Options...
	Propriétés de VBAProject...
	Signature électronique...

Edition

	Impossible d'annuler	Ctrl+Z
	Impossible de répéter	
	Couper	Ctrl+X
	Copier	Ctrl+C
	Coller	Ctrl+V
	Effacer	Suppr
	Sélectionner tout	Ctrl+A
	Rechercher...	Ctrl+F
	Suivant	F3
	Remplacer...	Ctrl+H
	Retrait	Tab
	Retrait négatif	Maj+Tab
	Répertorier les propriétés/méthodes	Ctrl+J
	Répertorier les constantes	Ctrl+Maj+J
	Info express	Ctrl+I
	Info paramètres	Ctrl+Maj+I
	Compléter le mot	Ctrl+Espace
	Signets	▶

Débogage

	Compiler VBAProject	
	Pas à pas détaillé	F8
	Pas à pas principal	Maj+F8
	Pas à pas sortant	Ctrl+Maj+F8
	Exécuter jusqu'au curseur	Ctrl+F8
	Ajouter un espion...	
	Modifier un espion...	Ctrl+W
	Espion express...	Maj+F9
	Basculer le point d'arrêt	F9
	Effacer tous les points d'arrêt	Ctrl+Maj+F9
	Définir l'instruction suivante	Ctrl+F9
	Afficher l'instruction suivante	

Affichage

	Code	F7
	Objet	Maj+F7
	Définition	Maj+F2
	Dernière position	Ctrl+Maj+F2
	Explorateur d'objets	F2
	Fenêtre Exécution	Ctrl+G
	Fenêtre Variables locales	
	Fenêtre Espions	
	Pile des appels...	Ctrl+L
	Explorateur de projets	Ctrl+R
	Fenêtre Propriétés	F4
	Boîte à outils	
	Ordre de tabulation	
	Barres d'outils	▶
	Microsoft Excel	Alt+F11

Exécution

	Exécuter Sub/UserForm	F5
	Arrêt	Ctrl+Arrêt
	Réinitialiser	
	Mode Création	

Compléments

	Gestionnaire de compléments...

Fenêtre

	Fractionner
	Mosaïque horizontale
	Mosaïque verticale
	Cascade
	Réorganiser les icônes
✓	1 Classeur1_1.xls - Module1 (Code)

?

	Aide sur Microsoft Visual Basic	F1
	MSDN sur le Web	
	À propos de Microsoft Visual Basic...	

Vie d'un programme

2

Différentes façons de lancer une procédure

Mise au point d'une macro :
points d'arrêt, espions, pas-à-pas

Utiliser l'aide

L'explorateur d'objets

Récupération des erreurs

DIFFÉRENTES FAÇONS DE LANCER UNE PROCÉDURE

1 - PAR INSTRUCTION D'APPEL

Toute procédure peut être appelée depuis une autre procédure (ou fonction) par l'instruction d'appel de la forme :

```
[Call] <nom de la proc. appelée> [<arguments éventuels>]
```

Exemples :

```
Traitement        'il n'y a pas d'arguments
  Calcul 5, 4     '2 arg. ; procédure supposée définie par :
                  'Sub Calcul (a as Integer, b as Integer)
```

Le mot-clé Call n'est presque jamais présent. Notez que la liste des arguments est entre parenthèses () dans la déclaration de la procédure, et sans parenthèse () dans l'appel. Les parenthèses () dans l'appel caractérisent une fonction ; si vous les mettez alors qu'il y a plusieurs arguments, il faut utiliser Call. Pour plus de détails sur ces points, voyez le chapitre *Procédures, fonctions, arguments*.

Cette manière de lancer une procédure est dite "méthode interne", mais elle pose question : comment lancer la procédure appelante. On voit qu'il faut des méthodes "externes".

2 - PAR MENUS STANDARDS

Depuis le classeur Excel

Lorsqu'on ouvre un classeur Excel qui contient des macros, il vient la BDi suivante, qui vous avertit des dangers des macros pouvant contenir des virus :

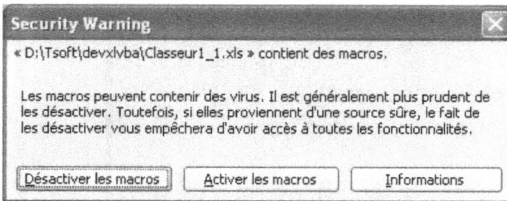

Mais cette BDi n'apparaît que si vous avez un niveau de sécurité pas trop grand. Pour fixer le niveau de sécurité :

- (Dans l'écran Excel) *Outils-Options,* onglet « Sécurité », clic sur [Sécurité des macros] .

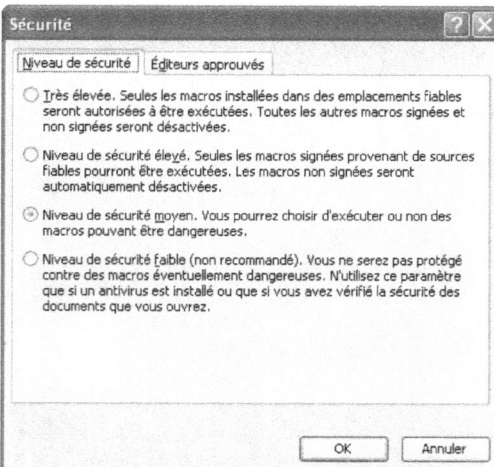

DIFFÉRENTES FAÇONS DE LANCER UNE PROCÉDURE

- Dans l'onglet « Niveau de sécurité », choisissez ⊙ *Niveau de sécurité moyen.*

Ici, nous n'avons pas le choix : si nous voulons pouvoir utiliser nos macros, il faut les activer. Par ailleurs, ce livre ne vous apprendra pas à créer des macros à virus. Donc, le risque évoqué ici ne devrait pas trop nous effrayer. En revanche, avant tout essai de vos « œuvres », il est impératif que vous sauvegardiez le classeur, car il y a un risque réel de blocage de l'ordinateur suite à une erreur dans une macro VBA, même les exemples de ce livre : vous n'êtes pas à l'abri ces fautes de frappe.

- Cliquez sur │ Activer les macros │ dans la BDi Security Warning.

Ensuite, on peut choisir la procédure à exécuter :

- Faites *Outils-Macro-Macros* : la BDi de choix de macro montre la liste de toutes les procédures dans les classeurs ouverts
- Choisissez dans la liste déroulante *Macros dans* le domaine où chercher les macros, soit l'un des classeurs ouverts, soit tous
- Cliquez sur la macro/procédure voulue et │ Exécuter │

Si la barre d'outils Visual Basic est affichée un clic sur le bouton │▶│ fait apparaître la même BDi.

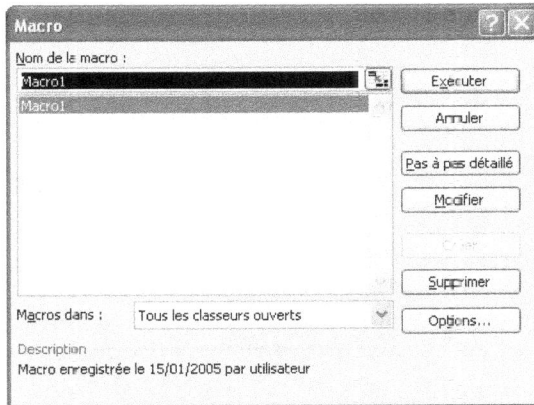

Depuis l'éditeur VBA

- Étant dans l'écran de VBA, faites afficher la fenêtre de module voulu si elle ne l'est pas
- Dans cette fenêtre, placez le curseur texte n'importe où à l'intérieur de la procédure voulue (entre `Sub` et `End Sub`)
- *Exécution – Exécuter Sub/User Form* ou touche de raccourci │F5│

Attention : Cette méthode fait exécuter la procédure de la même façon que la précédente sauf qu'il peut n'y avoir aucune feuille ni cellule active, alors que depuis la fenêtre Excel, ces éléments étaient définis. Donc si l'écriture de la procédure fait des hypothèses sur ces données, le fonctionnement risque d'être incorrect. Le mieux serait de rendre la rédaction indépendante en ajoutant des instructions pour activer la feuille et la cellule voulues.

3 - PAR ÉVÉNEMENTS

Tout événement (clic, déplacement ou autre) peut être associé à une procédure qui sera exécutée à la survenance de l'événement. Si on fournit une procédure elle sera exécutée à l'arrivée de l'événement avant (ou, si la procédure le spécifie, à la place de) l'action standard du système pour cet événement. Cette action système peut être rien, auquel cas, si vous ne fournissez pas de procédure, votre application sera insensible à cet événement.

DIFFÉRENTES FAÇONS DE LANCER UNE PROCÉDURE

On distingue les *événements naturels* qui arrivent dans tout classeur (ex. changement de valeur dans une cellule, déplacement de la cellule active, activation d'une feuille, ouverture d'un classeur, passage d'un contrôle à un autre dans une BDi, validation d'une BDi …) et les *événements ad-hoc* qui sont introduits uniquement pour démarrer une certaine procédure par un simple clic, ce qui est beaucoup moins fastidieux que la méthode précédente.

Événements ad-hoc

On va créer un élément : bouton, forme géométrique, image, bouton de barre d'outils, nouveau menu ou nouvelle rubrique de menu et à l'événement clic sur cet élément on va associer la procédure que nous voulons lancer facilement. La personnalisation des barres d'outils et menus est discutée dans le chapitre *Commandes par boutons, barres d'outils ou menus*. Ici, nous ne regardons que le cas des boutons ou des dessins.

– Pour implanter un contrôle bouton :

- Affichez la boîte à outils *Contrôles* par clic droit sur une barre d'outils et choix :

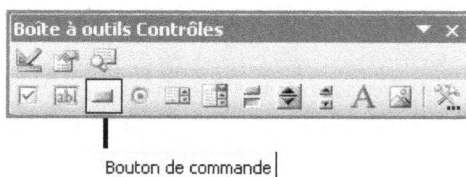

- Choisissez l'outil *Bouton de commande*
- Il apparaît une petite barre ou boîte à outils dont le seul bouton nous permettra de quitter le mode création. Avant cela, le curseur souris prend la forme d'une croix ; délimitez le rectangle du bouton par glissement souris sur la feuille.
- Cliquez-droit sur le bouton ; choisissez *Propriétés* dans le menu déroulant. Il apparaît une fenêtre de propriétés analogue à celle de VBA. Le plus indispensable est de changer la propriété *Caption* (libellé qui s'affiche sur le bouton) pour remplacer le libellé passe-partout *CommandButton1* par une mention spécifique du traitement (Ex. *Nouveau Client…*)
- Fermez la fenêtre de propriétés. Nouveau clic droit sur le bouton et *Visualiser le code*. On passe alors à la fenêtre VBA et dans un module intitulé du nom de la feuille de calcul où se trouve le bouton on trouve l'enveloppe d'une procédure *CommandButton1 _Click*. Il suffit d'y taper l'appel de la procédure à associer, c'est-à-dire son nom.
- Quittez le mode création par clic sur le bouton de la petite barre d'outils (Dé[sactiver le mode Création]). Fermez la barre d'outils *Contrôles*.

– Pour implanter un contrôle dessin :

- Faites apparaître la barre d'outils *Dessin* si elle n'est pas affichée. Cliquez sur le rectangle (vous pouvez aussi choisir l'ellipse ou le bouton Image).
- Pour rectangle ou ellipse, délimitez le rectangle conteneur par glissement souris sur la diagonale. Clic droit sur le contrôle, *Ajouter du texte* dans le menu déroulant, tapez le texte voulu. Puis clic droit et *Format de la forme automatique* ; visitez les onglets Police (nous suggérons de choisir *Gras*), Alignement (nous suggérons *Centré* pour Horizontal et Vertical) et Couleurs et traits où nous suggérons de spécifier un remplissage gris clair. Vous pouvez agir aussi sur l'épaisseur de bordure.
- Pour une image, choisissez le fichier voulu dans la BDi qui apparaît. L'image vient en haut à gauche de la feuille : réduisez sa taille et faites la glisser à l'emplacement souhaité.

DIFFÉRENTES FAÇONS DE LANCER UNE PROCÉDURE

- Clic droit sur le contrôle et *Affecter une macro* dans le menu déroulant. Une BDi de choix de macro quasi identique à la figure du début de chapitre apparaît.
- Choisissez la procédure voulue et $\boxed{\text{OK}}$.
- Si au lieu de choisir une procédure existante dans la liste vous gardez le nom proposé d'emblée (exemple : *Rectangle1_QuandClic*), on passe dans l'éditeur VBA ce qui vous permet de taper le contenu de la procédure dans le Module 1.

Événements naturels

Ce sont les événements pour lesquels il n'y a pas besoin de créer un objet à cliquer. Ces événements peuvent se produire d'office. Si vous ne fournissez pas de procédure affectée à un tel événement, c'est l'action normale du système qui prévaut. Si vous fournissez une procédure, elle est exécutée avant l'action système et elle peut éventuellement l'inhiber.

Ces procédures doivent être placées dans la fenêtre de code du module associé au conteneur de l'objet concerné :

- pour un contrôle d'une BDi, c'est le module de code de la BDi
- pour une cellule ou une zone de feuille de calcul, c'est le module associé à la feuille : vous ouvrez un tel module par double clic sur Feuil<n> dans l'arborescence *Microsoft Excel Objects* ; pour un élément concernant le classeur entier, c'est *ThisWorkbook* dans la même arborescence. Ces fenêtres de code ont en haut deux listes déroulantes.

Pour définir une telle routine, choisissez l'objet dans la liste de gauche, puis la routine dans la liste de droite. Principaux objets et événements

Conteneur	Objet	Evénements
Feuille	Contrôle	CommandButton<n>_Click : clic sur le contrôle (ex. bouton)
"	Worksheet	WorkSheet_SelectionChange : on active une autre cellule
"	"	Worksheet_Change : on change le contenu de cellule
Classeur entier	Workbook	Workbook_Activate : activation du classeur
"	"	Workbook_Open : ouverture du classeur
"	"	Workbook_BeforeClose : avant fermeture du classeur
BDi	Contrôle	<Contrôle>_Click : clic sur le contrôle
"	"	<Contrôle>_Enter : on arrive sur le contrôle
"	"	<Contrôle>_Exit : on quitte le contrôle
"	"	<Contrôle>_Change : on change la valeur du contrôle

Workbook_Open permet d'implanter un traitement qui se fera dès qu'on ouvrira le classeur ; c'est le moyen d'assurer le **démarrage automatique** d'une application.

4 – PAR RACCOURCI-CLAVIER

Une autre solution semble très séduisante : on peut associer une combinaison $\boxed{\text{Ctrl}}$ + $\boxed{\text{Touche}}$ au déclenchement de l'exécution. On peut spécifier la touche dans la BDi d'enregistrement de la macro. Il faut y penser juste avant l'enregistrement. Si vous n'y avez pas pensé ou s'il s'agit d'une procédure entrée directement par l'Éditeur :

- *Outils – Macro – Macros* : La BDi (de la page 25) apparaît. Attention, il faut demander cette commande depuis la fenêtre Excel, et non VBA ; depuis VBA, la même commande fait apparaître la même BDi, mais sans bouton $\boxed{\text{Options}}$.
- Choisissez la procédure voulue.
- $\boxed{\text{Options}}$: La BDi suivante apparaît (elle permet aussi de fournir une description).

DIFFÉRENTES FAÇONS DE LANCER UNE PROCÉDURE

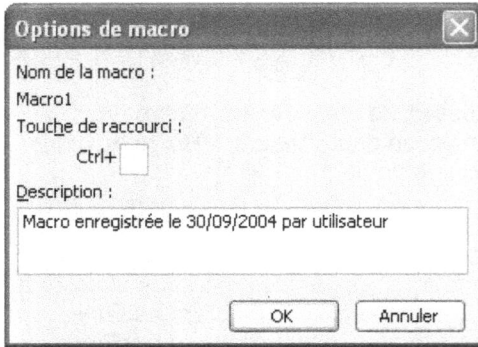

Options de macro

Nom de la macro :
Macro1
Touche de raccourci :
    Ctrl+ [ ]
Description :
Macro enregistrée le 30/09/2004 par utilisateur

[OK] [Annuler]

L'inconvénient à notre avis rédhibitoire de ce dispositif est que si vous choisissez une combinaison qui a déjà une fonction, celle-ci disparaît et le système ne prévient absolument pas. Vous risquez ainsi de perdre irrémédiablement un raccourci extrêmement important.

Une alternative plus intéressante est offerte par l'événement *OnKey* de l'objet Application. Il offre même plus de possibilités : on n'est pas limité aux combinaisons avec Ctrl et on peut rétablir l'ancienne fonction de la combinaison. Ceci est traité au chapitre 8.

MISE AU POINT D'UNE MACRO

Une fois écrite, la macro ne donne pas forcément du premier coup les résultats souhaités. Différents comportements sont possibles au moment où on demande l'exécution pour un premier essai (redonnons d'ailleurs ce conseil qu'on ne répétera jamais assez : sauvegardez le classeur avant de demander l'exécution) :

- le programme peut s'arrêter avant même d'avoir démarré en signalant une erreur de compilation (1) ;
- le programme s'arrête sur message d'erreur (2) ;
- le programme tourne indéfiniment (3) ;
- le programme s'achève, mais les résultats sont faux ; signalons que pour pouvoir déceler une telle erreur, il faut effectuer certains essais avec des données telles qu'on connaisse d'avance les résultats, ou qu'ils soient facilement calculables (4).

1) Montre l'instruction en cause surlignée en jaune. Les erreurs de syntaxe concernées sont plus subtiles que celles qui sont décelées à l'écriture ; elles mettent souvent en jeu des incompatibilités entre plusieurs instructions alors qu'à l'écriture, l'analyse se limite à une instruction.
   Or peut faire apparaître ces erreurs en demandant *Débogage – Compiler VBAProject*. L'avantage par rapport à l'exécution est que ceci détecte toutes les erreurs de syntaxe alors que l'exécution ne donne que celles des instructions par où on est passé.

2) Fait apparaître une BDi comme :

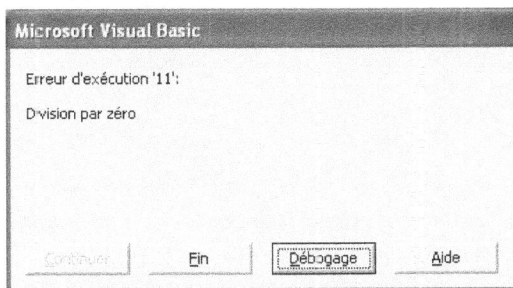

et le programme se trouve arrêté. Si le bouton [**Débogage**] est présent (il est absent pour de rares types d'erreurs), et si vous cliquez dessus, vous passez à l'affichage du module et l'instruction en cause est surlignée en jaune. Nous verrons plus loin ce qu'on peut faire.

3) Est vraisemblablement dû à une portion de programme qui boucle. Le plus souvent, on arrive à reprendre le contrôle par la combinaison [Ctrl] + [Pause]. On est alors ramené au cas précédent : une des instructions de la boucle en cause est surlignée. On peut donc voir quelle est la boucle infinie et, de là, comprendre si la condition d'arrêt est mal exprimée ou si les données qui y interviennent sont mal calculées.

4) Est le plus difficile à gérer puisque là, c'est la logique du programme qui est en cause. Les outils à mettre en œuvre sont les mêmes que pour les autres cas.

Outils de mise au point

Les outils offerts par VBA pour aider à comprendre les erreurs sont, d'une part des moyens d'affichage (info-bulles, fenêtre Variables locales, Pile des appels, Espions), d'autre part des moyens d'exécution (Pas à pas, Points d'arrêt, instruction Stop).

La fenêtre Exécution appartient aux deux catégories puisqu'on peut y afficher des données, mais aussi y taper des instructions. Ces moyens servent plus souvent en mode arrêt, mais certains peuvent être exploités pendant que le programme tourne et ce n'en est que mieux.

MISE AU POINT D'UNE MACRO

MOYENS D'AFFICHAGE

Info-bulles

Lorsque le programme est arrêté sur erreur, si vous amenez le curseur souris sur une variable dans la procédure où on se trouve, il apparaît une info bulle qui donne la valeur.

Dans l'exemple qui a donné la figure précédente, si on amène le curseur souris sur y, on obtient :

```
    Sub Mauvaise()
    Dim x As Double, y As Double, z As Double
      x = 5
      y = 0
⇨     z = x / y
    End Sub  y = 0
```

Fenêtre variables locales

On l'obtient par *Affichage – FenêtreVariables locales* dans l'écran VBA. Elle donne la valeur des variables :

Variables locales		
VBAProject.Module1.Mauvaise		
Expression	Valeur	Type
⊞ Module1		Module1/Module1
x	5	Double
y	0	Double
z	1,#INF	Double

Un point très important est que vous pouvez modifier une valeur dans cette fenêtre : sélectionnez la valeur, modifiez-la puis cliquez ailleurs dans la fenêtre.

Pile des appels

Un clic sur le bouton [...] à l'extrême droite de la ligne VBAProject…, ou *Affichage – Pile des appels* donne une fenêtre qui affiche la succession des appels de procédures. C'est utile dans les cas les plus complexes.

Espions

- Sélectionnez la variable y
- *Débogage – Ajouter un espion*. y apparaît comme expression espionne :

Ajouter un espion	✕
Expression : y	OK Annuler
Contexte Procédure : Mauvaise Module : Module1 Projet : VBAProject	Aide
Type d'espion ⦿ Expression espionne ○ Arrêt si la valeur est vraie ○ Arrêt si la valeur change	

Les choix les plus intéressants sont les boutons-radio. Ils parlent d'eux-mêmes.

MISE AU POINT D'UNE MACRO

Expression	Valeur	Type	Contexte
6d̀ y	0	Double	Module1.Mauvaise

Espion express

Si vous avez oublié de définir un espion avant que le programme ne s'arrête sur erreur, il est encore temps de :

- Sélectionnez l'expression voulue
- *Débogage – Espion express* :

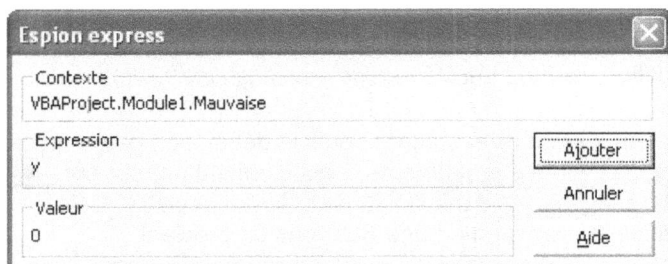

Espion express

Contexte
VBAProject.Module1.Mauvaise

Expression
y   [Ajouter]

Valeur   Annuler
0   [Aide]

Un clic sur [Ajouter] ajoute l'expression comme espion.

MOYENS D'EXÉCUTION

Pas à pas

On peut demander l'exécution pas à pas, c'est-à-dire instruction par instruction. On l'obtient par *Outils – Macro – Macros*, puis [Pas à pas détaillé] depuis l'écran Excel ou VBA. Sinon, ayant le curseur souris dans la procédure voulue, demandez *Débogage – Pas à pas détaillé*.

Ceci est extrêmement fastidieux et ne doit être utilisé qu'en dernier ressort si on ne comprend pas la cause de l'erreur. Un peu moins fastidieux sont (*Débogage –)Pas à pas principal* (qui exécute les procédures appelées à vitesse normale) et *Pas à pas sortant* (qui fait sortir de la procédure en cours à vitesse normale). En mode pas à pas, on avance d'une instruction par F8.

Points d'arrêt

Il peut être préférable d'introduire quelques points d'arrêt, par exemple avant un passage qu'on voudra surveiller particulièrement. Pour cela :

- Amenez le curseur sur l'instruction voulue
- *Débogage – Basculer le point d'arrêt* (Raccourci F9). Cette même commande permet d'ailleurs de supprimer le point d'arrêt. Un point d'arrêt apparaît sous forme d'un point bordeaux dans la marge grise.

Supprimer les points d'arrêt

Nous venons de voir comment en supprimer un. Pour supprimer tous les points d'arrêt, c'est *Débogage – Effacer tous les points d'arrêt* (Ctrl+Maj+F9).Exécuter jusqu'au curseur

Une autre commande qui fait le même effet qu'un point d'arrêt (mais il ne peut y en avoir qu'un) est *Débogage – Exécuter jusqu'au curseur* Ctrl+F8. Il faut bien sûr avoir préalablement placé le curseur dans la fenêtre module sur l'instruction voulue.

MISE AU POINT D'UNE MACRO

Instruction Stop

Les points d'arrêt ne sont pas conservés lorsqu'on sauve le programme. On peut à la place insérer des instructions `Stop` qui font arrêter le programme de la même façon et permettent tout autant d'examiner les variables et les espions.

Que faire après un arrêt ?

Après avoir éventuellement modifié certaines données, on peut :

- continuer pas à pas à coups de F8.
- reprendre l'exécution là où on est ; cela se fait par *Exécution – Continuer* ou F5 ou ▶
- reprendre l'exécution à une autre instruction. Pour cela, il suffit de faire glisser à la souris la flèche jaune qui marque l'instruction où on en est dans la marge grise. Une autre manière est de cliquer sur l'instruction voulue puis *Débogage – Définir l'instruction suivante* ou Ctrl+F9.
- tout remettre à zéro, soit parce qu'on voudra ré-exécuter depuis le début, soit parce-qu'on veut abandonner temporairement pour étudier le problème. Cela s'obtient par clic sur ■ ou *Exécution – Réinitialiser* ou clic sur Fin dans la BDi de la figure page 29. Cela peut aussi avoir lieu si vous modifiez le programme : une BDi vous en prévient.

La fenêtre Exécution

En fait, la technique moins fastidieuse pour comprendre ce qui se passe dans un programme est de l'exécuter à vitesse normale, mais en insérant par endroits des ordres d'impression de données stratégiques. Pour cela, on peut utiliser `MsgBox`, mais cette instruction crée un arrêt ; exactement ce que nous voulons éviter. La solution est d'utiliser la fenêtre *Exécution*. Au lieu de `MsgBox <donnée>`, on utilise `Debug.Print <donnée>` et l'écriture se fera dans la fenêtre *Exécution*, sans causer d'arrêt. Les données à imprimer ainsi peuvent être des valeurs de variables, des textes du genre "On décèle l'événement ....", ou "On arrive à la procédure ...".

Pour visualiser la fenêtre *Exécution* dans l'écran VBA, faire *Affichage – Fenêtre Exécution*. (Ctrl+G).

Le mode immédiat

Une particularité très intéressante de la fenêtre *Exécution* est que vous pouvez y taper des instructions VBA. Chaque instruction sera exécutée dès que vous taperez Entrée. C'est ce qu'on appelle le mode immédiat.

L'instruction la plus utilisée dans ce contexte est `Print` (abrégé : ?) `<variable>`. Elles est intéressante car si l'on est en mode arrêt, les valeurs des variables avant l'arrêt sont connues, donc un `?<cette variable>` a autant d'efficacité que les espions et fenêtre Variables locales.

Par exemple, `?ActiveWorkbook.Name` donne le nom du classeur actif ; si ce n'est pas celui que vous avez prévu, vous avez bientôt compris pourquoi le programme ne fonctionne pas.

Vous pouvez aussi taper des instructions qui modifient des valeurs de variables ou des données dans les classeurs, et reprendre l'exécution avec les données modifiées à l'instruction que vous voulez.

Une autre possibilité de la fenêtre *Exécution* est qu'elle permet d'essayer des instructions : vous tapez l'instruction à essayer dans la fenêtre *Exécution* et vous vérifiez les effets.

UTILISER L'AIDE

L'aide en ligne est un élément essentiel. Vous devez l'installer complètement. Si vous appartenez à une organisation où l'installation dépend du « Service Informatique », vous devez obtenir qu'il installe l'aide en ligne.

L'aide intervient déjà dans le fait de proposer automatiquement de compléter les instructions lors de leur écriture. D'autre part, si vous tapez [F1] après un mot-clé ou alors qu'il est sélectionné, l'aide sur ce mot-clé apparaît. En outre, les BDi qui apparaissent lors d'un arrêt ont un bouton Aide qui amène à une page en rapport avec le problème.

Appel direct de l'aide

- Vous devez être dans l'écran VBA, sinon, c'est l'aide sur Excel que vous obtiendrez
- *? – Aide sur Microsoft Visual Basic*

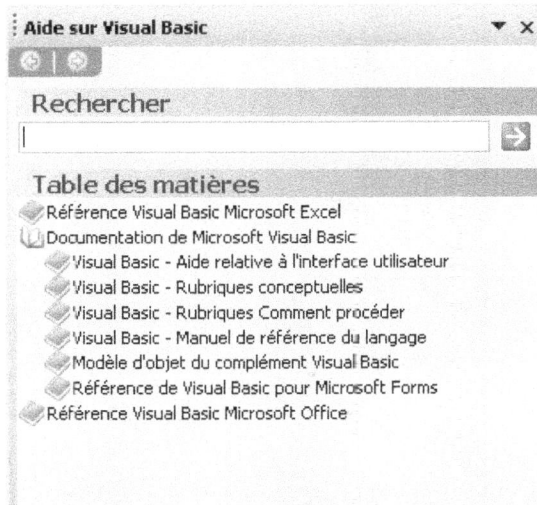

```
Aide sur Visual Basic                    ▼ ✕
 ⊙ | ⊙

Rechercher
[                                      ]  →

Table des matières
🟦 Référence Visual Basic Microsoft Excel
📘 Documentation de Microsoft Visual Basic
   🟦 Visual Basic - Aide relative à l'interface utilisateur
   🟦 Visual Basic - Rubriques conceptuelles
   🟦 Visual Basic - Rubriques Comment procéder
   🟦 Visual Basic - Manuel de référence du langage
   🟦 Modèle d'objet du complément Visual Basic
   🟦 Référence de Visual Basic pour Microsoft Forms
🟦 Référence Visual Basic Microsoft Office
```

- La rubrique la plus intéressante est, d'après notre expérience, Documentation de Microsoft Visual Basic. Dans cette rubrique, les divisions les plus intéressantes sont :
  - Rubriques conceptuelles
  - Rubriques Comment procéder
  - Manuel de référence du langage

Dans cette division, les rubriques les plus significatives sont Constantes, Types de données, Fonctions, Index/Listes et Instructions.

Nous n'insistons pas sur le mode d'emploi de la navigation qui est classique : on développe une arborescence en cliquant sur le livre fermé et on la résorbe en cliquant sur le livre ouvert. Sinon, c'est un hypertexte classique.

La zone d'entrée *Rechercher* sert à taper un mot et le système propose des rubriques ou demande de reformuler la question.

La version précédente présentait trois onglets : « Sommaire » qui jouait le rôle de la table des matières ci-dessus, puis « Aide intuitive » et « Index » maintenant remplacés par la seule zone Rechercher.

L'EXPLORATEUR D'OBJETS

L'Explorateur d'objets est une extraordinaire source de renseignements, d'autant que la programmation VBA est surtout dépendante des objets de l'application hôte (Excel dans notre cas).

- Dans l'écran VBA, faites *Affichage – Explorateur d'objets* (F2)

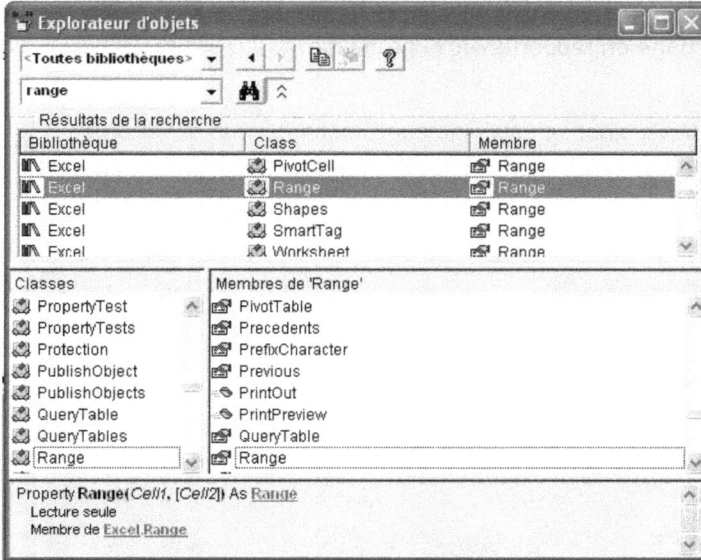

- Dans la première liste déroulante, choisir :
- – <Toutes bibliothèques>
    - Tapez le mot cherché dans la 2ie liste déroulante
    - Choisissez une classe ou un membre dans *Résultats de la recherche*
    - Vous pouvez alors choisir un membre dans la dernière liste. Le type d'un membre se reconnaît à l'icône devant son nom :

    🔧 Propriété   ◈ Méthode   𝔤 Evénement

- – une des bibliothèques, par exemple VBA.
    - Choisissez une classe dans la liste *Classes*, puis un membre

Une fois qu'un élément apparaît tout en bas, en vous avez déjà une description sommaire et, si vous tapez F1, vous aurez un écran d'aide sur cet élément.

RÉCUPÉRATION DES ERREURS

Il est très mauvais d'avoir un programme qui s'arrête sur une erreur, surtout s'il s'agit d'un développement pour un client car les messages du système sont culpabilisants et laissent entendre qu'il y a une erreur de programmation. VBA permet au programme de garder le contrôle en cas d'erreur.

- Juste avant l'instruction (ou le groupe d'instructions) où l'erreur risque de se produire, implantez `On Error GoTo <étiquette>`. Après le groupe, implantez `On Error GoTo 0`.
- Après l'étiquette, on implante la routine de traitement de l'erreur. Elle contient sûrement des instructions MsgBox qui préviennent de l'erreur et sont moins rebutantes que le message normal du système.
- En principe, on sait quelle est l'erreur produite puisqu'on connaît les instructions qui suivent le `On Error...` Toutefois, on peut tester `Err.Number` pour vérifier que c'est l'erreur prévue. Par exemple 11 est le numéro correspondant à la division par 0. `Err.Description` est une chaîne décrivant l'erreur.
- La routine doit se terminer par une instruction `Resume` :
- `Resume` (tout court) fait revenir à l'instruction qui a causé l'erreur. Il faut donc que le traitement ait résolu le problème, sinon, elle se reproduit.
- `Resume Next` fait revenir à l'instruction qui suit celle qui a causé l'erreur. Donc le traitement remplace celle-ci, ou on y renonce.
- `Resume <étiquette>` (rarement employé) fait sauter à l'étiquette indiquée.
- N'oubliez pas d'implanter un `Exit Sub` juste avant l'étiquette du traitement d'erreur, sinon, on tombe inopinément sur ce traitement.

Exemple : On essaie d'ouvrir un classeur ; en cas d'impossibilité, on demande à l'utilisateur de fournir la bonne désignation du fichier. Le retour se fait sur l'instruction d'ouverture, puisque l'erreur est censée être corrigée.

```
Sub Ouvrir()
Dim FN As String
   FN = "D:\ClasseurA.xls"
   On Error GoTo TraitErr
   Workbooks.Open Filename:=FN
   On Error GoTo 0
...
...
   Exit Sub
TraitErr:
   FN = InputBox("Impossible d'ouvrir " + FN + _
      vbCr + "Entrez la bonne désignation")
   Resume
End Sub
```

Il y a une autre version page 88 et un autre exemple à la fin du chapitre 5 (page 84).

Manipulation des données

3

Désignation des données

Instruction d'affectation

Expressions et opérateurs

Déclarations de variables, types, tableaux

Traitements de chaînes de caractères

DÉSIGNATION DES DONNÉES

Toute opération d'un langage de programmation suppose d'agir sur des données. Pour qu'on puisse agir sur elle, une donnée doit être **désignée**. Puis, la principale action qu'on peut exercer sur une donnée est de lui donner une valeur résultant d'un calcul, c'est le rôle de **l'instruction d'affectation** qui sera vue dans la prochaine section.

VBA manipule deux sortes de données :

- des données propres au programme, que le programmeur introduit selon sa volonté, par exemple pour stocker un résultat intermédiaire
- des données représentant des objets Excel ou leurs propriétés : leurs désignations ne sont pas arbitraires, il faut bien manipuler les objets nécessités par le problème à traiter.

DONNÉES PROPRES AU PROGRAMME

Lorsque la donnée est connue du programmeur on la désigne par une **constante**, lorsqu'elle n'est pas connue au moment de l'écriture du programme, on utilise une **variable**, ce qui est un des éléments les plus utilisés en VBA.

Constantes explicites ou littéraux

Puisqu'on connaît la donnée, il suffit de la citer. Par exemple, pour ajouter le nombre trois à la variable x, on écrira l'expression x + 3.

Selon l'écriture utilisée, VBA attribuera automatiquement le type le plus approprié.

Valeurs logiques

Les deux seules valeurs utilisables sont True et False. On devrait plutôt parler de constantes symboliques.

Valeurs entières

On écrit un simple nombre entier. Selon la valeur, le type Byte, Integer ou Long sera sous-entendu.

Valeurs réelles

Il y a une partie entière et une partie fractionnaire, **séparées par un point** (à la différence de ce qui a lieu dans les feuilles Excel). Ex. 1.5 sera considéré comme Single,
-7.000567891234 sera considéré comme Double. On peut aussi utiliser l'écriture <nombre>E<exposant> comme 0.15E10 (Single) ou 0.1E-200 (Double). On peut utiliser la lettre D pour forcer le type Double : 1.D0.

Dates

Un littéral de date se présente entre # : #1/1/04#   #1 Jan 2004#

Si vous mettez le nom du mois en entier, il faut le nom anglais.   #5 january 2004#

Chaînes de caractères

Les chaînes de caractères ou textes se présentent entre guillemets ("). Ex. "Bonjour" "Le résultat est : "   "Dupont". Le texte que vous tapez sera mémorisé (et réutilisé ou ressorti plus tard) exactement comme vous l'avez tapé ; donc mettez les espaces et les majuscules exactement comme vous les voulez dans le résultat.

Chaîne vide

Deux guillemets consécutifs expriment la chaîne vide (""), chaîne qui a zéro caractère. Elle est souvent élément de comparaison dans des tests. Elle peut s'exprimer aussi par certaines fonctions dans le cas où le résultat est la chaîne vide comme Left("a",0).

DÉSIGNATION DES DONNÉES

Incorporer un guillemet dans la chaîne

Si vous tapez un ", VBA considèrera que c'est la fin de la chaîne. La solution est d'en mettre deux : l'instruction `MsgBox "Je vous dis ""Bonjour"""` fera afficher
Je vous dis "Bonjour" .

Autre solution semblable à la méthode c -dessous : concaténer Chr(34) qui est le " :

`MsgBox "Je vous dis " + Chr(34) + "Bonjour" + Chr(34) .`

Incorporer un caractère spécial dans la chaîne

Le problème se pose pour les caractères qui ont une touche au clavier mais que l' Éditeur VBA prend en compte de façon particulière (le principal est Entrée qui fait terminer la ligne), ou les caractères qui ne sont même pas au clavier. La solution est de concaténer Chr (<code caractère>). Pour certains caractères, il existe une constante symbolique prédéfinie. En voici quelques unes :

Caractère	Chr	Constante
Entrée ou ↵	Chr (13)	vbCr
Saut de ligne	Chr (10)	vbLf
Retour chariot + Nouvelle ligne	Chr (13)+Chr(10)	vbCrLf
Car. de code 0	Chr (0)	vbNullChar
Tabulation ↹	Chr (9)	vbTab
Retour arrière ←	Chr (8)	vbBack

Vérifier le type d'une constante

Si vous voulez vous assurer que VBA interprète le type d'une constante comme vous le prévoyez, ouvrez une fenêtre Exécution et tapez `? TypeName(<constante>)`. Par exemple : `? TypeName(1.EC)` donne Single, `? TypeName(1.D0)` donne Double.

Constantes symboliques prédéfinies

VBA propose un grand nombre de constantes nominales prédéfinies dans pratiquement tous les domaines de programmation. `True` et `False`, les deux valeurs du type booléen en sont. Les constantes représentatives de caractères ci-dessus en sont aussi. En voici quelques autres jeux :

Constantes générales

`Null`	Valeur d'une variable Variant qui ne contient aucune valeur valide
`Error`	Valeur d'une variable Variant pour signaler une erreur
`Empty`	Valeur d'une variable ou propriété non initialisée

Constantes de touches

`vbKeyReturn`	Touche ↵
`vbKeyShift`	Touche Maj
`vbKeyControl`	Touche Ctrl
`vbKeyEscape`	Touche Échap
`vbKeySpace`	Touche Espace
`vbKeyLeft`	Touche curseur gauche
`vbKeyUp`	Touche curseur haut
`vbKeyRight`	Touche curseur droite
`vbKeyDown`	Touche curseur bas
`vbKeyA....Z`	Touches lettres

DÉSIGNATION DES DONNÉES

Constantes de types de fichier

`vbNormal, vbDirectory, vbHidden, vbSystem` etc.

Constantes pour les BDi rudimentaires

`vbOKOnly, vbYesNo, vbRetryCancel` etc. décident quels boutons seront présents.
`vbOK, vbCancel, vbAbort, vbRetry, vbIgnore, vbYes, vbNo` indiquent quelle
réponse a été faite.

Cette liste n'est que partielle. Vous trouverez des compléments dans l'aide :
Sommaire/Visual Basic – Manuel de référence du langage/Constantes.

Constantes nominales créées par le programmeur

Le programmeur peut lui-même définir une constante nominale : désigner la constante par
un nom parlant peut être plus clair que l'emploi d'un simple nombre. Par exemple, dans une
routine d'impression où l'on veut tester si l'on a atteint la limite du nombre de lignes par page,
une écriture de la forme `If ligne = NbLignesParPage ....` sera beaucoup plus
parlante que `If ligne = 60 ...`

Créer une constante nominale

On procède à peu près comme pour déclarer une variable :

```
Const <nom> [As <type>]=<valeur>[,<autres définitions>…]
```

Exemple : `Const NbLignesParPage = 60`

`Const Rep As String = "C:\Clients", E As Double = 2.71828`

La clause As <type> est facultative si le type peut se déduire de la valeur imposée.

La constante s'utilise comme une variable, sauf que toute instruction susceptible de changer
sa valeur est interdite, notamment l'affectation <nom> = …Les règles concernant le nom sont
les mêmes que pour une variable.

Variables

Dès qu'on a besoin de pouvoir manipuler une donnée inconnue qui n'est pas un objet Excel,
il faut pouvoir la désigner donc introduire une variable. Une variable a

- un *nom* qui sert à la désigner dans le programme,
- une *adresse* mémoire dont le programmeur n'a pas à se préoccuper (c'est l'avantage des
  langages de programmation évolués comme VBA),
- un *type* qui détermine le domaine de valeurs que la variable peut stocker,
- une *taille-mémoire* décidée par le type et, surtout,
- une **valeur** qui elle est susceptible de changer au cours de l'exécution du programme,
  d'où le terme "variable" : ex. calcul d'un résultat par approximations successives.

Règles sur les noms de variables

Pour introduire une variable, la première chose est de lui attribuer un nom. Les noms sont
arbitraires (c'est-à-dire choisis librement par le programmeur) sauf :

- Maximum 255 caractères (en fait, il est déraisonnable de dépasser 30).
- Le premier caractère doit être une lettre. Les lettres accentuées sont autorisées.
- Pas de caractères spéciaux point, espace, -, +, *, /, \, :
  En fait, pour séparer des parties du nom, utiliser le souligné _ (ex. `nom_client`).
- Les caractères %, &, !, $, #, @ ne peuvent être employés qu'en fin de nom et ils ont
  une signification particulière (voir les types).
- Pas de nom identique à un mot-clé (`If, For` etc.). Certains noms prédéfinis peuvent
  être redéfinis, mais c'est déconseillé.

DÉSIGNATION DES DONNÉES

Vous pouvez donc utiliser les majuscules pour séparer les parties du nom. Si la première apparition du nom est *NomClient* et que vous tapiez tout en minuscules l'éditeur VBA substituera les majuscules. C'est un excellent moyen de déceler une faute de frappe : utilisez un peu de majuscules dans vos noms, tapez tout en minuscules et vérifiez que l'éditeur supplée des majuscules ; s'il ne le fait pas, c'est qu'il y a une faute de frappe.

Quelques conseils sur les noms

Le seul vrai conseil que l'on peut donner est d'employer des **noms parlants**, c'est-à-dire qui font comprendre de façon évidente le rôle que la variable joue dans le programme. X ne signifie rien alors que `RacineCherchée` a un sens. Bien sûr, VBA n'impose rien dans ce domaine : les noms lui sont indifférents.

Dans certains contextes de développement très professionnels, on suit des règles particulières de dénomination, avec des préfixes impliquant le type de la variable. Par exemple `intI`, `strNom`, ou `cTexte`, `nNuméro`, `dbIncrément`. Une telle notation est souvent appelée « hongroise » ; elle a été introduite avec les langages de la famille du C, mais elle est parfaitement utilisable en VBA. C'est pratique pour, par exemple, avoir la version chaîne et la version numérique d'une même donnée :

```
strNombrePages = TextBox1.Text            ' Le contenu d'une entrée
                                          ' texte dans une BDi est
intNombrePages = CInt(strNombrePages)     ' de type String :
                                          ' ici, il est converti
```

Déclarations de variables

En principe, toute variable est annoncée à VBA par une déclaration qui précise son type. Les déclarations de variables sont traitées dans le 3e module de ce chapitre.

DÉSIGNATIONS D'OBJETS

Objets prédéfinis

Les désignations des objets prédéfinis d'Excel et de leurs propriétés ne sont pas arbitraires (c'est-à-dire définies par le programmeur), donc on peut les considérer comme des constantes symboliques prédéfinies. Elles obéissent au formalisme suivant, qui permet des désignations à étages où on passe d'un étage au suivant avec un point. Toute propriété se désigne par :

`<objet>.<propriété>`. Maintenant, une propriété peut elle-même être un objet, d'où :
`<objet>.<sous-objet>.<propriété>` avec un nombre de niveaux quelconque.
De fait, on ne parle de propriété que lorsqu'on est au dernier niveau et qu'on arrive à un élément de type booléen, numérique ou chaîne.

L'objet de niveau juste superieur à un certain niveau s'appelle l'objet parent. Pour certains objets ou propriétés, le parent peut être sous-entendu dans la désignation. Ainsi, dans la plupart des désignations, l'objet *Application*, qui est au sommet de la hiérarchie et représente l'application Excel elle-même, peut être sous-entendu ; mais pas dans la propriété `Application.DisplayAlerts` (booléen qui active l'affichage de messages d'alerte tels que « classeur non sauvegardé »).

Exemples

Quelques propriétés concernant le contenu d'une cellule de feuille Excel : l'objet *Application* étant sous-entendu, une cellule se désigne par :

`<désign. Classeur>.<désign. Feuille>.Range("<coord.>")` ou `<désign. Classeur>.<désign. Feuille>.Cells(<ligne>,<colonne>)`.

DÉSIGNATION DES DONNÉES

Si le classeur est le classeur actif `ActiveWorkbook`, sa désignation est facultative. Si la feuille est la feuille active `ActiveSheet`, la désignation est facultative. La propriété qui représente la valeur contenue dans la cellule étant `Value`, on peut avoir les désignations :

`Range("A2").Value` ou `Range("Montant").Value` ou `Cells(2,1).Value` pour désigner la valeur contenue en A2 dans la feuille active du classeur actif. La seconde désignation suppose que la cellule avait reçu le nom Montant. Sinon, on peut avoir :

`Workbooks("exemple.xls").Worksheets ("Feuil1").Cells(2,1).Value`

Une autre désignation de classeur souvent utilisée est `ThisWorkbook` qui désigne le classeur où se trouve la procédure en train de s'exécuter (donc où est cette désignation) ; ce n'est pas forcément le même que le classeur actif. En tous cas, on ne peut accéder qu'à un contenu de cellule dans un classeur ouvert, mais pas forcément actif.

La désignation `ActiveCell` porte sur la cellule active (de la feuille active). Sa valeur est `ActiveCell.Value` ; `ActiveCell.Row` est son numéro de ligne, `ActiveCell.Column` est son numéro de colonne ; `ActiveCell.HasFormula` est vrai si la cellule contient une formule. Ceci n'était que quelques exemples : il y en a plus au chapitre 5.

Objets collection

Certains exemples ci-dessus font appel à des noms avec un "s" : ce sont des collections d'objets. Par exemple `Worbooks` est un ensemble d'objets de type `Workbook` (sans "s"), collection de tous les classeurs ouverts. `Worksheets` est la collection des (`Worksheet`) feuilles de calcul du classeur parent. `Cells` est la collection des cellules de la zone parent.

Un objet individuel se désigne par :

- `<nom collection>(<numéro>)` (analogue à un élément de tableau indicé – mais dans ce cas les indices commencent toujours à 1). `Worksheets (1)` est la 1zre feuille du classeur actif
- ou `<nom collection>("<nom>")`, exemple : `Workbooks("exemple.xls")` ou `Worksheets ("Feuil1")`.
- `Cells` a soit un indice, soit, le plus souvent deux : ligne et colonne. `Range` peut spécifier une plage comme `Range("A2:D5")`.

Tout objet collection a une propriété `Count` qui est le nombre d'éléments. La plupart des objets ont une propriété `Name` : pour un classeur, c'est le nom de fichier ; pour une feuille, c'est le nom dans l'onglet ; le nom peut servir à individualiser l'objet dans sa collection.

Méthodes

Après un objet, au lieu d'une propriété, on peut indiquer une *méthode*. Une méthode est une fonction ou une procédure attachée à un objet. Elle peut avoir des arguments.

`Range ("A2:D5").Select` sélectionne la plage indiquée.

`Workbooks.Open Filename := "exemple.xls"` ouvre le classeur indiqué.

Variables objets

On peut définir une variable susceptible de désigner un objet. Le type est spécifié par une instruction `Dim`, et est à choisir parmi `Object` (objet en général), `Workbook` (classeur), `Worksheet` (feuille de calcul), `Range` (zone ou cellule), `TextBox` (zone d'entrée de BDi) etc.

DÉSIGNATION DES DONNÉES

On écrit par exemple :

```
Dim sh As Worksheet
Set sh = Workbooks("exemple.xls").Worksheets("Bilan")
```

et, partout où il faudrait écrire :

```
Workbooks("exemple.xls").Worksheets ("Bilan").Value,
```

Il suffira d'écrire `sh.Value`, ce qui est bien plus court. L'introduction de telles variables objets a surtout pour effet d'abréger les écritures ; nous verrons dans les extensions le rôle de variables objet de type Appl cation.

INSTRUCTION D'AFFECTATION

Après avoir désigné une donnée, on peut lui affecter une valeur, c'est le rôle de **l'instruction d'affectation**.

AFFECTATION ARITHMÉTIQUE

C'est une des instructions les plus importantes de tout le langage : toute action pour modifier une donnée ou un objet passe par elle. Elle est de la forme :

`<variable> = <expression arithmétique>`
(exemple : `z = x * 0.012`)

L'expression arithmétique est l'indication d'un calcul à faire. L'expression est calculée et le résultat est stocké dans la variable indiquée ; le signe = peut donc se lire « prend la valeur » ou encore « nouvelle valeur de la variable égale résultat de l'expression ». Le signe = joue un rôle dissymétrique : les variables qui figurent dans l'expression à droite sont seulement utilisées pour le calcul, elles ne sont pas modifiées ; la variable à gauche du signe = voit, elle, sa valeur modifiée. Ceci rend compte de l'instruction :

`n = n + 1` qui augmente de 1 la valeur de n (nouvelle valeur de n = ancienne valeur +1).

Les variables à gauche du signe = et celles à droite peuvent aussi être des propriétés d'objets ; ceci permet de consulter des valeurs dans des feuilles ou de les modifier ou encore d'agir sur des objets en changeant les propriétés :

`Remise = 0.1 * Range("A2").Value` récupère la valeur dans la cellule A2 et en calcule les 10%.

`Range("B10").Value = 5` met la valeur 5 dans la cellule B10.

`Columns("A:A").ColumnWidth = 15` élargit la colonne A.

Les règles de calcul des expressions sont dans le module suivant.

Conversion de type lors de l'affectation

Le résultat de l'expression a un type et la variable réceptrice de l'affectation aussi. S'ils sont différents, le résultat sera converti vers le type de la variable. Si l'on convertit vers un type moins riche, il y aura perte d'information (exemple : de réel vers entier on perd les décimales).

De numérique vers chaîne de caractères, il faut toujours utiliser une fonction de conversion : `Varchaine = Cstr(Nombre)` . Il faut en outre que la conversion soit possible : vers un type de plus faible capacité ou de chaîne vers numérique, ce n'est pas toujours le cas (une chaîne ne représente pas toujours un nombre).

AFFECTATION D'OBJETS

L'affectation d'une valeur arithmétique à une propriété d'objet fait partie de la section ci-dessus. L'affectation d'objet revient à affecter un pointeur vers l'objet concerné :

`Set <variable de type objet> = <désignation d'objet>`

```
Dim zone As Range
Set zone = ActiveSheet.Range("C5:F8")
```

Le pseudo-objet `Nothing` signifie "aucun objet". Par exemple l'affectation `Set zone = Nothing` libère la variable.

INITIALISATION DES VARIABLES

A part sa déclaration, la première utilisation d'une variable doit être l'affectation d'une valeur (initiale) ou **initialisation**. Cette initialisation doit avoir lieu, sinon, le programme démarre avec des valeurs non décidées par le programmeur et, donc, peut calculer faux.

En VBA le mal est un peu atténué : on sait que les variables numériques ont par défaut la valeur 0, les chaînes la valeur chaîne vide, les cellules et les Variants la valeur `Empty`.

EXPRESSIONS ET OPÉRATEURS

Une expression arithmétique est l'indication d'un calcul à faire. Dans tous les cas elle est évaluée et c'est le résultat qui est utilisé. En VBA, on trouve des expressions arithmétiques

- Soit à droite du signe = dans une affectation ; le résultat est affecté à la variable à gauche du signe =.
- Soit parmi les arguments d'une procédure ou fonction ; le résultat est calculé et la procédure ou la fonction travaillera avec ce résultat parmi ses paramètres.
- Une expression à valeur entière peut se trouver comme indice d'un tableau.
- Des expressions logiques se trouvent dans les instructions de structuration `If`, `While`, `Do`. Une expression de n'importe quel type gouverne une instruction `Select Case`.

Une expression combine des opérateurs et des opérandes. Tout opérande peut être de la forme (`<sous-expression>`) ce qui permet de rendre l'expression aussi complexe que l'on veut. L'ordre d'évaluation de l'expression est déterminé par le niveau de priorité des différents opérateurs et par les niveaux de parenthèses imbriquées. Lorsque deux opérateurs sont identiques ou de même priorité, c'est le plus à gauche qui agit en premier. N'hésitez pas à employer des parenthèses pour forcer l'ordre que vous souhaitez, ou même des parenthèses redondantes pour clarifier l'expression.

Normalement, les opérateurs sont séparés par des espaces, mais si vous ne les tapez pas, l'Editeur VBA les suppléera.

Opérateurs Arithmétiques

Dans l'ordre de priorité décroissante. Les traits séparent les niveaux.

^	Elévation à la puissance	
-	Prendre l'opposé	
*	Multiplication	
/	Division réelle	5/3 donne 1.6666….
\	Division entière	5\3 donne 1
Mod	Reste de la division	5 Mod 3 donne 2
+	Addition	
-	Soustraction	
&	Concaténation de chaînes (+ convient aussi)	

Comparaison

Tous au même niveau, inférieur aux opérateurs arithmétiques.

=	Égalité
<>	Différent
<	Inférieur
<=	Inférieur ou égal
>	Supérieur
>=	Supérieur ou égal
Like	Dit si une chaîne est conforme à un modèle (avec jokers)
	`"Bonjour" Like "Bon*"` donne `True` (vrai)
Is	Identité entre deux objets

EXPRESSIONS ET OPÉRATEURS

Logiques

Dans l'ordre de priorité décroissante ; tous inférieurs aux opérateurs de comparaison.

Not   Contraire   Not True donne False

And   Et logique   vrai si et seulement si les deux opérandes sont vrais

Or   Ou inclusif   vrai dès que l'un des opérandes est vrai

Xor   Ou exclusif   vrai si un des opérandes est vrai mais pas les deux

Eqv   Equivalence   vrai si les deux opérandes sont dans le même état vrai ou faux

Imp   Implication   a Imp b est faux si a vrai, b faux ; vrai dans les autres cas.

L'évaluation d'une fonction et l'évaluation du contenu d'une paire de parenthèses sont plus prioritaires que les opérateurs. Quelques exemples :

5 + 3 * 4 donne 17

(5 + 3) * 4 donne 32

7 < 5 + 3 donne vrai (5+3 est calculé d'abord et il est vrai que 7<8)

(7 < 5) + 3 donne 3 (7<5 est faux donc 0 converti en entier avant d'être ajouté).

Les opérandes

Les opérandes peuvent être :

– Toute sous-expression entre parenthèses, par exemple (a * x + b - 3 * c)

– Une constante explicite ou symbolique

– Une variable simple ou indicée, par exemple Montant   Mat(I, 5*J-4)

– Une propriété d'objet, par exemple Range("A2").Value

– Un appel de fonction avec ou sans arguments, par exemple Rnd   Sin(xrad)
  Left(NomClient,1)   IsEmpty(Cells(3, K))

Dans le cas d'une fonction, si les arguments sont sous forme de sous-expressions, celles-ci sont évaluées d'abord, la fonction travaille avec les valeurs obtenues et le résultat est utilisé dans l'expression.

Questions de types

La liste complète des types est dans le module qui suit. On a une notion intuitive des types et de leur ordre du plus petit (qui porte le moins d'information et occupe le moins de mémoire) au plus grand (le plus précis, le plus riche) : booléen < entier < long < single < double …

La conversion d'un type plus petit vers un plus grand conserve l'information tandis que la conversion vers un plus petit peut entraîner une perte : 1 converti en réel donnera 1.000… tandis que 1.23456 converti en entier donnera 1. Pour les booléens convertis en numérique, Faux donne 0, Vrai donne 1.

Lorsque deux opérandes sont confrontés pendant l'évaluation d'une expression, s'ils sont de même type, l'opération se fait dans ce type, sinon, il y a conversion automatique vers le type le plus fort. Exceptions : la division / pour deux entiers donne un réel ; pour ^, si la puissance est négative, le nombre à élever doit être positif.

Si la conversion automatique n'a pas lieu – c'est le cas pour les types chaînes de caractères et dates -, il faut employer des fonctions de conversions explicites. Explicite ou automatique, la conversion ne se fera que si la donnée est convertible : la chaîne "ABCDEF" ne pourra jamais être convertie en nombre. Dans le cas d'une concaténation entre chaîne et nombre, si vous employez +, VBA essaiera de convertir la chaîne en numérique, si vous employez &, il essaiera de convertir le nombre en chaîne.

DÉCLARATIONS DE VARIABLES, TYPES, TABLEAUX

DÉCLARATIONS DE VARIABLES

Obligation de la déclaration

Il est possible en VBA d'utiliser des variables sans déclaration préalable : à la première utilisation, VBA prend le nom en compte en tant que variable. Mais ceci est formellement déconseillé, et on recommande vivement de rendre obligatoire la déclaration des variables par la directive `Option Explicit` placée en tête de module. Ceci a deux avantages :

- 1) gain d'efficacité : une variable non déclarée a toujours le type `Variant` alors qu'une variable déclarée a presque toujours un type déterminé ; elle prend donc moins de place en mémoire et ses manipulations sont plus rapides.
- 2) aide à déceler certaines erreurs : si vous faites une faute de frappe dans le nom d'une variable, en l'absence d'obligation de déclaration, VBA considèrera qu'il y a une nouvelle variable et le programme calculera `Faux` puisque certaines opérations qui devaient être effectuées sur la donnée seront faites sur l'autre variable ; en présence de l'obligation de déclaration, il y aura un message d'erreur ("variable non déclarée") qui vous conduira à corriger immédiatement la faute.

Place de la déclaration

La seule obligation est que la déclaration se trouve avant toute utilisation de la variable. Mais, sauf pour `Redim`, nous conseillons de **regrouper toutes les déclarations en tête** de procédure ou de fonction. Quant à `Public` et `Private`, elles doivent être en tête de module avant toute procédure ou fonction.

La déclaration Dim

La principale déclaration de variable est `Dim`, de la forme :

`Dim <nom1> [As <type>] [,<nom2> [As <type>] ]...`

Il peut y avoir autant de groupes <nom> As <type> que l'on veut ; ils sont séparés par des virgules :

```
Dim NomClient As String
Dim x
Dim Wk As Workbook
Dim A As Integer, B As Integer, C As Single, D As Boolean
Dim I, J, K As Integer
```

Le principal rôle de la déclaration `Dim` est d'indiquer le type de la variable, ce qui implique la taille mémoire qui lui sera réservée et la gamme des valeurs qu'elle pourra prendre.

Si la clause `As` est absente, le type est `Variant`, c'est-à-dire "type indéterminé au moment de l'écriture du programme". En principe, on n'écrit pas ... `As Variant` (mais on peut), on omet la clause `As`. Une variable non déclarée est d'office `Variant`. La propriété `Value` d'une cellule est un `Variant` : on ne sait pas ce que l'utilisateur y a mis. Le type `Variant` admet n'importe quel type de donnée : nombre, tableau, matrice.

L'existence du type `Variant` et la façon de le spécifier empêchent de "mettre en facteur" une clause `As` sur plusieurs variables (alors que les versions primitives de Basic le permettaient, ce qui économisait des écritures). Dans la 4e déclaration ci-dessus, seule K est entière ; I et J sont des Variants ; si les trois doivent être entières, il faut écrire :

`Dim I As Integer, J As Integer, K As Integer` .

Les noms sont choisis comme vu au début du chapitre. On ne doit en aucun cas déclarer le même nom deux fois dans le même domaine de portée, même si on attribue le même type.

DÉCLARATIONS DE VARIABLES, TYPES, TABLEAUX

Le mot-clé `Dim` peut être remplacé par `Public` (qui rend la variable accessible depuis d'autres modules), `Private` (qui rend la variable inaccessible depuis d'autres modules) et `Static` (qui garde la valeur d'une exécution à l'autre de la procédure).

LES TYPES

Les types attribuables par la clause `As` peuvent tout aussi bien être des types objets. Ici, nous ne traitons que les types "arithmétiques".

Nom	Taille mémoire	Nature et gamme de valeurs
Byte	1 octet	Entier de 0 à 255
Boolean	2 octets	Booléen : valeur logique `True` ou `False`
Integer	2 "	Entier -32768 à +32767
Long	4 "	Entier long -2 milliards à + 2 milliards (inutile de retenir les valeurs exactes !!!)
Single	4 "	Réel simple précision : 7 chiffres significatifs <0 : -3.xxE38 à 1.4xxE-45 >0 :1.4xxE-45 à 3.xxE38
Double	8 "	Réel double précision : >14 chiffres significatifs <0 : -1.79xxxxE308 à -4.94xxxxE-324 >0 : 4.94xxxxE-324 à 1.79xxxxE308
Currency	8 "	Monétaire : on a 4 décimales et la valeur absolue de la partie entière peut aller jusqu'à 9 millions de milliards !!!
Decimal	12 "	On peut avoir jusqu'à 28 décimales ***Usage non recommandé***
Date	8 "	Dates du 1/1/0100 au 31/1/9999 Heures de 0h00m00s à 23h59m59s
String	10 octets + longueur chaîne	Chaîne de caractères de longueur indéterminée (max. 2^31 caractères)
String*n	longueur chaîne	Chaîne de caractères de longueur indiquée dans la déclaration (max. 65536 caractères) ***Usage non recommandé***

Il faut en principe choisir le type le plus petit compatible avec les données que la variable doit renfermer. Inutile de prendre un type réel si l'on est sûr que les données seront toujours entières. Toutefois, il faut prendre un type suffisant : par exemple, pour une variable `Ligne` qui doit représenter un numéro de ligne de feuille Excel, il faut un type entier, mais Integer ne suffit pas car il va jusqu'à 32000 alors qu'un numéro de ligne va jusqu'à 65000 ; donc, sauf si on est sûr de n'utiliser que peu de lignes, la déclaration sera `Dim Ligne As Long` .

La déclaration comme `Dim x As String*15` déclare x comme chaîne dont la longueur sera limitée à 15 caractères. Le type `String` sans limitation est plus souple.

DÉCLARATIONS DE VARIABLES, TYPES, TABLEAUX

Types définis automatiquement

Type impliqué par la première lettre

On utilise une instruction de la forme :

`Def<type abrégé> <lettres>[,<lettres>]`

Où <type abrégé> est une désignation de type parmi `Bool` (Boolean), `Byte` (Byte), `Cur` (Currency), `Date` (Date), `Dbl` (Double), `Int` (Integer), `Lng` (Long), `Obj` (Object), `Sng` (Single), `Str` (String), `Var` (Variant) et <lettres> représente une lettre ou un intervalle comme A-D (qui équivaut à A, B, C, D).

Toute variable commençant par une des lettres citée ou appartenant à un des intervalles sera du type spécifié.

Exemple : `DefInt I-N` fait que toute variable commençant par I, J, K, L, M, ou N sera Integer.

Type impliqué par suffixe

Les variables dont le dernier caractère est @, #, %, &, ! ou $ ont leur type défini d'office selon : @ (Currency), # (Double), % (Integer), & (Long), ! (Single) et $ (String). On est même dispensé de la déclaration, chose que nous avons déjà déconseillée. De fait, ce procédé, qui est une survivance des versions les plus primitives de Basic, n'est plus de mise avec un langage devenu très moderne.

LES TABLEAUX

On peut définir une variable qui, sous un seul nom, permet de manipuler plusieurs données (qu'on appellera « éléments »). C'est un tableau. Il est déclaré par :

`Dim <nom>(<dimension1>[,<dimension2>[,…]]) As <type>`

Cette fois, la déclaration est obligatoire. `Dim` peut être remplacé par `Public`, `Private` ou `Static`. Le nom suit les règles des noms de variables. Il peut y avoir jusqu'à 60 dimensions, mais il est déraisonnable de dépasser 3 ou 4 ne serait-ce que pour des raisons d'occupation mémoire. Un élément est désigné par <nom>(<indices>) où chaque indice est un numéro ; il y a un indice pour chaque dimension. Enfin <type> est le type de chaque élément. Tous les types sont utilisables. Les <dimensions> se spécifient :

- soit par un nombre
- soit par `<limite inférieure> To <limite supérieure>`
- si les dimensions sont laissées vides (Dim A()), on a un tableau variable ; si ni dimension, ni type ne sont indiqués, on a un tableau libre (équivalent à Variant).

Dans la première hypothèse, le nombre spécifie la limite supérieure. La limite inférieure est définie par la directive `Option Base 0` ou `1`. (C'est 0 par défaut). Avec 0, le nombre d'éléments est nombre spécifié + 1. De fait, les programmeurs gardent souvent l'option par défaut, tout en n'utilisant jamais l'élément numéro 0.

Un indice peut être n'importe quelle expression à valeur entière, simple constante (4), variable (K) ou calcul par exemple 3*I + 4.

Ex.   `Dim Vecteur(3) As Single, Matrice(10, 10) As Integer`

`Dim NomsClients( 25 To 40) As String,T(),NC`

Une composante du Vecteur serait V(2). Un élément de la matrice pourrait être Matrice(I, J). Dans une telle matrice, VBA ne spécifie aucunement lequel des indices est celui de ligne et lequel l'est de colonne : c'est la façon dont vous écrivez votre traitement qui le décide. (Pour l'objet Cells, VBA s'est déterminé : le premier est l'indice de ligne). T et NC sont des tableaux libres. `NomsClients(Numéro) = "Dupont"` définit le nom du client de numéro *numéro*.

Initialisation – Fonction Array

Une désignation d'élément de tableau peut figurer à droite d'un signe = pour utiliser l'élément, ou à gauche pour lui affecter une valeur. Pour l'initialisation, il faut soit une affectation pour chaque élément, soit utiliser la fonction Array (ce qui exige un tableau libre) :

```
Vecteur(1) = 1.5
Vecteur(2) = 4.5
Vecteur(3) = 12.78
T = Array(1, 2, 3)
NC = Array("Dupont", "Durand", "Duval")
```

TRAITEMENTS DE CHAÎNES DE CARACTÈRES

Ces traitements sont très importants car beaucoup de données sont par essence de type chaîne de caractères (exemple : le nom d'un client, l'état d'un compte Débiteur ou Créditeur). Par ailleurs, beaucoup de propriétés d'objets sont de type chaîne même si la donnée est numérique ; c'est le cas du contenu d'une zone d'entrée dans une BDi : `TextBox1.Text` est une chaîne, à convertir si l'on veut récupérer un nombre.

DONNÉES CHAÎNES

Une variable chaîne se déclare par `Dim Texte As String`. Nous déconseillons l'emploi des variables chaînes à longueur limitée (ex. `Dim Nom As String*10`).

Les constantes chaînes se présentent entre guillemets ("). Exemple : "Des mots…Des mots…'. Les majuscules et les espaces comptent en ce sens qu'ils seront répétés tels quels. VBA ne fait aucune analyse syntaxique dans les guillemets. Rappelons que si une telle chaîne doit être à cheval sur deux lignes, il faut la scinder en deux parties concaténées.

Un paramètre important d'une chaîne est sa longueur = nombre de caractères. La chaîne de longueur 0 est la chaîne vide, notée "", élement neutre de la concaténation.

OPÉRATIONS SUR LES CHAÎNES

Une donnée chaîne peut être utilsée dans une expression à droite du signe =. Elle peut figurer à gauche pour recevoir une valeur : `Nom = "Dupont"`.

La seule opération définie sur les chaînes est la **concaténation** (= mise bout à bout : "Bon"+"jour" donne "Bonjour"). En toute rigueur, l'opérateur de concaténation est **&**, mais on peut aussi employer **+**. Le comportement est différent en cas de mélange avec numérique :

chaîne & chaîne	donne	chaîne
chaîne + chaîne	donne	chaîne
chaîne & nombre	donne	chaîne (le nombre est converti)
chaîne + nombre	donne	message d'erreur
nombre & nombre	donne	message d'erreur
nombre + nombre	donne	nombre

INSTRUCTIONS SUR LES CHAÎNES

On suppose
```
Ch1 = "123456789"
Ch2 = "wxyz"
Ch3 = "abcdefghijklmn"
```
`Lset <chaîne1> = <chaîne2>`
met la chaîne2 à gauche dans chaîne1. Si chaîne2 est plus courte que chaîne1, on complète par des espaces, si elle est plus longue, on ne prend que len(<chaîne1>) caractères. Avec les initialisations ci-dessus :
`Lset Ch1 = Ch2` donne Ch1 = "wxyz□□□□□"
`Lset Ch1 = Ch3` donne Ch1 = "abcdefghi'

`Rset <chaîne1> = <chaîne2>`
met la chaîne2 à droite dans chaîne1. Si chaîne2 est plus courte que chaîne1, on complète par des espaces, si elle est plus longue, on ne prend que len(<chaîne1>) caractères, mais à partir de la gauche, donc le résultat est le même que Lset. Avec les initialisations ci-dessus :
`Rset Ch1 = Ch2` donne Ch1 = "□□□□□wxyz"
`Rset Ch1 = Ch3` donne Ch1 = "abcdefghi"

TRAITEMENTS DE CHAÎNES DE CARACTÈRES

`Mid(<chaîne1>,<départ>[,<longueur>]) = <chaîne2>`
remplace dans chaîne1, à partir de la position départ, longueur caractères pris dans chaîne2. Si <longueur> n'est pas fourni, on considère toute la chaîne2. Si le nombre de caractères à installer dépasse la taille disponible, on ne prend que ce qu'il faut.

Avec les initialisations ci-dessus :

`Mid(Ch1,3) = Ch2` donne Ch1 = "12wxyz789"

`Mid(Ch1,3) = Ch3` donne Ch1 = "12abcdefg"

`Mid(Ch1,3,2) = Ch3` donne Ch1 = "12ab56789"

`Mid(Ch1,1) = Ch2` donne Ch1 = "wxyz56789". C'est cette solution et non `Lset` qui convient pour installer une sous-chaîne à gauche en gardant les caractères de droite.

Fonctions Chaînes

Celles de ces fonctions dont le résultat est une chaîne existent sous deux versions : <nom> et <même nom>$. La version avec $ est de type String alors que la version sans $ gère les chaînes en tant que Variants. La version $ est un peu plus efficace mais elle donne un aspect tellement démodé aux programmes que les programmeurs emploient plutôt les noms sans $. Nous ne citons qu'eux dans la suite. Nous omettons quelques fonctions vraiment peu utiles.

Fonctions d'extraction

`Len(<chaîne>)`
fournit la longueur (= nombre de caractères) de la <chaîne>. `Len("Bonjour")` vaut 7. Len est de type Long car les chaînes peuvent dépasser 32000 caractères.

`Left(<chaîne>,<n>)`
fournit les <n> caractères les plus à gauche de la <chaîne>. `Left("Bonjour",3)` donne "Bon". Si <n> est supérieur à la longueur, on obtient toute la <chaîne>. Si <n> vaut 0, on obtient la chaîne vide.

`Right(<chaîne>,<n>)`
fournit les <n> caractères les plus à droite de la <chaîne>. `Right("Bonjour",4)` donne "jour". Si <n> est supérieur à la longueur, on obtient toute la <chaîne>. Si <n> vaut 0, on obtient la chaîne vide.

`Mid(<chaîne>,<d>[,<n>]`
fournit les <n> caractères extraits de la <chaîne> à partir de la position <d>.

`Mid("Bonjour",4,2)` donne "jo". Si <n> n'est pas spécifié ou est supérieur au nombre de caractères restants après <d>, on obtient toute la chaîne restante. Si <n> vaut 0, on obtient la chaîne vide.

Dans toutes ces questions, les positions de caractères sont comptées de gauche à droite à partir de 1. `Mid (Texte,I,1)` est très importante : c'est le ième caractère de Texte, ce qui permet d'analyser une chaîne caractère par caractère.

Fonctions de test

`Instr(<chaîne>,<sous-chaîne>[,<d>]`
indique si <sous-chaîne> se trouve dans <chaîne> ; si non, le résultat est 0, si oui le résultat est la position où commence la première concordance. <d> est la position où commencer la recherche, 1 par défaut. `Instr("Bonjour","jour")` donne 4 ;

`Instr("Bonjour","Jour")` donne 0 (à cause du J majuscule) ;

`Instr("ABRACADABRA","BRA")` donne 2 ; `Instr("ABRACADABRA","BRA",3)` donne 9.

`IsDate(<chaîne>)`
est vraie si la <chaîne> peut représenter une date. `IsDate("10/10/04")` est vraie.

TRAITEMENTS DE CHAÎNES DE CARACTÈRES

`IsNumeric(<chaîne>`

est vraie si la <chaîne> peut représenter un nombre. `IsNumeric("1000 Euros")` est fausse mais `IsNumeric("1000 €")` est vraie car l'argument s'interprète comme un format monétaire.

Fonctions de transformation

`LCase(<chaîne>)`

renvoie la même <chaîne>, mais tout en minuscules. Seules les lettres sont transformées. `LCase("Bonjour")` vaut "bonjour". `If x = LCase(x)...` teste si x ne contient pas de lettres ou que des minuscules.

`UCase(<chaîne>)`

renvoie la même <chaîne>, ma s tout en majuscules. Seules les lettres sont transformées. `UCase("Bonjour")` vaut "BONJOUR". `If x = LCase(x)...` teste si x ne contient pas de lettres ou que des majuscules.

`Trim, LTrim, RTrim`

Ces fonctions renvoient une copie de leur argument débarrassé des espaces à gauche (LTrim), à droite (RTrim) ou les deux (Trim). Les espaces internes restent.
`LTrim("□□□□ab□cd□□□□")` donne 'ab□cd□□□□□"
`RTrim("□□□□ab□cd□□□□")` donne "□□□□□ab□cd"
`Trim("□□□□ab□cd□□□□")` donne "ab□cd"

Fonctions de construction

`Space(<n>)`

fournit une chaîne formée de <r> espaces.

`String(<n>,<caractère>)`

où <caractère> est une express on chaîne de 1 caractère renvoie la chaîne formée de <n> fois ce caractère. `String(5, "□")` ou `String(5, Chr (32))` sont équivalents à `Space(5)`.

Fonctions de conversion

Conversions de caractères

`Asc(<chaîne>`

renvoie le code (valeur numérique de la représentation binaire interne) du premier caractère de la <chaîne>. On ne l'utilise donc pratiquement qu'avec des chaînes de 1 seul caractère. `Asc("A")` vaut 65. `Asc("a")` vaut 97. `Asc("0")` vaut 48.

`Chr(<n>)`

renvoie la chaîne de 1 caractère dont le code est <n>. C'est le moyen d'obtenir des caractères impossibles à obtenir au clavier. `Chr(65)` est "A" ; `Chr(32)` est l'espace ; `Chr(13)` est le retour chariot etc.

Conversions de nombres

`Val(<chaîne>)`

renvoie le nombre représenté par la <chaîne>. Il faut que la chaîne représente un nombre. Si vous connaissez le type du nombre, utilisez plutôt la fonction de conversion vers ce type `CBool, CByte, CCur, CDate, CDec, CDbl, CInt, CLng, CSng`.

`Str, CStr`

Ces fonctions font la conversion inverse. La différence est pour les nombres positifs : `Str` met un espace en tête (pour le s gne), `CStr` n'en met pas. `Str(-2)` et `CStr(-2)` donnent "-2" ; `Str(2)` donne "□2" ; `CStr(2)` donne "2". Pour désigner une TextBox de BDi dont le numéro est calculé, on écrit : `Controls "TextBox"+CStr(I))`.

TRAITEMENTS DE CHAÎNES DE CARACTÈRES

`Format`

contrôle la chaîne convertie d'un nombre conformément à une chaîne de format identique (mais en anglais) à celle qu'on fournit dans un Format personnalisé d'Excel.

`Format (0.12345,"##0,00")` donne "☐☐0,12" ; `Format(Date,"dd/mm/yyyy")` donne par exemple 11/10/2004.

`Oct` et `Hex`

 traduisent respectivement leur argument en octal et en hexadécimal.

`Hex(7860)` donne "1EB4" .

Structure des programmes

4

Instructions de structuration : alternatives

Instructions de structuration : itératives

Procédures, fonctions, arguments

Sous-programmes internes

Instructions non structurées

INSTRUCTIONS DE STRUCTURATION : ALTERNATIVES

Tout traitement peut être construit à partir de trois structures de base : la **séquence** (bloc linéaire), l'**alternative** (où, en fonction d'une condition, on exécute une séquence ou une autre) et l'**itérative** (où un bloc est exécuté plusieurs fois). Comme ces structures peuvent être combinées et imbriquées à volonté, on peut obtenir un programme aussi complexe que nécessaire.

Pour les structures alternatives, VBA propose essentiellement deux constructions, If et Select, plus trois éléments moins usités, Switch, Choose et Iif. If est la construction la plus fondamentale.

IF

Un If peut être monoligne (sans End If – peu utilisé) ou multiligne (avec End If) ce qui avec la présence ou l'absence de la clause Else donne quatre formes :

	Monoligne	**Multiligne**

Sans Else	If <condition> Then <In1>:<In2>
	<In5 (Suite)>
		If <condition Then
		    <In1>
		    <In2>
		End If
		<In5 (Suite)>

Avec Else	If <condition> Then <In1>:<In2> Else _
	<In3>:<In4>
	<In5 (Suite)>
		If <condition> Then
		    <In1>
		    <In2>
		Else
		    <In3>
		    <In4>
		End If
		<In5 (Suite)>

où <condition> est une expression logique que VBA évaluera vraie ou fausse, <In1>, <In2> etc. sont des instructions ; bien sûr, il peut y en avoir plus de deux dans chaque branche. La forme monoligne est plutôt déconseillée et à n'employer que si les instructions internes sont très courtes. Par exemple :

```
If x=3 Then a = 0 : Exit For
        If z="" Then m=0 Else m=CInt(z)
```

Remarquez les deux-points (:) s'il y a plusieurs instructions par branche.

Dans la forme multiligne, remarquez les indentations : les instructions de chaque branche sont décalées puisque subalternes à la structure. Pour la frappe d'une telle structure, nous vous conseillons de taper le If, ↵ , ↵ , Else, ↵ , ↵ , End If. Vous tapez les instructions sur les lignes vides laissées (en décalant...) et, ainsi, vous n'oublierez pas le End If, faute souvent commise, et les mots clés seront alignés.

Que la forme soit monoligne ou multiligne, les instructions exécutées sont :

<condition	**Vraie**	**Fausse**
Sans Else	<In1>, <In2>, <In5>	Tout de suite <In5>
Avec Else	<In1>, <In2><In5>	<In3>, <In4>, <In5>

Si la <condition> est vraie, on effectue les instructions de la clause Then puis on passe à la suite ; si elle est fausse, on effectue les instructions de la clause Else, si elle est présente ; si elle est absente, on passe immédiatement à la suite.

INSTRUCTIONS DE STRUCTURATION : ALTERNATIVES

LES CONDITIONS

Les conditions peuvent être simples :

- Simple comparaison   x < 3   Ncm = "Dupont"
- Appel d'une fonction booléenne qu teste un état : exemple : `IsEmpty (Cells (L,K))`

ou composées, c'est-à-dire combinaison de conditions simples avec les opérateurs logiques, dont les principaux sont :

- **Not** (contraire) : `Not(a > 3)` est identique à `a <= 3`
- **And** (ET) : <c1> And <c2> est vrai si et seulement si <c1> et <c2> le sont ; pour exprimer « x compris entre a et b » écrire `(x >= a) And (x <= b)`
- **Or** (OU inclusif) :<c1> Or <c2> est vrai dès que l'une de <c1> ou <c2> (ou bien les deux) est vraie. « x est hors de l'intervalle a---b » s'écrit `(x < a) Or (x > b)`

Voir les autres opérateurs au chapitre 3 Les parenthèses des exemples ci-dessus étaient inutiles (sauf celles de `Not`) compte tenu des règles de priorité, mais il est conseillé de les employer pour raison de lisibilité.

Si x est un booléen, les écritures `If x = True Then` ou `If x = False Then` sont, bien que fonctionnant, ridicules ; écrire `If x Then` et `If Not x Then`.

IF imbriqués

La clause `Then` ou la clause `Else` peut elle-même contenir un If :

```
c = 1
If a < 100 Then
    If b > 30 Then
        c = 3
    Else
        c = 2
    End If
End If
```

Dans cet exemple, si a est supérieur ou égal à 100, c vaudra 1 ; si a<100 et b>30, c vaudra 3 ; si a<100 et b≤30, c vaudra 2.

FORME AVEC ELSEIF

Nous conseillons moins cette forme qui n'appartient pas à la programmation structurée stricte. On peut obtenir un traitement équivalent avec des `If Then Else` imbriqués.

On peut insérer autant de clauses `ElseIf` qu'on veut :

```
If <c1> Then                    Exemple équivalent aux If
    <i1>                        imbriqués ci-dessus :
ElseIf <c2> Then                If a >= 100 Then
    <i2>                            c = 1
ElseIf <c3> Then                ElseIf b > 30 Then
    <i3>                            c = 3
Else                            Else
    <i4>                            c = 2
End If                          End If
```

Dans l'exemple précédent, les instructions <i1> sont effectuées si <c1> est vraie ; <i2> si <c1> fausse, mais <c2> vraie ; <i3> si <c1> fausse mais <c3> vraie ; <i4> si aucune des conditions n'est vraie.

INSTRUCTIONS DE STRUCTURATION : ALTERNATIVES

SELECT CASE

If permet de construire des alternatives à deux branches ; Select permet de construire des alternatives à branches multiples. Elle est de la forme :

```
Select Case <expression>
     Case <H1>
          <in 1>
     [Case <H2>
          <in 2>]
     ...
     [Case Else
          <in e>]
End Select
<in suite>
```

Remarquez les indentations. <H1>, <H2> etc. sont des hypothèses, formées d'éléments séparés par des virgules ; un élément est soit une <donnée>, soit un intervalle <donnée 1> To <donnée 2> (<donnée> est une variable ou une constante), soit encore une assertion du genre Is <comp> <donnée>. <comp> est n'importe quel opérateur de comparaison, mais pas Is ni Like. Is est suppléé automatiquement si vous ne tapez que <comp>. Exemple : 1, 2, 6 To 10, 13, Is > 20. VBA commence par évaluer l'<expression>. Si le résultat est compatible c'est-à-dire se trouve parmi les valeurs d'une des hypothèses, les instructions <in x> correspondantes sont exécutées, puis on passe à <in suite>. Si aucune hypothèse ne convient, on exécute <in e> si la clause Case Else est présente, on passe immédiatement à <in suite> si elle est absente.

Les types de l'<expression> et des valeurs des hypothèses doivent être compatibles. L'*esprit* de la construction Select suppose que les hypothèses s'excluent, c'est-à-dire qu'il n'y a pas de valeurs appartenant à deux hypothèses mais VBA ne l'interdit pas. Si c'est le cas et que l'<expression> prend une telle valeur, deux séries d'instructions seront exécutées, ce que le programmeur n'envisageait probablement pas ; donc veillez à l'exclusion mutuelle des hypothèses. Exemple :

```
Select Case Montant
     Case 0 To 2000
          Taux_Remise = 0
     Case 2001 To 5000
          Taux_Remise = 0.05
     Case 5001 To 10000
          Taux_Remise = 0.07
     Case Else
          Taux_Remise = 0.1
End Select
```

```
Select Case Situation_Famille
     Case "Marié"
          Nc = InputBox("Nom de votre conjoint ? ")
     Case "Divorcé"
          D = InputBox("Date du divorce ? ")
End Select
```

(Cet exemple montre que Select peut être basé sur des chaînes de caractères).

INSTRUCTIONS DE STRUCTURATION : ALTERNATIVES

AUTRES CONSTRUCTIONS

Ces constructions sont beaucoup moins importantes que les précédentes, surtout `If`.

FONCTION CHOOSE

`Choose(<i>,<expr 1>, <expr 2>…,<expr n>)` où <i> aura une valeur inférieure ou égale au nombre des expressions <expr n> a pour résultat la valeur de l'expression numéro <i>.

`Choose (2, "Monsieur", "Madame', "Mademoiselle")` donne 'Madame".

C'est utile pour passer d'un code entier à la donnée codée.

FONCTION SWITCH

`Switch(<el 1>,<valeur 1>,<el 2>,<valeur 2>…)` avec autant de paires expression logique / valeur qu'on veut suppose que seule l'une des expressions logiques soit vraie : alors le résultat est la valeur correspondante. Si aucune expression n'est vraie, le résultat est Null.

`Switch(Pays="France", "Paris", Pays="Allemagne", "Berlin", _`
`Pays="Italie", "Rome")` donne "Paris" après l'instruction `Pays = "France"`.

FONCTION IIF

`Iif(<expr. logique>, <expr. si vrai>, <expr. si faux>)` a pour résultat la valeur de <expr. si vrai> si <expr. logique> est vraie, la valeur de <expr si faux> si elle est fausse.

`Iif(x >= 0, x, -x)` est une manière sophistiquée de calculer `Abs(x)`.

Attention, dans toutes ces fonctions, toutes les expressions susceptibles de fournir le résultat sont évaluées, même celles qui ne serviront pas compte tenu de la valeur des expressions discriminantes ; en particulier des erreurs ne pourront pas être évitées par ces fonctions :

`Res = Iif(n <> 0, "Moyenne = " + CStr(S/n), "Effectif nul")` donnera une division par 0 car la division S/n sera effectuée même si la condition est fausse. L'extrait de programme suivant résout le problème :

```
If n <> 0 Then
     Res = "Moyenne = " + CStr(S/n)
Else
     Res = "Effectif nul"
End If
```

INSTRUCTIONS DE STRUCTURATION : ITÉRATIVES

Les instructions itératives permettent de répéter une séquence un certain nombre de fois : une exécution s'appelle **itération** ; l'ensemble s'appelle une **boucle**. VBA propose huit constructions dans ce domaine, la dernière étant plutôt une abréviation d'écriture. Toutes ces structures peuvent s'imbriquer entre elles et avec les structures alternatives. On conseille de respecter les indentations ci-dessous.

1 - WHILE...WEND (Faire ... tant que...)

C'est la seule construction rigoureusement conforme à la programmation structurée car elle n'a pas la possibilité d'instruction Exit. Elle est de la forme :

```
While <condition de continuation>
     <instr. à répéter>
Wend
```

Ce qui peut se traduire par Tant que <condition>, faire ... La condition obéit exactement aux mêmes règles que dans If. L'exécution se fait ainsi : en arrivant sur le While, on évalue la condition ; si elle est vraie, on fait une itération, sinon, on saute derrière le Wend, donc cette structure peut effectuer 0 itération. Après une itération, on teste à nouveau la condition et tant qu'elle est encore vraie on refait une itération. Évidemment, il faut que les données évoluent de façon que la condition devienne fausse, sinon le programme boucle indéfiniment :

```
While True
Wend
```

boucle indéfiniment. Il ne reste que Ctrl+Pause pour arrêter. Le problème est que les bouclages sont plus insidieux. Une simple faute d'orthographe dans le nom de la variable qui devrait causer l'arrêt suffit :

```
n = 10
While n > 5
   m = n-1      ← erreur : on a mis m au lieu de n
Wend
```

2 – DO WHILE...LOOP (Faire... tant que Boucler)
```
Do While <condition de continuation>
     <instr. à répéter>
Loop
```

3 – DO UNTIL...LOOP (Faire ...jusqu'à Boucler)
```
Do Until <condition d'arrêt>
     <instr. à répéter>
Loop
```

4 – DO...LOOP WHILE (Faire...Boucler tant que...)
```
Do
     <instr. à répéter>
Loop While <condition de continuation>
```

5 – DO...LOOP UNTIL (Faire...Boucler jusqu'à...)
```
Do
     <instr. à répéter>
Loop Until <condition d'arrêt>
```

INSTRUCTIONS DE STRUCTURATION : ITÉRATIVES

Si <condition d'arrêt> et <condition de continuation> sont contraires l'une de l'autre, les constructions 2 à 5 sont quasiment équivalentes (et équivalentes à 1). 2 et 3 sont dites à test en tête, 4 et 5 à test en fin. Ceci entraîne deux choses :

- Pour que le test en tête puisse être effectué, il faut, avant le Do, implanter les instructions nécessaires au 1er test alors que 4 et 5 n'en ont pas besoin.

- Puisque le test est en tête dans 2 et 3 si la condition pour arrêter est déjà réalisée en arrivant sur la boucle, il y aura 0 itération d'effectuée. Avec 4 et 5, quoiqu'il arrive, il y a une itération d'effectuée.

- La différence avec 1 est que ces quatre structures admettent parmi les instructions à répéter une instruction Exit Do qui fait sortir de la boucle, donc aller juste après le Loop. Cette instruction doit toujours être dans un If ; en somme la condition du While ou du Until orchestre le déroulement normal ou prévu de la boucle tandis que la condition de Exit Do prend en compte une raison accidentelle de quitter la boucle.

Par exemple, on cherche le nom de client "Dupont" dans la 1zre colonne de la feuille ; évidemment, il faut s'arrêter si la cellule est vide (fin de la liste) :

```
L = 0
Do
    L=L+1
    If IsEmpty(Cells(L,1)) Then Exit Do
Loop Until Cells(L,1).Value = "Dupont"
```

6 – FOR…NEXT

Voici la structure de boucle la plus employée : elle a l'avantage de gérer automatiquement une variable compteur des itérations, donc elle est idéale pour parcourir tous les éléments d'une variable tableau, toutes les lignes ou les colonnes d'une feuille, les caractères d'une chaîne à analyser un par un ; dans l'exemple ci-dessus, nous avons été obligés de manipuler explicitement la variable L. La forme est :

```
For <compteur> = <début> To <fin> [Step <pas>]
    <instr. à répéter>
Next [<compteur>]
```

<compteur> est la variable qui accompagne les itérations. <début>, <fin> et <pas> sont des expressions (le plus souvent des constantes, parfois des variables, mais toute expression est admise), formant respectivement la valeur initiale, la valeur finale et le pas d'incrémentation du compteur lors des itérations. Ces paramètres sont évalués une fois pour toutes à l'arrivée sur le For, donc, s'ils dépendent de variables que des instructions à répéter modifient (très déconseillé !), cela n'aura pas d'effet sur le déroulement de la boucle.

Le rappel de la variable <compteur> dans le Next n'est pas obligatoire, mais il est fortement recommandé, surtout en cas de For imbriqués. Le Step est facultatif ; en cas d'absence, la valeur par défaut du <pas> est 1. Le <pas> peut être négatif ; on dit alors que la boucle est « descendante » ; dans ce cas, le Step doit être présent et <début> doit être supérieur à <fin>. Pour les boucles ascendantes, <fin> doit être supérieur à <début>.

Si ces conditions ne sont pas réalisées, il ne devrait y avoir aucune itération de faite, mais For est une structure de type "test en fin", donc une itération est effectuée dans tous les cas. Par ailleurs, For admet une instruction Exit For (qui doit être conditionnelle), permettant de quitter la boucle avant que <compteur> atteigne la valeur finale prévue.

INSTRUCTIONS DE STRUCTURATION : ITÉRATIVES

Déroulement

On commence par donner à <compteur> la valeur <début>. On effectue la 1zre itération avec cette valeur.

Arrivé sur le `Next`, on fait <compteur> = <compteur> + <pas> : <compteur> augmente si le <pas> est positif et diminue si le <pas> est négatif. On teste si l'on doit faire une autre itération ; c'est là que les boucles ascendante et descendante diffèrent :

- si le <pas> est >0, on teste si <compteur> qui vient d'être modifié est ≤ <fin> ; si oui on repart pour une itération.

- si le <pas> est <0, le test est <compteur> ≥ <fin>.

On voit que la dernière valeur de <compteur> pour laquelle une itération sera effectuée est <fin> si cette valeur fait partie de la suite <début> + n * <pas>. Sinon, elle est inférieure à <fin> pour une boucle ascendante, supérieure à <fin> pour une boucle descendante. Juste après l'instruction `Next` lorsque la boucle est terminée, <compteur> est > <fin> (boucle ascendante) ou < <fin> (boucle descendante).

Aucune des instructions à répéter ne doit modifier la variable <compteur> ; seul le mécanisme de la boucle le peut, sinon, il y a risque de bouclage infini.

Exemples

Boucle descendante et son équivalent avec Do :

```
                                    N = 10.5
For N = 10.5 To 5 Step -1           Do
    MsgBox N                            MsgBox N
Next N                                  N = N - 1
MsgBox  "A la fin, N = " & N        Loop While N >= 5
                                    MsgBox  "A la fin, N = " & N
```

Les valeurs affichées seront 10.5, 9.5, 8.5, 7.5, 6.5, 5.5 et A la fin N = 4.5.

Parcours de la partie utile d'une feuille de ventes (date en col. 1, montant en col. 2)

```
SommeVentes = 0
For L = 1 To 500 ' On suppose qu'il y a moins de 500 ventes
    If IsEmpty(Cells(L,1)) Then Exit For
    SommeVentes = SommeVentes + Cells(L,2).Value
Next L
MontantMoyen = SommeVentes / (L-1)
```

On suppose qu'on sort de la boucle par Exit For, donc L final est le numéro de la 1re ligne vide, soit 1 de plus que le nombre de ventes. Remarquez l'initialisation de la somme à 0.

For imbriqués

Les instructions à répéter peuvent contenir un `For` (ou aussi une autre structure). Le `Next` du `For` interne doit se trouver avant celui du `For` externe (règle d'emboîtement). La 2e boucle doit avoir une variable compteur différente. On peut d'ailleurs avoir un emboîtement invisible : la boucle externe appelle une procédure qui contient aussi un `For` ; à ce propos, les programmeurs devraient éviter la tendance naturelle à toujours appeler l la variable compteur ; le cas que nous évoquons montre l'intérêt à rendre la variable compteur locale à la procédure, quand on le peut.

On transfère la zone A1:J10 dans une matrice 10x10, les cellules vides donnant 0

```
Dim M(10,10) As Double
For L = 1 To 10
    For K = 1 To 10
```

```
        If IsEmpty(Cells(L,K) Then
            M(L,K) = 0
        Else
            M(L,K) = Cells(L,K).Value
        End If
    Next K
Next L
```

7 – FOR EACH…NEXT

Cette structure permet de parcourir tous les éléments d'une collection, par exemple tous les classeurs de la collection *Workbooks*, toutes les feuilles de Worksheets etc. La variable d'accompagnement doit être du type élément de la collection :

```
For Each <variable> In <collection>
    <Instr. à répéter>
Next [<variable>]
```

Les programmeurs citent rarement la <variable> dans le `Next`, ce qui distingue de la boucle For I = …. L'exemple qui suit teste si le classeur actif a une feuille nommée *Bilan* :

```
Dim Sh As Worksheet, Trouvé As Boolean
Trouvé = False
For Each Sh In activeWorkbook.Worksheets
    If Sh.Name = "Bilan" Then Trouvé = True : Exit For
Next
```

Si la feuille cherchée est trouvée, on positionne le booléen et on sort de la boucle : il est inutile de tester les feuilles qui restent.

8 – WITH

La désignation d'objets par objet.sous-objet…..propriété peut être longue. Si l'on a plusieurs propriétés du même objet à manipuler, `With` offre la possibilité de "mettre le préfixe en facteur " :

```
With <désign. objet>
    .<propriété 1> = …
    x = .<propriété 2>
End With
```

Ce n'est pas réellement une itération, mais une facilité d'écriture. Les `With` peuvent être imbriqués :

```
With ActiveSheet
    With .PageSetup
        .CenterHorizontally = True    ' (a)
        .CenterVertically = True
    End With
    .PrintOut                         ' (b)
End With
```

La ligne (a) remplace `ActiveSheet.PageSetup.CenterHorizontally = True`, la ligne (b) remplace `ActiveSheet.PrintOut` . On voit l'économie, surtout s'il y a beaucoup de propriétés ou méthodes à appeler.

PROCÉDURES, FONCTIONS, ARGUMENTS

La possibilité d'isoler dans un traitement des parties qui forment un tout individualisé est d'un grand secours pour le programmeur qui peut ainsi décomposer un traitement complexe en étapes plus simples et plus compréhensibles (a). Une autre utilité est d'individualiser une routine qui sert plusieurs fois, mais qu'il suffira d'écrire une fois et qui n'occupera qu'une seule fois sa place en mémoire (b).

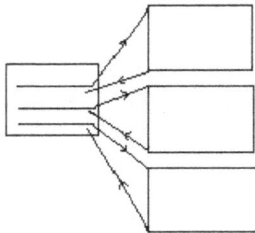   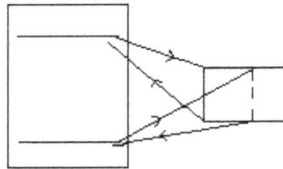

(a)   (b)

Il y a trois sortes de telles entités : les procédures, les fonctions et les sous-programmes internes. Les procédures et les fonctions forment des entités séparées, qui peuvent avoir des variables locales, c'est-à-dire qui peuvent être traitées comme différentes tout en ayant le même nom. Les sous-programmes internes au contraire sont entre l'en-tête et le End d'une procédure ou d'une fonction : ils ont donc les mêmes variables. Les fonctions calculent une valeur sous leur nom ; elles sont appelées au sein d'une expression et la valeur calculée intervient dans l'expression à l'endroit de l'appel. Les procédures et les fonctions échangent certains paramètres avec l'appelant à l'aide d'arguments. Les procédures et les sous-programmes internes sont appelés par une instruction ; ils se terminent par une instruction de retour qui renvoie juste après l'appel.

	Fonction	Procédure	S-P interne
Nécessité d'une déclaration	Function	Sub	-
Passage d'arguments ; (arg entre () dans déclaration	✓	✓	-
Possibilité de variables locales	✓	✓	-
Renvoie une valeur sous son nom et a un type	✓	-	-
Appel à l'intérieur d'une expression arithmétique	✓	-	-
Appel par instruction	-	✓	✓
Arguments dans l'appel	Entre ( )	Sans ( )	-

Syntaxe de la déclaration

- (procédure) : Sub <nom> ([<argument>] [,<argument> ...])
- (fonction) : Function <nom> ([<argument>] [,<argument> ...]) [As <type>]

La fin de la routine est marquée par End Sub (respectivement End Function) . Le mot clé peut être précédé de Public, Private ou Static expliqués au chapitre 7. Le nom suit les mêmes règles que pour les variables. On peut, bien que ce soit très déconseillé, redéfinir une routine prédéfinie sauf quelques noms réservés (comme Auto_Open, Auto_Close etc.).

Dans la déclaration de fonction, le type final (après les parenthèses) indiqué est celui de la valeur que la fonction calcule sous son nom ; si la clause As est absente, c'est que la fonction fournit un Variant.

Ce qui suit est valable à la fois pour les procédures et les fonctions. Le couple de parenthèses doit être présent : il est laissé vide s'il n'y a aucun argument.

PROCÉDURES, FONCTIONS, ARGUMENTS

Les arguments s'ils sont présents, sont séparés par des virgules (pas des ; comme dans les feuilles Excel version française). Chaque argument est de la forme :

```
[Optional] [<mode>]<nom_arg> [As <type>] [=<valeur par défaut>]
```

<nom_arg> ne peut être que sous la forme d'un nom de variable dans la déclaration ; il suit les règles habituelles des noms : si l'argument figure sous forme de nom de variable aussi dans l'appel, ce n'est pas forcément le même nom.

<mode> peut être ByRef (mode par défaut : par référence) ou ByVal (par valeur).

- en mode ByRef, l'argument doit être sous forme de variable dans l'appel et c'est l'adresse qui est transmise donc si la routine modifie l'argument, la modification sera répercutée dans la routine appelante. Ce mode est plus économe en mémoire que ByVal.

- en mode ByVal, c'est la valeur qui est transmise. L'argument peut être sous forme de n'importe quelle expression dans l'appel : l'expression est calculée et la valeur est transmise ; si c'est sous forme de variable, la valeur de cette variable est copiée pour être transmise. Donc si la routine modifie l'argument, la modification n'est pas répercutée. (Ceci n'est pas vrai dans quelques cas exceptionnels de procédures d'événements qui ont un traitement spécial de leur argument Cancel).

Optional déclare l'argument comme facultatif : il n'est pas obligatoire de le fournir lors de l'appel. Si l'argument est facultatif, on peut, mais ce n'est pas forcé, fournir une valeur par défaut par = ... On peut tester que l'argument n'a pas été fourni par :

If IsMissing(<nom_arg>) .... Les arguments optionnels doivent être les derniers de la liste, c'est-à-dire qu'un argument facultatif ne peut être suivi d'un argument obligatoire.

Enfin, la clause As <type> détermine le type de l'argument, Variant si absente.

Transmission des tableaux

Lorsque l'argument est une variable tableau, il doit figurer sans dimensions mais avec parenthèses () et As <type> dans la déclaration, et sans rien dans l'appel :

```
Dim mat(10) As Integer
sp mat      ' appel
....
Sub sp(m() As Integer)    ' déclaration
```

Le dernier argument peut être déclaré sous la forme : , ParamArray M() As Variant)

Nous mettons la virgule "," et la parenthèse ")" pour montrer que c'est le dernier argument et, dans l'appel, on termine par un nombre quelconque de valeurs : la routine les récupère par M(x) avec x compris entre LBound(M) et UBound(M).

Syntaxe de l'appel

Normalement, l'appel d'une fonction se fait au sein d'une expression et l'ensemble des arguments est entouré de parenthèses ; la fonction renvoie un résultat sous son nom. L'instruction d'appel d'une procédure consiste simplement à citer le nom de la procédure, un espace suivi des arguments **sans** parenthèses. Maintenant, on peut appeler une fonction ou une procédure avec Call. A ce moment, la fonction ne renvoie pas de valeur et la procédure doit avoir la série d'arguments entre ( ).

		Function F		Sub S	
		Un argument	Plusieurs arg.	Un argument	Plusieurs arg.
Sans Call	ByRef	F(a) ❶	F(a,b)	S a	S a,b
	ByVal forcé	F((a))	F((a),(b))	S (a) ❷	S (a),(b)
Avec Call	ByRef	Call F(a)	Call F(a,b)	Call S(a)	Call S(a,b)
	ByVal forcé	Call F((a))	Call F((a),(b))	Call S((a))	Call S((a),(b))

PROCÉDURES, FONCTIONS, ARGUMENTS

Pour couronner le tout, une variable argument peut être individuellement entre parenthèses ( ) : cela force le mode ByVal (non répercussion dans l'appelant d'une modification de l'argument). Noter que dans le tableau ci-dessus, ❶ et ❷ semblent identiques, mais les parenthèses ( ) n'ont pas le même statut ; en ❶, ce sont les ( ) autour de la série des arguments, en ❷, ce sont les ( ) de forçage du mode ByVal pour un argument individuel.

Si la fonction ou la procédure n'a pas d'argument, l'appel doit se faire sans ( ), alors qu'il faut un couple de parenthèses vides dans la déclaration.

Syntaxe des arguments

Les arguments sont séparés par des virgules. Ils peuvent être présentés sous forme :

- simple, donc une constante, une variable ou une expression. L'ordre des arguments doit être identique dans l'appel et dans la définition. Un argument ByRef dont on souhaite que les modifications soient répercutées doit être spécifié sous forme de variable. Un argument facultatif doit être manifesté par sa virgule.

- nominale, de la forme `<nom_arg> := <valeur>` ; ces locutions sont séparées par des virgules ; `<nom_arg>` est le nom employé dans la déclaration ; `<valeur>` est une constante, une variable ou une expression ; l'ordre est libre puisqu'on cite les noms des arguments ; on ne met tout bonnement rien pour un argument facultatif non fourni. Notez le signe spécial de l'affectation d'argument : `:=`.

```
Sub Pers(Nom As String, Optional Age As Integer, _
    Optional Prénom As String)
```

On pourrait avoir l'appel : `Pers "David", , "Daniel"` ou :

```
                Pers Nom := "David", Prénom := "Daniel"
```

Dans la 1re forme, le dernier des arguments facultatifs doit être fourni car la liste ne peut se terminer par ",".

Sortie de la routine

Le corps de la procédure ou fonction réside entre `Sub` et `End Sub` ou entre `Function` et `End Function`. Il n'y a pas d'imbrication possible : une procédure ou fonction ne peut pas être entre le `Sub` et le `End Sub` d'une autre (alors qu'un sous-programme interne peut, et même doit être entre un `Sub` et un `End Sub`).

Lorsque le flux d'exécution arrive au `End Sub` ou au `End Function`, la routine se termine et on revient juste après l'appel pour `Sub`, dans l'expression appelante avec la valeur renvoyée pour `Function`.

Comme l'exécution peut se ramifier en plusieurs branches (par If ou autres), les branches qui n'arrivent pas au `End` doivent se terminer par `Exit Sub` ou `Exit Function`. Dans le cas d'une fonction toutes les branches doivent contenir une affectation de valeur au nom de la fonction sans arguments ni parenthèses. (Voir dans l'exemple ci-dessous).

Récursivité

Une procédure ou une fonction peut s'appeler elle-même, c'est la récursivité. Bien sûr elle doit contenir une branche où elle ne s'appelle pas pour permettre l'arrêt du processus. La fonction `Fact(...)` calcule la factorielle de son argument :

```
Function Fact(N As Integer) As Long
    If N <= 1 Then Fact = 1 Else Fact = N * Fact(N-1)
End Function
```

Tout ce que nous avons dit sur les procédures et les fonctions s'applique aux routines d'événements et aux méthodes d'objets : ce ne sont rien d'autre que des procédures et des fonctions.

SOUS-PROGRAMMES INTERNES

Etiquette

Une instruction peut être repérée dans le programme par une étiquette sur la ligne qui la précède. L'étiquette est un simple nom (comme les noms de variables), mais terminé par " : ". Des instructions GoSub et GoTo s'y réfèrent en citant l'étiquette sans les deux-points " :".

Sous-programme interne

On appelle ainsi un bloc d'instructions entre une étiquette et l'instruction Return. Le bloc peut se ramifier en plusieurs branches : à ce moment, chacune doit se terminer par Return. L'ensemble est dans une procédure ou fonction, le plus souvent juste avant le End. L'étiquette doit être précédée de Exit Sub ou Exit Function pour que l'exécution normale ne tombe pas sur le sous-programme.

En effet, celui-ci ne doit être appelé que par GoSub <étiquette sans :>. Return renvoie juste après le GoSub : si VBA arrive sur un Return alors qu'il n'y a pas de GoSub pendant, il y a un message d'erreur.

Comparaison avec Sub

En somme, le couple GoSub...Return fonctionne comme le couple appel...End Sub d'une procédure. Les différences sont :

- GoSub n'a jamais d'arguments ; si l'on veut que le sous-programme dépende de paramètres, il faut donner des valeurs à des variables juste avant le GoSub.
- Le sous-programme ne forme pas une entité séparée, susceptible d'avoir des variables locales qu'il est seul à manipuler.
- Le sous-programme étant dans une procédure, il ne peut être appelé que par elle.
- Il faut penser au Exit Sub empêchant de tomber inopinément sur le sous-programme.

En définitive, ces sous-programmes sont plutôt à éviter au profit des procédures séparées, sauf pour une séquence figée qu'on appelle un grand nombre de fois.

Exemple

De nombreuses fois dans une procédure on demande un nombre : on doit vérifier que la chaîne fournie est bien numérique, sinon on arrête la procédure :

```
Sub Acquisition()
Dim C As String
...
    GoSub Vérif
    N1 = CInt(C)
...
    GoSub Vérif
    N2 = CInt(C))
...
    Exit Sub
Vérif:
    C = InputBox("Entrez un nombre ")
    If IsNumeric(C) Then Return
End Sub
```

C'est le triomphe de la programmation non structurée : on tombe sur le End Sub par le sous-programme lorsque l'entrée est incorrecte et la sortie normale de la procédure est le Exit Sub !

INSTRUCTIONS NON STRUCTURÉES

GoTo

Puisqu'on est dans la programmation non structurée `GoTo <étiquette sans :>` fait sauter inconditionnellement à l'instruction qui suit <étiquette:> . On a démontré que l'usage de cette instruction nuisait à la lisibilité et à la compréhension des programmes. Nous recommandons de l'éviter sauf cas très exceptionnel.

On

```
On <numéro> GoTo <liste d'étiquettes>
On <numéro> GoSub <liste d'étiquettes>
```

entraînent un `GoTo` ou un `GoSub` à l'étiquette de la liste correspondant au <numéro>. C'est bien moins souple que `Select`.

On Error GoTo

Soit des instructions susceptibles de produire des erreurs qu'on veut contrôler. On les encadre :

```
On Error GoTo <étiquette>
<instructions à risque>
On Error GoTo 0
…
<étiquette> :
<traitement de l'erreur>
```

Le `On Error GoTo 0` désactive la surveillance. Si les <instructions> produisent l'erreur, on saute à l'<étiquette>, donc au traitement de l'erreur.

Resume

Le traitement de l'erreur doit se terminer par un `Resume` qui fait revenir à l'instruction voulue, soit l'instruction qui a causé l'erreur (le traitement est censé avoir modifié des conditions de sorte que l'erreur ne se reproduise pas), soit à la suivante (on renonce à l'instruction erronée), soit ailleurs. Plus de détails et exemples dans le chapitre 2, *Récupération des erreur*s.

On <événement>

Les instructions qui préparent la réaction à certains événements (exemple : `OnKey`, méthode de l'objet Application) sont traitées avec les objets correspondants.

Objets Données
d'Excel

5

Les contenus de feuilles de calcul

Objets Application, classeurs, feuilles

Objets zones, sélection

LES CONTENUS DE FEUILLES DE CALCUL

Désignation

On accède aux données d'une feuille de calcul Excel en agissant sur des propriétés de l'objet cellule ou de l'objet zone. La désignation de la cellule doit normalement être précédée de : `[Application].[<désign. classeur>].[<désign. feuille>]`. Application (c'est-à-dire *Excel* lui-même) n'est jamais citée dans ce cas (il y a des cas où sa présence est obligatoire). Si <désign. classeur> est absente, c'est qu'on sous-entend *ActiveWorkbook* (c'est-à-dire le classeur actif, souvent le dernier ouvert ; beaucoup de projets ne mettent en jeu qu'un seul classeur, dans ce cas, c'est celui-là). Si <désign. feuille> est absente, c'est qu'on sous-entend *ActiveSheet* (c'est-à-dire la feuille active du classeur concerné).

Désignation de cellule absolue

La désignation de cellule unique peut avoir deux formes :

- `Cells(<ligne>,<colonne>)` par exemple `Cells(5,4)` est la cellule D5 : s'il n'y a pas de `Range` avant, la désignation s'entend à partir de la cellule A1 de la feuille.
- `<désign. zone réduite à une cellule>`, soit `Range("<coordonnées>")`, soit `Range(<désign. cellule>)`, par exemple `Range("D5")` ou `Range(Cells(5,4))`. Le 2ie exemple n'a guère de sens, mais il en aura pour les zones multi-cellules. Là encore, puisque la désignation n'est pas précédée d'une désignation de zone, elle s'entend par rapport à la cellule A1 de la feuille. Les termes zone et plage sont synonymes.

Zone multi-cellules

- (1 argument) : `Range("<liste>")` où <liste> contient des éléments séparés par des virgules, chaque élément étant soit une coordonnée comme B5, soit un intervalle comme B5 :C7, définit la zone union des zones définies par les éléments ; un élément intervalle définit le rectangle dont l'intervalle représente la diagonale. Exemple : `Range("A5,B8,C4:D7")` définit l'ensemble des cellules A5,B8,C4,D4,C5,D5,C6, D6,C7 et D7. Les zones multi-cellules ne sont pas forcément d'un seul tenant.
- (2 arguments) : dans ce cas, la zone sera d'un seul tenant ;
    - (cellules) `Range(<cellule 1>,<cellule 2>)` définit le rectangle dont les deux cellules forment la diagonale. `Range(Cells(1,1),Cells(4,3))` et `Range(Range("A1"),Range("C4"))` et `Range("A1:C4")` sont équivalentes, `Range("C:C")` est la colonne C.
    - (listes) `Range(<liste 1>,<liste 2>)` où les listes sont comme ci-dessus, définit le rectangle minimum contenant toutes les cellules des listes. `Range("A5:B7", "C2:D3")` est équivalente à `Range("A2:D7")`.
- Une désignation entre guillemets (") peut spécifier une feuille, séparée du reste par un ! comme dans les expressions Excel. Une telle désignation ne peut pas être préfixée. `Range("Feuil2!A1")` est équivalent à `Worksheets ("Feuil2").Range("A1")`.

Les chaînes entre guillemets (") peuvent être construites par concaténation : `Range(NomFeuille+"!A"+CStr(Ligne))`.

Désignation relative

Si la désignation est précédée d'une désignation de zone (en principe multi-cellule), la définition s'entend par rapport au coin supérieur gauche de la première zone :
`Range("C4:D7").Cells(1,1)` est la cellule C4, `Range("C4:D7").Range("A1")` aussi, ce qui est encore plus trompeur ! `Range("C4:D7").Range("B2:F10")` est le rectangle D5:H13.

LES CONTENUS DE FEUILLES DE CALCUL

Décalage

La désignation peut être précédée d'une indication de décalage de la forme :
`<cellule de départ>.Offset(<nb-lignes>,<nb-colonnes>)`

où <cellule de départ> est souvent `ActiveCell`, la cellule active.

Les nombres de lignes et de colonnes de décalage peuvent être négatifs et l'un d'entre eux peut être zéro. Si l'indication de décalage termine la désignation, la désignation représente une seule cellule. `ActiveCell.Offset(0,-2)` est la cellule même ligne, deux cases à gauche de la cellule active. `ActiveCell.Offset(3,4).Range("A1:B4")` est le rectangle 4x2 dont le coin supérieur gauche est 3 lignes plus bas, 4 colonnes à droite de la cellule active. Si celle-ci était D5, ce serait le rectangle H8:I11.

Propriétés

Value

La propriété la plus importante pour agir sur le contenu d'une cellule est `Value`. Il y a aussi `Value2` qui n'admet pas les données monétaires et dates ; nous n'en reparlerons plus. Pour utiliser le contenu d'une cellule, on fait figurer `<cellule>.Value` dans une expression. Pour modifier le contenu d'une cellule, on écrit `<cellule>.Value=…`. Exemple :

`Cells(1,1).Value = Range("B7").Value - 2 * ActiveCell.Value`

L'affectation de valeur peut porter sur une zone multi-cellules : la même valeur est mise dans chaque cellule de la zone mais la lecture (utilisation) ne peut porter que sur une seule cellule.

Formula

`Formula` est la chaîne de caractères représentant la formule présente ou à mettre dans la cellule : elle commence par un signe = et doit avoir les noms de fonctions en anglais. `FormulaLocal` a les noms de fonctions dans la langue du pays (définie dans les paramètres internationaux). `FormulaR1C1` exprime les coordonnées en lignes et colonnes avec R (row) devant le numéro de ligne car on est en anglais. `FormulaR1C1Local` donne L en français. Les coordonnées sont en absolu ou en relatif, selon la formule. Exemple :

Avec `Range("A4").Formula = "=sum(B2:B5)"`

`MsgBox Range("A4").FormulaLocal` donne =SOMME(B2:B5)
`MsgBox Range("A4").FormulaR1C1` donne =SUM(R[-2]C[1]:R[1]C[1])
`MsgBox Range("A4").FormulaR1C1Local` donne =SOMME(L(-2)C(1):L(1)C(1))

Une formule est limitée à 1024 caractères.

Formats et divers

`NumberFormat` est la chaîne de format (anglaise) qui régit la cellule ; `NumberFormatLocal` l'exprime dans la langue du pays. Ex. :

`Range("A4").NumberFormat = "dd/mm/yyyy"` impose l'année en 4 chiffres (la donnée doit être une date). `MsgBox Range("A4").NumberFormatLocal` donnera jj/mm/aaaa.

`RowHeight` est la hauteur de ligne, `ColumnWidth` est la largeur de colonne :

`ActiveCell.RowHeight = 15`   `Range(C:C).ColumnWidth = 20` .

`WrapText` est `True` si l'on veut que le texte passe à la ligne dans la cellule.

`Column` et `Row` sont respectivement le numéro de colonne et de ligne de la cellule. `Address` et `AddressLocal` donnent l'adresse de la cellule (ex. $A$1). Avec des arguments, on peut obtenir des coordonnées relatives, ou la forme R..C.. (L.. avec AddressLocal), voyez l'aide.

LES CONTENUS DE FEUILLES DE CALCUL

Méthodes

Pour une cellule unique, **Activate** et **Select** sont équivalentes : elles activent la cellule.

```
Range("A4").Select
```

ClearContents supprime le contenu de la cellule, mais garde le formatage ;
ClearFormats supprime le formatage, mais garde la valeur ou la formule ; `Clear` supprime les deux. Ces méthodes s'appliquent aussi à des plages multi-cellules. :
`Range("A4").ClearContents` pourrait s'écrire aussi `Range("A4").Value=Empty`

Copy et **Cut** sont le copier ou couper de la plage. `Paste` est le coller. Mais comme il s'applique à une feuille, il faut sélectionner la cellule de destination d'abord. Exemple :

```
Range("C7:F10").Copy
Range("A20").Select
ActiveSheet.Paste
```

PasteSpecial (Collage Spécial) s'applique à une zone ; nous vous renvoyons à l'aide associée à l'Explorateur d'objets.

Evénements

Nous ne traitons ici que l'événement **Worksheet_Change**. Il s'applique à vrai dire à une feuille et la routine de traitement, de nom *Worksheet_Change* doit être implantée dans le module de la feuille concernée dans *Microsoft Excel Objects*. L'événement a lieu dès que l'utilisateur change la valeur contenue dans une cellule, c'est pourquoi nous le traitons ici.

L'en-tête de la procédure est :

```
Private Sub Worksheet_Change(ByVal Target As Range)
```

où `Target` désigne la cellule qui a subi le changement. Donc la routine doit tester l'adresse de `Target` pour voir si c'est la (ou une des) cellule(s) où on veut contrôler le changement. Voici un exemple (fictif) qui vérifie qu'en J6, on met bien un nombre et en J8, on met bien une date :

```
Private Sub Worksheet_Change(ByVal Target As Range)
  Select Case Target.Address
    Case "$J$6"
      If Not IsNumeric(Target.Value) Then MsgBox "Il faut un nombre"
      Target.Select
    Case "$J$8"
      If Not IsDate(Target.Value) Then MsgBox "Il faut une date"
      Target.Select
  End Select
End Sub
```

On voit comment on peut canaliser les actions de l'utilisateur ; en fait, ceci est aussi possible par de pures commandes d'Excel (*Données – Validation*). Mais ici, VBA nous permet de faire mieux : grâce aux instructions `Target.Select`, on revient sur la cellule erronée après le message d'erreur et on n'en démordra pas tant que l'utilisateur n'aura pas fourni une donnée correcte. Notons que le programme ne pourrait pas corriger la donnée lui-même : en effet une routine d'événement ne doit en aucun cas contenir d'instruction qui redéclenche le même événement.

D'autres propriétés, méthodes et événements s'appliquent plutôt aux zones multi-cellules : elles sont traitées dans la 3e section.

OBJETS APPLICATION, CLASSEURS, FEUILLES

APPLICATION

L'objet Application est sous-entendu en tête de la plupart des désignations mais il y en a quelques unes où il est requis.

Propriétés

`Application.Calculation` = `xlCalculationManual` inhibe le recalcul automatique ce qui fait gagner du temps avant une séquence où on entre beaucoup de données dans une feuille. Penser à remettre à `xlCalculationAutomatic` après la séquence.

`Application.Caption` est le titre qui apparaît dans la barre de titre. On peut être amené à imposer une valeur pour individualiser le projet.

`Application.Cursor` reçoit une valeur lorsque l'on veut modifier la forme du curseur souris. Il faut penser à redonner la valeur `xlDefault` avant de quitter le projet. A part celle-ci, les valeurs possibles sont `xlIBeam`, `xlNorthwestArrow` et `xlWait` (le sablier).

`Application.DisplayAlerts` est mis à `False` lorsqu'on veut éviter certains messages comme "Voulez-vous vraiment supprimer cette feuille" ou "Voulez-vous écraser le fichier…. Il faut penser à le remettre à `True`. Exemple :

```
Application.DisplayAlerts = False
Workbooks("Compta.xls").Close
Application.DisplayAlerts = True
```

`Application.OperatingSystem` donne le nom du système d'exploitation (Windows (32-bit) NT 5.01 pour Windows XP). `Application.Version` donne la version d'Excel utilisée.

`Application.Path` donne le chemin d'accès du logiciel Excel, à ne pas confondre avec le chemin d'accès du classeur où se trouve le programme, qui est `ThisWorkbook.Path`, plus utile. Ces propriétés sont évidemment en lecture seule.

`Application.PathSeparator` donne le caractère séparateur utilisé dans les chemins d'accès (\ sur PC sous Windows, : sur MacIntosh). Voir usage dans la section sur les classeurs.

`Application.ScreenUpdating` est mis à `False` pour inhiber la mise à jour de l'écran. Il est utile de le faire avant des instructions qui agissent beaucoup sur l'écran : cela améliore les performances, mais il faut penser à le remettre à `True`.

`Application.WorksheetFunction` est un objet dont les membres sont les fonctions de feuille de calcul Excel. C'est le moyen de les utiliser dans un programme VBAE (voir ch. 7).

Méthodes

Les méthodes **OnKey**, **OnTime**, **Run**, **SendKeys** et **Wait** sont traitées au chapitre 8. Les différences entre **InputBox** et **Application.InputBox** sont au chapitre 6.

`Application.Quit` fait quitter Excel ; à utiliser avec prudence.

Evénements

Les événements tels que `NewWorkbook`, `SheetCalculate`, `WindowActivate`, `WorkbookActivate`, `WorkbookNewSheet` concernent plutôt les classeurs et les feuilles ; ils sont donc traités ci-après.

CLASSEURS

On agit sur les classeurs soit par la collection `Workbooks` qui regroupe tous les classeurs ouverts (VBA n'a aucun moyen d'agir sur un classeur non ouvert – sauf un cas très particulier décrit dans les exemples du chapitre 9), soit en désignant un élément de la collection par `Workbooks(<n>)` ou `Workbooks("<nom>")`.

<n> est un numéro de 1 jusqu'à `Workbooks.Count` ; <nom> est le nom de fichier du classeur comme "Bilan.xls". Ceci explique qu'on ne puisse ouvrir deux classeurs de même nom, mais répertoires différents.

Deux autres désignations usuelles sont `ActiveWorkbook` (le classeur actif) et `ThisWorkbook` (le classeur qui contient le programme en cours d'exécution). Il ne faut pas les confondre : ce n'est pas toujours le même classeur notamment si on obéit à la règle de séparation programme – classeurs de données. On peut aussi introduire une variable (de type Workbook) pour désigner un classeur par exemple :

```
Dim Wk As Workbook
Set Wk = ActiveWorkbook
```

Enfin, dans le module associé au classeur, **Me** désigne le classeur lui-même. C'est le cas dans tout module attaché à un objet : Me désigne cet objet. Dans un module de feuille, Me désignera la feuille, dans un module de BDi, il désignera le formulaire.

Propriétés

La seule propriété de la collection `Workbooks` qui nous intéresse est **Count**, nombre de classeurs ouverts ; elle est en lecture seule : pour la changer, il faut ouvrir ou fermer des classeurs. Exemple : pour savoir s'il y a un classeur ouvert en plus du classeur programme :

```
If Workbooks.Count > 1 Then ….
```

Parmi les propriétés intéressantes d'un classeur individuel, on a : **ActiveChart** (le graphique actif), **ActiveSheet** (la feuille active), `Charts` (la collection des graphiques), **FullName** (le nom complet c'est-à-dire précédé du chemin d'accès), **HasPassword** (booléen vrai si le classeur est protégé par un mot de passe), **Name** (le nom de fichier du classeur terminé par .xls), **Names** (la collection de noms –de cellules ou zones- définis dans le classeur), **Password** (le mot de passe général), **Path** (le chemin d'accès : `FullName` n'est autre que `Path+Application.PathSeparator+Name`), **Saved** (booléen faux s'il y a des modifications non sauvegardées), **Sheets** (la collection des feuilles – réunion de `Charts` et `Worksheets`), **Worksheets** (la collection des feuilles de calcul), et **WritePassword** (mot de passe en écriture).

Names : On crée un nom, par exemple, par :

```
ActiveWorkbook.Names.Add Name:="Total", RefersTo:= "=Bilan!$B$10"   et
ActiveWorkbook.Names(1).Name sera Total, ActiveWorkbook.Names(1).RefersTo
sera =Bilan!$B$10 .
```

Password : On les crée par affectation exemple :

```
ActiveWorkbook.Password="secret", mais en lecture, on obtient des *.
```

Saved : curieusement, on peut l'écrire ; `Wk.Saved=True` revient à autoriser la fermeture du classeur sans se préoccuper de sauvegarder les modifications.

Méthodes

Les méthodes qui s'appliquent à la collection `Workbooks` sont `Add`, `Close` et `Open`.

Workbooks.Close ferme tous les classeurs ouverts, y compris celui de votre programme ; il est peut-être plus indiqué de fermer chaque classeur voulu individuellement.

Workbooks.Add crée un classeur (ajoute un élément à la collection : cela correspond à la commande *Fichier – Nouveau*). Il devient le classeur actif et il faudra penser à le sauvegarder avec la méthode `SaveAs`. L'appel a un argument facultatif. S'il est absent, on crée un classeur normal à plusieurs feuilles. S'il est sous forme de constante, les deux valeurs intéressantes sont `xlWBATChart` (crée un classeur avec une seule feuille graphique) et `xlWBATWorksheet` (une feuille de calcul).

OBJETS APPLICATION, CLASSEURS, FEUILLES

Enfin, l'argument peut être une chaîne spécifiant un fichier Excel (.*xls* ou .*xlt*) et on crée un classeur sur le modèle correspondant. La gestion des modèles étant délicate avec Excel et le devenant encore plus avec les nouvelles versions, nous conseillons plutôt d'utiliser des classeurs prototypes (.*xls*) : on ouvre le classeur prototype (avec `Open` – ci-dessous) et on le sauvegarde sous le nom définitif.

`Workbooks.Open` ouvre le classeur spécifié. L'argument `Filename` (disque, répertoire et nom du fichier) est obligatoire. S'il y a lieu, on peut spécifier les mots de passe, `Password` et `WriteResPassword` :

```
Workbooks.Open Filename:= "C:\Compta\Bilan.xls", Password:= "secret"
```

On peut aussi appeler `Open` sous forme d'une fonction : elle renvoie l'objet classeur concerné qu'il est alors facile de désigner si Wk est un classeur (`Dim Wk As Workbook`).

`Set Wk = Workbooks.Open (Filename := "C:\Compta\Bilan.xls")` est équivalent à la séquence :

```
Workbooks.Open Filename := "C:\Compta\Bilan.xls
Set Wk = ActiveWorkbook
```

Méthodes sur classeurs individuels

Dans ce qui suit, la variable Wk désigne un objet classeur, par exemple `ActiveWorkbook`.

`Wk.Close` ferme le classeur. On a l'argument facultatif `SaveChanges` : s'il est omis une BDi demande à l'utilisateur s'il veut sauvegarder les modifications ; s'il vaut `True`, on fait une sauvegarde d'office ; s'il vaut `False`, on ignore les modifications.

`Wk.FollowHyperlink` se branche à un document HTML. Les arguments utiles sont `Address` (l'adresse du document, soit nttp:… pour aller sur Internet, soit une désignation de fichier .htm local) et `NewWindow` qui doit être spécifié `True` pour que le document s'ouvre dans une nouvelle fenêtre. Ex. si vous fournissez un fichier d'aide HTML, la routine de clic du bouton d'appel doit contenir :

```
ThisWorkbook.FollowHyperlink Address:=ThisWorkbook.Path & _
"\aide.htm", NewWindow:=True
```

`Wk.PrintOut` imprime tout le classeur. On l'utilise plutôt feuille par feuille. Pour voir les arguments à spécifier, faites un enregistrement de macro.

`Wk.Protect` et **`Wk.Unprotect`** respectivement protègent et déprotègent tout le classeur. On procède plutôt feuille par feuille.

`Wk.Save` sauvegarde le classeur ; il faut qu'il ait déjà reçu un nom par `SaveAs`.

`Wk.SaveAs` sauvegarde le classeur sous le nom spécifié par `Filename`. Les autres arguments sont facultatifs ; `Password` et `WriteResPassword` permettent d'imposer des mots de passe ; `FileFormat` permet de spécifier le format de fichier ; les valeurs les plus utiles sont `xlWorkbookNormal` (.xls normal – l'argument est inutile dans ce cas), `xlExcel9795` (compatible avec une version précédente) et `xlTemplate` (modèle .xlt). `ActiveWorkbook.SaveAs Filename := Chemin + "\Clients.xls"`.

`Wk.SaveCopyAs` sauvegarde le classeur sous le nom spécifié avec les mêmes arguments que `SaveAs`, mais le classeur en mémoire garde son ancien nom, il y a simplement copie sur disque avec le nouveau nom ; avec `SaveAs`, le classeur en mémoire prend le nouveau nom ; il y aura peut-être un exemplaire sur disque avec l'ancien nom, mais il ne sera pas à jour.

`Wk.RunAutoMacros` incluse pour des raisons de compatibilité avec les versions précédentes, cette méthode exécute la macro `Auto_Open`, `Auto_Close`, `Auto_Activate` ou `Auto_Deactivate` attachée au classeur. Pour tout projet moderne, on utilisera plutôt les événements `Open`, `Close`, `Activate` et `Deactivate`.

Evénements

Les routines de réponse à ces événements sont dans le module de code associé à `ThisWorkbook`. Leur nom est `Workbook_<nom de l'événement>`. Pour que l'événement soit pris en compte, il faut inclure la routine correspondante, sinon, c'est le traitement système standard (souvent aucun) qui a lieu.

- Pour implanter une telle routine, vous affichez la fenêtre de module de `ThisWorkbook`, `Workbook` dans la liste déroulante de gauche, puis vous cliquez sur la routine voulue dans la liste déroulante de droite. Le mode opératoire sera le même pour les événements de feuille.

Les événements **Activate** et **WindowActivate** sont déclenchés successivement quand on active le classeur, **Deactivate** quand on le désactive. Attention, ils ne se produisent que lorsqu'on passe d'un classeur Excel à un autre, pas lorsqu'on arrive au classeur en venant de Word, par exemple. `WindowActivate` peut être l'occasion d'agir d'office sur la fenêtre :

```
Private Sub Workbook_WindowActivate(ByVal Wn As Window)
    Wn.WindowState = xlMaximized
End Sub
```

met le classeur où elle est implantée en plein écran dès le départ.

Les événements **BeforeClose**, **BeforePrint** et **BeforeSave** ont lieu quand on s'apprête à fermer le classeur imprimer ou sauvegarder. Ils ont un argument `Cancel`, `False` par défaut Si votre routine le met à `True` alors l'opération (fermeture, impression ou sauvegarde) n'aura pas lieu. `BeforePrint` et `BeforeSave` donnent l'occasion de faire un recalcul avant l'impression ou la sauvegarde :

```
Private Sub Workbook_BeforePrint(Cancel As Boolean)
    For Each sh in Worksheets
        sh.Calculate
    Next
End Sub
Private Sub Workbook_BeforeSave(ByVal SaveAsUI As Boolean, _
    Cancel As Boolean)
  If ActiveWorkbook.Saved Then
    MsgBox "Inutile de sauver"
    Cancel = True
  End If
End Sub
```

Si `SaveAsUI` est fourni `True`, la BDi permettant de choisir le nom de fichier est affichée.

`BeforeClose` donne l'occasion d'éviter de perdre les dernières modifications :

```
Private Sub Workbook_BeforeClose(Cancel as Boolean)
    If Not Me.Saved Then Me.Save
End Sub
```

NewSheet a lieu lorsqu'on insère une nouvelle feuille dans le classeur. La routine exemple qui suit place cette nouvelle feuille après toutes les autres :

```
Private Sub Workbook_NewSheet(ByVal Sh As Object)
    Sh.Move After:=Sheets(Sheets.Count)
End Sub
```

OBJETS APPLICATION, CLASSEURS, FEUILLES

`Open` est l'événement le plus important : il a lieu dès qu'on ouvre le classeur. Introduire une routine pour cet événement permet de démarrer automatiquement votre projet sans que l'utilisateur ait à faire quoi que ce soit. La routine pourra contenir tout ce qui doit être effectué à chaque fois qu'on ouvre le classeur, notamment des initialisations. Plus de détails sur le démarrage automatique au chapitre 10.

Les événements : `SheetActivate`, `SheetBeforeDoubleClick`, `SheetBeforeRightClick`, `SheetCalculate`, `SheetChange`, `SheetDeactivate` et `SheetSelectionChange` concernent des feuilles de calcul. On utilise donc plutôt leur version à l'échelle de la feuille, implantée dans le module associé à la feuille concernée ; c'est l'objet de la section suivante.

FEUILLES

Comme pour les classeurs, il faut distinguer la collection et la feuille individuelle. Ici, nous avons trois collections : `Worksheets` (feuilles de calcul), `Charts` (graphiques) et `Sheets` (réunion des deux). Une feuille individuelle est désignée par `Worksheets("<nom>")` où <nom> est le nom qui figure dans l'onglet ou `Worksheets(<numéro>)`. Ces désignations peuvent être précédées de la désignation de classeur ou sous-entendre le classeur actif. On peut utiliser une variable de type Worksheet, ce que nous supposerons dans les exemples :

```
Dim Sh As Worksheet
Set Sh = Wk.Worksheets("Feuil1")
```

(Avec une telle affectation, Sh implique le classeur ; donc la désignation Wk.Sh est erronée, Sh suffit).

Propriétés

`Worksheets`. `Count` est le nombre de feuilles. `Visible`, s'emploie plutôt feuille par feuille.

Les propriétés `Columns`, `Comments` et `Rows` s'appliquent surtout à une zone Range, nous les voyons à la section suivante. `Cells` et `Range` permettent de désigner une zone ou une cellule de la feuille ; elles forment des sous-objets de feuille ou même d'une autre plage. Elles ont été vues en début de chapitre.

`Sh.EnableCalculation` = `False` interdit le recalcul même manuel de la feuille. `Sh.Calculate` sera sans effet, alors qu'il agirait après `Application.Calculation = xlCalculationManual`. Donc pensez à le remettre à `True`.

`Sh.Index` est le numéro de la feuille dans la collection, donc le numéro à utiliser dans Worksheets(...). `Sh.Name` est le nom d'onglet à utiliser dans Worksheets("..."). Si la 5iè feuille est Bilan, `Worksheets("Bilan").Index` donne 5 et `Worsheets(5).Name` donne "Bilan". Pour renommer la feuille, affecter une valeur (chaîne) à `Sh.Name`.

`Sh.Names` est la collection des noms (de cellule ou plage) définis dans la feuille. C'est un sous-ensemble de la collection `Names` du classeur, vue ci-dessus.

`Sh.ProtectContents` : booléen vrai si le contenu des cellules de la feuille est protégé.

`Sh.StandardHeight` et `Sh.StandardWidth` sont respectivement la hauteur et la largeur par défaut des cellules de la feuille (en points). Elles sont en lecture seule. Exemple : pour doubler la hauteur de la ligne 4 : `Sh.Rows(4).RowHeight=2*Sh.StandardHeight`.

`Sh.UsedRange` est la zone rectangulaire qui englobe toutes les cellules utilisées.

`Sh.Visible` : booléen vrai si la feuille est visible.

OBJETS APPLICATION, CLASSEURS, FEUILLES

Méthodes

Add s'applique à la collection `Sheets` ou `Worksheets` et insère une feuille. Les arguments (tous facultatifs) sont `Before`/`After` (ils s'excluent) qui spécifient la feuille avant/après laquelle on insère (défaut : devant la feuille active), `Count` qui définit le nombre de feuilles insérées (défaut 1) et `Type` qui fixe le type : nous ne considérons que `xlWorksheet` (défaut : feuille de calcul) et `xlChart` (graphique).

FillAcrossSheets s'applique à un ensemble de feuilles : elle copie une plage au même endroit dans toutes ces feuilles. Exemple : copier l'en-tête de colonnes dans plusieurs feuilles :

```
x = Array("Feuil1", "Feuil2", "Feuil3")
Worksheets(x).FillAcrossSheets Worksheets("Feuil1").Range("A1:H1")
```

Copy, **Delete**, **Move**, **PrintOut** s'appliquent à toutes les feuilles, ou à un groupe, mais le plus souvent à une feuille individuelle.

Sh.Activate et **Sh.Select** (pas d'arguments) sont équivalentes appliquées à une feuille individuelle (elles ne peuvent s'appliquer à un groupe de feuilles). Elles activent la feuille (comme le clic sur l'onglet). Elles ne peuvent agir que dans le classeur actif. Certaines opérations sur une zone (tri, bordures etc.) ne peuvent se faire que si la feuille est activée.

Sh.Calculate effectue un recalcul de la feuille.

Sh.Copy copie la feuille dans le presse-papiers.

Sh.Delete supprime la feuille. Si l'on a une série de feuilles à supprimer dont on est certain, on peut éviter d'avoir un message d'avertissement à chaque feuille en mettant à `False Application.DisplayAlerts`. Penser à le remettre à `True` après la séquence.

Sh.Move déplace la feuille. Les arguments `Before` ou `After` agissent comme pour `Add`. Si aucun des deux n'est fourni, VBA crée un nouveau classeur où il implante la feuille.

Sh.Paste colle le contenu du presse-papiers dans la feuille. Nous vous renvoyons à l'aide pour l'argument facultatif `Link`. L'argument facultatif `Destination` spécifie la plage d'arrivée ; s'il est absent, la plage d'arrivée doit être sélectionnée au préalable : la séquence

```
Range("A4").Select
ActiveSheet.Paste
```

équivaut à `ActiveSheet.Paste Destination := ActiveSheet.Range("A4")` .

Sh.PasteSpecial effectue un collage spécial. La plage de destination doit être sélectionnée au préalable. Nous renvoyons à l'Aide pour les arguments tous facultatifs. La méthode est à utiliser plutôt pour une zone, et là aussi, nous renvoyons à l'Aide à partir de l'Explorateur d'objets.

Sh.PrintOut fait imprimer la feuille. Tous les arguments sont facultatifs. Les plus importants sont `From` et `To` (n° de page de départ et de fin, toutes les pages si absents), `Copies` (nombre d'exemplaires, 1 par défaut), `Collate` (`True` pour assembler les exemplaires), `PrintToFile` (`True` pour imprimer dans un fichier ; dans ce cas, fournir le nom par l'argument `PrToFileName`). Ex. `ActiveSheet.PrintOut`.

Sh.Protect et **Sh.Unprotect** protègent et déprotègent la feuille. Leur seul argument intéressant est `Password` (facultatif, mais doit être fourni avec `Unprotect` s'il l'a été avec `Protect`) qui impose/fournit un mot de passe.

Evénements

Les routines propres à ces événements ont pour nom `Worksheet_<nom événement>` et elles doivent être implantées dans le module de la feuille correspondante. Pour cela :

- Double-clic sur la feuille dans l'Explorateur de projets : la fenêtre du module apparaît
- choisir *Worksheet* dans la liste déroulante de gauche
- choisir l'événement dans la liste déroulante de droite.

`Activate` a lieu lorsqu'on active/sélectionne la feuille. `Deactivate` lorsqu'on la quitte.

`BeforeDoubleClick` et `BeforeRightClick` ont lieu au moment d'un double-clic et clic-droit. Arguments : *Target* est la cellule sur laquelle le clic a lieu ; si `Cancel` est mis à `True` par la routine, l'action système sera inhibée. Exemple : on empêche l'apparition du menu contextuel sur clic-droit s'il est dans la colonne A de la feuille :

```
Private Sub Worksheet_BeforeRightClick(ByVal Target As Range, _
Cancel As Boolean)
   If Target.Column = 1 Then Cancel = True
End Sub
```

`Calculate` a lieu lorsqu'un recalcul automatique ou manuel va se produire.

Les événements les plus utilisés sont `Change` (traité en 1re section) et `SelectionChange` qui a lieu dès qu'on change la sélection. Exemple : dès qu'on sélectionne un nom de classeur (avec disque et répertoire) dans une cellule, on l'ouvre :

```
Private Sub Worksheet_SelectionChange(ByVal Target As Range)
    Dim t As String
    t = Target.Value
    If Right(t, 4) = ".xls" Then Workbooks.Open t
End Sub
```

OBJETS ZONES, SÉLECTION

Nous traitons ici plutôt les éléments qui s'appliquent à des zones ou plages multi-cellules. Un certain nombre de choses concernant plutôt les cellules individuelles ont été vues en début de chapitre.

Une cellule et une plage ont le même type `Range`. Pour parcourir toutes les cellules d'une zone, on écrit `For Each c In Range(....)` sachant qu'on a déclaré `Dim c As Range`. Si R est une zone, sa collection fondamentale est `R.Cells`, ensemble de ses cellules. `R.Count` est la même chose que `R.Cells.Count` (nombre de cellules). En numérotation unique, les cellules d'une plage sont numérotées ligne par ligne.

`Range("A1:C4").Count` vaut 12 ; `Range("A1:C4").Cells(4).Address` est $A$2.

`ActiveCell` désigne la cellule active. Dans la suite, R désigne une zone multi-cellules ou non, M une zone obligatoirement multi-cellule, C désigne une zone mono-cellule. Ainsi, on peut avoir `R.Value=....`, mais `x=C.Value`. Nous disons qu'une zone est homogène par rapport à une propriété lorsque cette propriété a la même valeur dans toutes ses cellules.

L'OBJET SELECTION

L'objet `Selection` est une `Range` qui représente la plage multi- ou mono- cellule actuelle-ment sélectionnée soit par l'utilisateur, soit par un appel à la méthode `Select`. Tout ce qu'on peut faire avec une plage, on peut le faire avec `Selection`. Exemple : `Selection.Clear` `Selection.Value=5` (met 5 dans chaque cellule de la sélection).

PROPRIÉTÉS

R.Address est l'adresse de la zone : `Range("A4:B7").Address` est $A$4:$B$7.

R.Areas est la collection des zones connexes qui font partie de R.

R.Borders est la collection des bordures. Une bordure se désigne par `R.Borders(<s>)` où `<s>` peut être (les noms parlent d'eux-mêmes si vous connaissez l'anglais) :

xlDiagonalDown, xlDiagonalUp, xlEdgeBottom, xlEdgeLeft, xlEdgeRight, xlEdgeTop, xlInsideHorizontal ou xlInsideVertical. On utilise peu les Diagonal ; il faut utiliser les Inside si on veut le quadrillage complet. Pour créer un segment, il faut donner des valeurs à ses propriétés : Color ou Colorindex, LineStyle (forme du trait : xlContinuous, xlDash, xlDashDot, xlDashDotDot xlDot, xlDouble, xlSlantDashDot ou xlLineStyleNone – cette dernière efface la bordure) et Weight (épaisseur : xlHairline, xlThin, xlMedium ou xlThick).
Pour installer un trait rouge double sous la sélection, on écrira :

```
With Selection.Borders(xlEdgeBottom)
    .LineStyle=xlDouble
    .Weight=xlThin
    .Color=RGB(255,0,0)
End With
```

R.Columns et **R.Rows** sont les collections des colonnes et des lignes de la zone.

Paradoxalement, **Column** et **Row** peuvent être appliquées à une plage multi-cellules : on obtient le numéro de colonne/ligne de la cellule du coin supérieur gauche de la zone.

R.ColumnWidth et **R.RowHeight** appliquées à une zone multi-cellules donnent `Null` si la zone n'est pas homogène. Si la zone est homogène ou mono-cellule, on obtient la largeur de colonne/hauteur de ligne.

R.Height et **R.Width** sont la hauteur et la largeur totales de la zone.

R.CurrentRegion est la zone rectangulaire minimale limitée par des cellules vides contenant R. Exemple : essayez `ActiveCell.CurrentRegion.Select`.

C.Dependants donne l'ensemble des cellules qui dépendent de la cellule C.

C.End(<dir>) où C est non vide et <dir> peut être `xlDown`, `xlToRight`, `xlToLeft` ou `xlUp` définit la dernière cellule occupée à partir de C dans la direction indiquée.

R.EntireColumn et **R.EntireRow** sont les colonnes/lignes entières contenant la zone.

R.Font (en lecture **C.Font** de préférence, ou il faut que la zone soit homogène) permet de déterminer/consulter la police de caractères de la zone. Les sous-objets sont :

– `Background` (le fond) ; les valeurs possibles parlent d'elles-mêmes : xlBackgroundAutomatic, xlBackgroundOpaque, xlBackgroundTransparent

– `Bold` :True pour mettre en gras ; `Italic`, `Strikethrough` (biffé), `Subscript` (indice), `Superscript` (exposant) et `Underline` (souligné) fonctionnent de la même façon.

– `Color` et `ColorIndex` : voir ci-dessous Gestion des couleurs.

– `FontStyle` reçoit une chaîne formée des mots Bold etc. pour donner le même effet, exemple : `ActiveCell.Font.Fontstyle = "Bold Italic"`

– `Name` est le nom de la police (Arial…)

– `Size` est sa taille en points. Exemple : `ActiveCell.Font.Size = 20`

R.Interior (en lecture **C.Interior** ou zone homogène) définit l'intérieur des cellules par la couleur de fond (`Color` ou `ColorIndex`) et un motif `Pattern`. Exemple : fond gris clair : `Range("A4:B7").Interior.Color = RGB(200,200,200)`. Pour Pattern, voyez xlPattern dans l'explorateur d'objets.

R.HorizontalAlignment fixe l'alignement horizontal (xlLeft, xlRight, xlCenter etc.)

R.VerticalAlignment fixe l'alignement vertical (xlVAlignCenter etc.)

C.Locked est vrai si la cellule est verrouillée.

R.Name est le nom attribué à la plage. En écriture R.Name="…" attribue bien le nom, mais en lecture, on obtient l'adresse. Pour avoir le nom il faut passer par la collection `Names` du classeur : `ActiveWorkbook Names(Range("A1").Name.Index).Name` donne le nom, alors que `Range("A1").Name` donne Feuil1 !$A$1 .

R.ShrinkToFit mis à True ajuste les textes des cellules à la largeur de cellule disponible.

MÉTHODES

Activate et **Select** : Appliquées à une cellule unique, ces deux méthodes sont équivalentes. Pour une zone multi-cellules, ce n'est pas le cas : Activate ne peut s'appliquer qu'à une cellule seule. En fait, on peut sélectionner une plage, puis activer une cellule de cette plage (le plus souvent celle au coin supérieur gauche) :

```
Range("A4:B7").Select
Range("A4").Activate
```

On ne peut sélectionner une plage que dans la feuille active du classeur actif, donc il faut les activer au préalable.

AdvancedFilter établit un filtre élaboré dans une zone. Procédez par enregistrement de macro pour voir les arguments.

R.AutoFill Destination=R' fait une recopie incrémentée de la plage R dans la plage R' (qui doit contenir R à son bord gauche ou supérieur).

R.AutoFilter établit un filtre automatique sur la plage.

M.AutoFit ajuste aux contenus les hauteurs de ligne si M est une plage de lignes / les largeurs de colonnes si M est une plage de colonnes.
Exemple : `Columns("A:I").Autofit` .

R.BorderAround établit une bordure autour de la plage.

R.Calculate lance un recalcul des données de la plage.

Copy Cut PasteSpecial font le Copier, Couper, Collage spécial. Le collage simple Paste ne s'applique qu'à une feuille (voir ci-dessus).

```
Range("B2 :D3").Copy
Sheets("Feuil3").Range("B2 :D3").PasteSpecial _
Operation:=xlPasteSpecialOperationAdd
```

M.DataSeries remplit la zone par une série de données. Si A10 contient 1, B10 2, `Range("A10:H10").DataSeries` crée la série 1, 2, 3, ...10 de A10 à H10.

R.Delete supprime la zone. L'argument Shift (xlShiftToLeft ou xlShiftUp) précise comment se fait le comblement.

R.FillDown, **R.FillRight**, **R.FillLeft** et **R.FillUp** recopient dans la zone sa ligne du haut/colonne de gauche/ colonne de droite/ ligne du bas.

Find, **FindNext**, **FindPrevious** font une recherche dans une zone. Voyez l'aide.

R.Insert Insère des cellules vides à la place de la zone R : les cellules sont déplacées selon l'argument Shift qui peut prendre les valeurs xlShiftToRight ou xlShiftUp.

R.PrintOut imprime la plage. S'applique surtout à la plage sélectionnée, exemple : `Selection.PrintOut Copies:=2, Collate:=True`

R.Replace effectue un remplacement dans la zone. Exemple :

```
Columns("A").Replace What:="Dupond", Replacement:="Dupont", _
SearchOrder:=xlByColumns, MatchCase:=True
```

R.Sort effectue un tri dans la zone. R peut ne préciser qu'une cellule dans une base de données, Excel trouvera l'ensemble du tableau. On peut avoir jusqu'à trois couples d'arguments Key1/2/3 – Order1/2/3. Les `Key` sont les critères de tri, précisés sous forme d'une colonne ou d'une simple cellule ; les `Order` peuvent valoir xlAscending (défaut) ou xlDescending. L'argument `Header` reçoit le plus souvent la valeur xlGuess, laissant à Excel le soin de deviner s'il y a une ligne d'en-têtes. Exemple :

```
Range("A1:C20").Sort  Key1:= Range("A1"), Key2:= Range("B1")
Range("A1").Sort  Key1:= Columns("A"), Header:=xlGuess
```

GESTION DES COULEURS

On gère des couleurs en plusieurs occasions, notamment avec `Font` pour la couleur des caractères ou avec `Interior` pour la couleur de fond des plages. On a le choix entre deux propriétés pour cela : **Color** qui est un code de couleur qui se suffit à lui-même et **ColorIndex** qui définit la couleur par son numéro d'ordre dans une palette de 56 couleurs attachée au classeur. Cette palette est la collection `Wk.Colors`. Pour voir les couleurs faites tourner le programme suivant (il agit sur la feuille active) :

```
Sub couleurs()
Dim i As Integer
  For i = 1 To 56
    Cells(i, 1).Value = i
    Cells(i, 2).Interior.ColorIndex = i
  Next i
End Sub
```

On peut définir/modifier la palette par un certain nombre d'instructions du genre :

```
ActiveWorkbook.Colors(1)=RGB(0,0,255) .
```

La propriété `Color` semble moins arbitraire car on peut utiliser la fonction RGB(r,v,b) qui fournit la couleur dont les composantes RVB sont respectivement r (proportion de rouge), v (proportion de vert – Green en anglais d'où le G dans le nom) et b (proportion de bleu. Ces arguments vont de 0 à 255, la couleur étant plus lumineuse à mesure que le nombre augmente. RGB(0,0,0) est le noir, RGB(255,255,255) est le blanc. RGB(255,0,0) est le rouge franc. Si les trois arguments sont égaux, on a du gris, foncé pour des valeurs faibles, clair pour des valeurs proches de 255. Essayez :

```
ActiveCell.Interior.Color = RGB(200,200,200)
```

GESTION DES COMMENTAIRES

Un commentaire est un texte associé à une cellule : il apparaît dans une info-bulle si le curseur souris est sur la cellule (sans qu'elle soit sélectionnée). En tant que tels, les commentaires ne nous semblent pas avoir d'intérêt en automatisation de traitements, mais pour le programmeur, ils offrent le moyen de disposer d'une information supplémentaire dans chaque cellule. Un tel cas s'est présenté à nous récemment ; dans un traitement de base de données, nous avions une colonne d'identifiants ; puis la nécessité d'un second identifiant est apparue et il n'était pas question d'ajouter une colonne pour lui : nous avons donc implanté ces identifiants secondaires en commentaire de chaque identifiant principal.

C.AddComment `<Texte>` ajoute `<Texte>` comme commentaire à la zone (obligatoirement mono-cellule) C. Il faut que la cellule n'ait pas déjà un commentaire. Sinon, utiliser la méthode qui suit pour le supprimer. `<Texte>` peut être absent, cela crée un commentaire vide (qui sera complété par la suite à l'aide de la méthode Text).

R.ClearComments supprime les commentaires de toutes les cellules de la plage R. Pour mettre à coup sûr un commentaire :

```
Range("E5").ClearComments
Range("E5").AddComment "Cellule importante"
```

Lorsqu'une cellule a un commentaire, elle a une propriété objet **Comment**, membre de la collection **Comments**, ensemble de tous les commentaires du classeur. Comment a une propriété **Visible** (booléen qui parle de lui-même) et une méthode **Text**. Essayer d'appeler un élément de Comment pour une cellule qui n'a pas de commentaire génère une erreur.

Text : comme fonction sans argument en lecture, `Text` fournit le texte du commentaire, s'il existe, un message d'erreur sinon.

```
MsgBox   "Commentaire : "+Range("E5").Comment.Text
```

Comme procédure, il faut que la cellule ait déjà un commentaire. Les arguments sont `Text` (obligatoire : le texte à introduire), `Start` (facultatif, la position d'insertion ; défaut : 1er caractère) et `Overwrite` (facultatif `True` : le texte introduit remplace le texte primitif depuis `Start` jusqu'à la fin, `False` : le texte introduit est inséré à la position `Start` ; attention, le défaut est `True`, contrairement à ce que dit l'aide dans certaines versions). Exemple :

```
Range("E5").Comment.Text "Nouveau"
```

Rajouter du texte à la fin du commentaire existant :

```
With Range("E5").Comment
   .Text " commentaire", Len(.Text) + 1
End With
```

Voici une fonction qui obtient à coup sûr le texte de commentaire d'une cellule : elle renvoie chaîne vide si le commentaire n'existe pas. C'est un exemple de récupération d'erreur.

```
Public Function TextCom(r As Range) As String
Dim x As String
  On Error GoTo erxx
  x = r.Comment.Text
  On Error GoTo 0
  TextCom = x
  Exit Function
erxx:
  x = ""
  Resume Next
End Function
```

Boîtes de dialogue

6

BDi rudimentaires et prédéfinies

BDi définies par le programmeur ou formulaires : construction

BDi formulaires : utilisation ; bouton de validation

Contrôles texte : Label, Textbox, ComboBox…

Contrôles Frame, OptionButton, CheckBox…

BDI RUDIMENTAIRES ET PRÉDÉFINIES

La façon dont le programme dialogue avec l'utilisateur est un élément fondamental de l'ergonomie. Pour VBA avec Excel comme application hôte, il n'y a que deux manières de communiquer : soit prendre des données dans des classeurs ou manifester ses résultats sous forme d'actions sur des classeurs, soit communiquer par dialogue avec l'utilisateur pour lui fournir des résultats ou lui demander des données.

Le dialogue avec l'utilisateur se fait par boîtes de dialogue (BDi). VBAE permet trois sortes de BDi :

- les BDi obtenues par les instructions (en fait fonctions) `MsgBox` et `InputBox`. Ce sont les plus simples encore qu'elles puissent être assez élaborées ; nous les appelons "rudimentaires" vu la simplicité de mise en œuvre, il n'y a là rien de péjoratif.

- les BDi prédéfinies. On peut faire apparaître une des BDi standard d'Excel, par exemple pour choisir un fichier, la BDi bien connue de la commande *Fichier – Ouvrir* ou *Enregistrer sous*. Cela permet à l'utilisateur de ne pas être dépaysé.

- les BDi entièrement définies par le programmeur : on les appelle aussi formulaires (VBA dit "UserForm"). Le programmeur implante les contrôles à volonté en fonction des données à demander à l'utilisateur. Il y a deux phases dans une telle implantation :

  - on crée la BDi proprement dite en plaçant les contrôles voulus
  - on implante dans le module de code associé à la BDi les routines de traitement des événements liés aux contrôles : changement d'une valeur entrée, clic sur un bouton de validation.

  il y a un 3e élément, l'instruction d'invocation de la BDi dans le cours du programme ; on utilise la méthode `Show`.

BDI RUDIMENTAIRES

Procédure MsgBox

La forme la plus simple est `MsgBox "Message"`. Elle affiche le message dans une BDi avec un bouton [OK] sur lequel il faut cliquer pour que le programme continue. On voit que l'argument doit être une chaîne de caractères. Pour transmettre un résultat, cette chaîne peut être formée par concaténation de textes et de conversions en chaîne de caractères des données voulues. Si l'on veut que le texte soit multi-lignes, il faut utiliser des vbCr. Ex. :

```
MsgBox "Au bout de "+CStr(ni)+" itérations,"+vbCr+ _
    "le résultat est "+CStr(Res)
```

<u>Autres arguments</u>

Les deux arguments facultatifs qui suivent sont les seuls ayant un intérêt ; la forme devient (nous avons pris les noms des arguments, tels qu'on peut les utiliser en tant qu'arguments nommés) : `MsgBox <Prompt>, <Buttons>, <Title>`

<Prompt> est le message ; <Title> est le titre de la BDi (défaut : Microsoft Excel) ; <Buttons> se spécifie comme somme de constantes figuratives indiquant quels boutons on veut et quels pictogrammes on souhaite (les formes évoluent avec les versions) :

vbCritical	16	Message critique	
vbQuestion	32	Requête de réponse	
vbExclamation	48	Message d'avertissement	
vbInformation	64	Message d'information	

BDI RUDIMENTAIRES ET PRÉDÉFINIES

Les boutons sont surtout utilisés dans la forme fonction.

Fonction MsgBox

Sous la forme fonction, on présente différents boutons et le résultat renvoyé par la fonction (de type integer, mais on utilise des constantes nommées) indique quel bouton a été cliqué.

```
R=MsgBox(<Prompt>, <Buttons>, <Title>)
```

Constante	Valeur	Boutons
vbOKOnly	0	Bouton OK uniquement.
vbOKCancel	1	Boutons OK et Annuler.
vbAbortRetryIgnore	2	Boutons Abandonner, Réessayer et Ignorer.
vbYesNoCancel	3	Boutons Oui, Non et Annuler.
vbYesNo	4	Boutons Oui et Non.
vbRetryCancel	5	Boutons Réessayer et Annuler.

Valeur R renvoyée		Bouton choisi
vbOK	1	OK
vbCancel	2	Annuler
vbAbort	3	Abandonner
vbRetry	4	Réessayer
vbIgnore	5	Ignorer
vbYes	6	Oui
vbNo	7	Non

On écrira quelque-chose du genre :

```
If MsgBox("Voulez-vous continuer ?",vbYesNo+vbQuestion)=vbYes Then …
```

Fonction InputBox

La fonction `InputBox` permet d'obtenir une valeur de la part de l'utilisateur. La valeur est une chaîne, donc doit être convertie si c'est un nombre qu'on attend.

```
cRep=InputBox(<Prompt>[,<Title>][,<Default])
```

Les autres arguments sont sans intérêt (xpos et ypos positionnent la BDi). <Prompt> est le message qui dit à l'utilisateur quelle donnée on veut. <Title> permet de fournir un titre à la BDi (défaut Microsoft Excel). <Default> permet de spécifier une valeur par défaut pour la réponse : elle apparaîtra dans la zone d'entrée où on attend la réponse. Ex. :

```
N=CInt("Nombre d'itérations ? ", "Calcul de Pi", "50")
```

La valeur est acquise si on clique sur `  OK  `. On obtient une chaîne vide si on clique sur `Annuler`.

Application.InputBox

Comme méthode de l'objet `Application`, `InputBox` a les mêmes arguments (<Title> a pour défaut « Entrée ») plus un, <Type>, qui spécifie les types de résultats permis :

Valeur	Type autorisé
0	Formule
1	Valeur numérique
2	Chaîne de caractères
4	Booléen (False ou True)
8	Référence de cellule (objet Range)
16	Valeur d'erreur
64	Tableau de valeurs

BDI RUDIMENTAIRES ET PRÉDÉFINIES

Pour permettre plusieurs types, on spécifie la somme des valeurs du tableau, par exemple : 9 pour autoriser Range et nombre. Supposant `Dim R as Range`, `Set R=Application.InputBox _` `(Prompt:="Plage à examiner", Default:= _` `"A1:D8", Type:=8)`

affichera la BDi ci-contre.

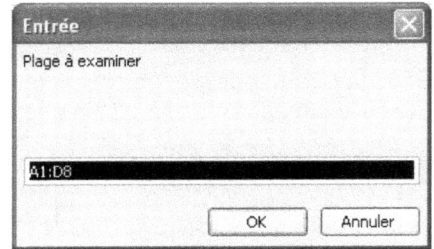

BDI PRÉDÉFINIES

On fait apparaître une telle BDi par `Application.Dialogs(<dialogue>).Show` où <dialogue> est une constante figurative comme `xlDialogSort`. Pour avoir la liste de ces constantes, dans l'Explorateur d'objets, demandez la propriété *Dialogs* de l'objet *Application* et F1. Dans l'écran d'aide apparu, cliquez sur *Dialogs* et dans la nouvelle page, sur *Listes d'arguments*... Vous aurez la liste d'arguments de la méthode Show pour chaque dialogue. Ces arguments donnent les valeurs initiales des paramètres dans la BDi.

Il n'y a pas moyen de lire les valeurs des choix faits dans la BDi ; ceux-ci agissent lors de la validation. Voici quelques exemples :

`xlDialogActiveCellFont`, `xlDialogFontProperties` et `xlDialogFormatFont` définissent la police de la cellule active ou de la sélection.

`xlDialogBorder` installe des bordures dans la sélection.

`xlDialogFont` définit la police standard du classeur (police des numéros de lignes/cols).

`xlDialogFormatNumber` définit le format dans la sélection.

`xlDialogOpen` choisit un fichier à ouvrir.

`xlDialogPageSetup` prépare la mise en page.

`xlDialogPrint` demande une impression.

`xlDialogSaveAs` permet de choisir un fichier de sauvegarde.

`xlDialogSort` définit le tri à effectuer dans la sélection.

Les deux dialogues où il est le plus intéressant d'accéder au choix effectué sont `xlDialogOpen` et `xlDialogSaveAs`. Précisément :

`Application.GetOpenFilename`(FileFilter, FilterIndex, Title, MultiSelect)
fait apparaître la BDi *Ouvrir un fichier* et donne pour résultat le nom complet du fichier choisi sans l'ouvrir effectivement.

`Application.GetSaveAsFilename`(InitialFilename, FileFilter, FilterIndex, Title)
fait apparaître la BDi *Enregistrer sous* et donne pour résultat le nom complet du fichier choisi (disque, répertoire et nom) sans enregistrer. Les arguments sont facultatifs et donnent des valeurs initiales à afficher dans la BDi ; l'utilisateur peut les changer. Ainsi la routine d'erreur en fin de chapitre 2 pourrait s'écrire :

```
TraitErr:
  MsgBox "Impossible d'ouvrir " + FN + _
    vbCr + "Choisissez dans la BDi qui suit")
  FN = Application.GetOpenFilename()
  Resume
End Sub
```

`InputBox` ne permet d'entrer qu'une donnée à la fois. Les BDi prédéfinies ne sont pas souples du tout. Heureusement, VBA permet à l'utilisateur de construire des BDi sur mesures, où il est maître de l'ensemble des données qui seront demandées à l'utilisateur, ainsi que de leur forme. C'est l'objet `UserForm`.

CONSTRUCTION DE LA BDI

*   Faites *Insertion – UserForm*. Il vient une fenêtre intitulée Classeur...UserForm1 (c'est le nom provisoire de votre BDi). Dans cette fenêtre se trouve le prototype de votre BDi, rectangle vide au départ, avec le titre provisoire *UserForm1*. Vous pouvez régler la taille de l'une et l'autre par glissements souris des parois.
*   Il vient normalement aussi une fenêtre *Boîte à outils*. Si elle n'est pas affichée, *Affichage – Boîte à outils* ou clic sur l'icône avec un marteau et une clé à molette.
*   Pour installer un contrôle, cliquez sur l'icône voulue dans la *Boîte à outils*, puis délimitez le rectangle qui l'encadrera dans la BDi.

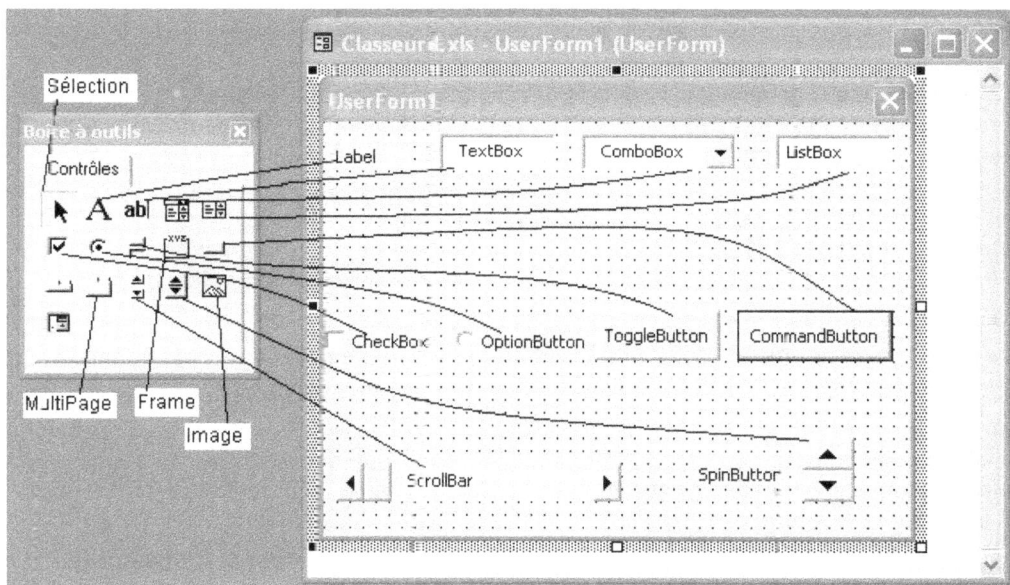

On est aidé pour les positionnements par la grille de pointillés qui n'apparaît qu'en mode création : elle disparaît à l'execution. Elle est régie par :

*   *Outils – Options* - onglet *Général* (voir figure page 18).
*   ☑ *Afficher la grille*
*   Choisir la taille de grille : prendre la même valeur en hauteur et en largeur ; la valeur de départ 6 ne donne pas une trop bonne précision ; si vous voulez plus fin, le minimum spécifiable est 2, ce qui donne une bonne précision.
*   ☑ *Aligner les contrôles sur la grille*

Les contrôles

Lorsque le curseur souris est sur une icône de la Boîte à outils une info-bulle donne le nom du contrôle (en français). Sur la figure ci-dessus, nous avons indiqué les noms anglais, qui sont aussi les noms de types d'objet (à utiliser dans `Dim`). Lorsqu'un contrôle est sélectionné dans la BDi en construction la touche F1 permet d'avoir un écran d'aide sur lui.

BDI FORMULAIRES : CONSTRUCTION

Les seuls contrôles non légendés sur la figure ci-dessus sont *RefEdit* (vraiment très peu utilisé : sert à entrer des coordonnées de plages) et le contrôle *Onglet* qui est supplanté par le MultiPage. Nous donnons maintenant une définition/description très sommaire des contrôles, il y aura plus de détails plus loin.

L'outil de sélection permet de sélectionner simultanément plusieurs contrôles sur la BDi ce qui permet de les déplacer en bloc ou de donner la même valeur à une de leurs propriétés.

Pour cela, ayant cliqué sur l'outil, décrire un rectangle qui les entoure (il suffit qu'il les touche).

Label : Etiquette, c'est-à-dire texte non modifiable par l'utilisateur ; donc peut servir à communiquer un résultat, mais le plus souvent à informer sur un autre contrôle. Le texte qui apparaît est sa propriété `Caption`.

TextBox : Zone d'entrée texte donc l'utilisateur y tape une valeur qui peut être récupérée par sa propriété `Text` ou `Value`. Le nom par défaut est `TextBox<n>` mais on peut le changer. `TextBox<n>.Text` est une chaîne qui devra être convertie si on attend un nombre. Le contrôle doit, comme les deux suivants, être accompagné d'un Label qui donne un minimum de description. Deuxième contrôle dans l'ordre d'importance.

ListBox : Liste déroulante dans laquelle on choisit un ou plusieurs éléments. On identifie l'élément choisi par la propriété `ListIndex` dans le premier cas, par la propriété tableau `Selected` dans le second cas.

ComboBox : Combinaison de ListBox et de TextBox donc association d'une zone d'entrée texte et d'une liste déroulante ; l'utilisateur peut soit choisir un élément dans la liste (il apparaîtra dans la zone d'entrée), soit taper ce qu'il veut. La donnée prise en compte sera la propriété `Text` ou `Value` (texte tapé ou choisi présent dans la zone d'entrée).

Un TextBox ou un ComboBox peut être rempli par un "Coller" du contenu du Presse-papier.

CheckBox : Case à cocher. Il y a une propriété `Caption` qui est le descriptif apparaissant à côté de la case, tandis qu'on décèle l'état coché ou non par la propriété `Value`.

OptionButton : Bouton radio. Comme CheckBox pour `Caption` et `Value`, sauf que, dans un groupe, seul un des boutons peut être choisi ⊙. Pour que des boutons radio forment un groupe, il faut, soit les implanter sur un même contrôle Frame, soit donner la même valeur à leur propriété `GroupName`.

ToggleButton : Bouton qui peut être (et rester) enfoncé (`Value True`) ou non enfoncé. La `Caption` apparaît sur le bouton.

CommandButton : Le plus important des contrôles. Il ne transmet pas de données, mais son événement *Clic* déclenche des actions. Toute BDi doit au moins en avoir un dont le clic valide l'ensemble des données et fait quitter la BDi. La `Caption` apparaît sur le bouton et doit annoncer sommairement ce qu'il fait.

ScrollBar : Barre de défilement ; peut être verticale ou horizontale selon le rectangle qui la délimite. Ce contrôle doit être associé à deux labels, l'un descriptif, l'autre servant à afficher la valeur (le mettre à jour à chaque événement *Change*). La propriété `Value` est la valeur représentative de la position du curseur, comprise entre `Min` et `Max`.

SpinButton : Incrémenteur/Décrémenteur ; peut être vertical ou horizontal et doit comme ScrollBar être associé à deux labels. Les propriétés `Value`, `Max` et `Min` jouent le même rôle et la valeur change de `SmallChange` à chaque clic.

Image : Permet d'implanter une image. D'autres contrôles aussi ont une propriété `Picture` qui se détermine par `<contrôle>.Picture=LoadPicture("<désignfich.bmp>")`.

BDI FORMULAIRES : CONSTRUCTION

Frame : Implante un cadre sur la BDi ; il a une propriété `Caption` (titre du cadre apparaissant normalement en haut à gauche). Cela permet soit de subdiviser la BDi en zones, soit de regrouper des OptionButtons pour qu'ils s'excluent mutuellement.

MultiPage : Permet de créer une BDi formée de plusieurs pages. On implante les contrôles voulus sur chaque page et seuls les contrôles de l'onglet choisi sont visibles et utilisables à un instant donné par l'utilisateur, sans que le programmeur ait rien eu à écrire pour cela. Donc ce contrôle a complètement supplanté le contrôle onglet. L'utilisateur fait à volonté des allers et retours de page en page. Pour ajouter une page à la création (au départ il n'y en que deux), on fait un clic droit sur un onglet et *Nouvelle page*.

Quelques propriétés communes à tous les contrôles

La plupart des propriétés peuvent être définies lors de la création

– en tapant une valeur dans la fenêtre *Propriétés* :

• Si cette fenêtre n'est pas affichée, *Affichage – Fenêtre Propriétés* (F4) ou clic sur l'icône.

• (Implantez le contrôle dans la BDi s'il ne l'est pas encore), sélectionnez le contrôle (clic sur lui) : ses propriétés sont affichées dans la fenêtre.

• Sélectionnez les propriétés souhaitées et tapez les valeurs ou choisissez les dans une BDi pour certaines.

– ou en attribuant une valeur par programme : `<nom>.<propriété>=<valeur>`.

Pour la propriété qui représente la valeur entrée d'un contrôle d'entrée de données, cela peut servir à fournir une valeur par défaut.

`Name` est le nom du contrôle utilisé dans les désignations. VBA attribue des noms par défaut de la forme <type><n°> où les types sont les types-objet (exemple : TextBox) cités plus haut et <n°> est un numéro de séquence 1, 2, 3 etc. Vous pouvez garder ces noms ou les changer : `TB_NomClient` est plus parlant que `TextBox1`. Ces noms peuvent servir dans une désignation de la forme par exemple `Controls("TextBox1").Text`. Si vous avez gardé les noms numérotés, vous pouvez vider les dix zones d'entrée par :

```
For i=1 To 10
    Controls("TextBox"+CStr(i)).Text=""
Next i
```

qui pourrait trouver place dans une routine d'initialisation.

On a ensuite les propriétés de position et taille **Left**, **Top**, **Height** et **Width**. Celles-ci peuvent être modifiées par programme ; à la création, elles peuvent être tapées, mais elles sont surtout définies par placement direct du contrôle.

Formatage des contrôles.

Ces opérations sont utiles pour régulariser la présentation d'un certain nombre de contrôles :

• Sélectionnez l'ensemble des contrôles concernés avec l'outil de sélection ou par des clics avec la touche Ctrl appuyée, puis *Format* Les choix parlent d'eux-mêmes :

– *Aligner*

– *Gauche / Centre / Droite / Haut / Milieu / Bas / Grille*

– *Uniformiser la taille*

– *Largeur / Hauteur / Les deux*

– *Ajuster la taille*

– *Ajuster à la grille*

– *Espacement horizontal*

– *Égaliser / Augmenter / Diminuer / Supprimer* (les contrôles se toucheront)

- *Espacement vertical*
  - Mêmes choix que pour horizontal
- *Centrer sur la feuille*
  - *Horizontalement / Verticalement*
- *Réorganiser les boutons*
  - *En bas / A droite*

Les propriétés **Font**, **BackColor**, **BackStyle** et **ForeColor** règlent la présentation soit de la **Caption**, soit de la donnée entrée. **BackStyle** permet de rendre le fond du contrôle opaque ou transparent. **MousePointer** et **MouseIcon** (laisser *Aucun*) règlent la présentation du curseur souris. Elles ne sont pas vitales.

Les suivantes règlent le passage d'un contrôle à un autre par la touche tabulation ⇥ : **TabStop** doit être à **True** pour qu'on puisse arriver au contrôle par tabulation. La valeur de **TabIndex** fixe l'ordre ; ⇥ fait aller au contrôle qui a la valeur immédiatement supérieure. Il vaut mieux que l'ordre soit le plus logique possible, mais l'utilisateur peut toujours aller au contrôle qu'il veut en cliquant.

ControlTipText est un texte qui apparaîtra à l'exécution dès que le curseur souris sera sur le contrôle : un bon moyen de donner des indications à l'utilisateur.

Tag est une propriété curieuse : c'est une chaîne de caractères qui n'a aucun effet sur le comportement du contrôle, mais elle offre le moyen de stocker "gratuitement" une information. Nous en faisons personnellement beaucoup usage : imaginez qu'on mette dans les Tags d'une série de TextBox (es) les coordonnées des cellules où doivent aller les informations saisies (exemple : "Feuil1!D5") ; la prise en compte des données (dans la routine de clic du bouton ▐ OK ▐) s'écrira (supposant Dim ct As Control) :

```
For Each ct In Controls
    If Left(ct.Name,7)="TextBox" Then Range(ct.Tag).Value=ct.Text
Next
```

Nous arrivons maintenant à deux propriétés vitales. **Visible** est **True** lorsque le contrôle est visible ; **Enabled** est **True** lorsque le contrôle est actif : un bouton inactif est insensible au clic ; si un TextBox est inactif, l'utilisateur ne peut pas y taper de données, mais il peut toujours servir de zone de sortie d'une valeur qui y sera mise par programme. On peut rendre un bouton ou un contrôle inactif par programme lorsque la situation est telle que le clic sur ce bouton n'a pas de sens pour le moment, ou lorsqu'il ne faut pas changer la valeur présente. Rendre des contrôles invisibles est un moyen de faire évoluer l'aspect de la BDi en fonction des circonstances. Une section y est consacrée au chapitre 8.

Voici un point fondamental : si un contrôle a Visible=False, il faut qu'il ait aussi Enabled=False : il serait catastrophique qu'un clic sur un emplacement que l'utilisateur voit vide crée un effet !

Propriétés de la BDi

Si vous cliquez sur la BDi hors de tout contrôle, ce sont les propriétés de la BDi qui apparaissent dans la fenêtre *Propriétés*.

Name joue le même rôle que pour un contrôle. Le système attribue UserForm<n°>. Vous pouvez changer ce nom pour un plus parlant, par exemple UF_DonnéesClient et UF_DonnéesFournisseur qui seront plus faciles à distinguer que UserForm1 et UserForm2. Ce nom est à utiliser comme préfixe pour accéder aux contrôles depuis un module (il faut que la BDi soit chargée en mémoire – voir section suivante), mais ceci est inutile pour les routines événements des contrôles qui sont dans le module associé à l'UserForm : l'objet principal est alors sous-entendu ou représenté par Me.

BDI FORMULAIRES : CONSTRUCTION

Caption est le titre qui apparaît dans la barre de titre. Il peut être modifié par programme, par exemple on peut entrer alternativement "Nouveau client" et "Modifier client" tout en utilisant la même BDi UF_DonnéesClient. Lorsqu'on demande le listing imprimé du projet, la barre de titre n'apparaît pas. Nous suggérons d'implanter un label qui répète le titre, mais ait **Visible=False** : il sera invisible à l'exécution, mais sera visible au listing.

Nous n'insistons pas sur les propriétés de placement et dimensions qui peuvent être modifiées par programme pour faire une BDi d'aspect variable, ni sur la présentation **Font**, bordures, couleurs. Éventuellement, la taille donnée à la BDi peut être plus petite que ce qu'impliquent les contrôles implantés. Il faut alors des barres de défilement régies par les propriétés à valeurs évidentes **ScrollBars, KeepScrollBarsVisible, ScrollHeight, ScrollWidth, ScrollTop** et **ScrollLeft**.

ShowModal doit être laissée à True (pour obliger l'utilisateur à répondre et valider).

Dans tout le module associé à la BDi, celle-ci peut se désigner par **Me**.

Implanter une routine de traitement

- Éventuellement ⊞F7 pour faire apparaître la fenêtre de module.
- Choisissez le contrôle ou *UserForm* dans la liste déroulante en haut à gauche
- Choisissez l'événement dans la liste déroulante à droite. **Sub** et **End Sub** apparaissent et vous n'avez plus qu'à taper vos instructions.

FORMULAIRES : UTILISATION

Il y a quatre phases dans l'utilisation d'une BDi (en plus de la phase de création) :
- 1) Faire apparaître la BDi : instruction dans un module normal ("module appelant").
- 2) L'utilisateur entre des données, il se produit des événements : les routines de traitement de ces événements sont dans le module associé à la BDi.
- 3) Le dernier de ces événements doit être le clic sur un bouton de validation. La routine correspondante effectue des vérifications ; et se termine en quittant la BDi.
- 4) Revenu dans le module appelant, on exploite les données.

Il peut même y avoir 6 phases, selon la manière d'effectuer (1) et (3).

(1) peut être décomposée soit par une seule instruction `UserForm1.Show`, soit par la séquence (si le nom de BDi est UserForm1) :
`[Load UserForm1]` (1a) charge la BDi, et produit l'événement *UserForm_ Initialize*
`UserForm1.Show` (1b) rend la BDi visible et produit l'événement `UserForm_Activate`

Selon la façon dont (3) a été effectuée, si la BDi était restée en mémoire, il n'y a que l'événement `Activate`, si la BDi n'était plus/pas en mémoire, la méthode `Show` implique un `Load` et l'événement `Initialize` se produit (avant `Activate`). Maintenant, (3) peut se faire (instructions terminant la routine de clic du bouton OK) soit par `Unload Me`, soit par `Me.Hide`. Rappelons que `Me` désigne l'*UserForm*. `Unload` fait disparaître de la mémoire les données de la BDi, tandis que `Hide` les conserve. Si vous appelez/quittez la BDi par couple `Load-Show/Unload`, la BDi sera vide à chaque apparition. Si vous utilisez le couple `Show/Hide`, à sa réapparition les contrôles auront les valeurs de l'apparition précédente à moins que la routine d'`Activate` ne les vide.

Hypothèse LoadShowUnload	Hypothèse ShowHide
1a) Load UserForm1--->Initialize, Données initialisables par UserForm1.Contrôle.Propriété=…	1) UserForm1.Show--->Activate (précédé de Initialize), La BDi apparaît
1b) UserForm1.Show-->Activate La BDi apparaît	Les initialisations ne peuvent être que dans la routine d'Activate
2) Entrée de données - traitements	2) Entrée de données - traitements
3) Unload Me---> Déactivate, la BDi disparaît	3a) Me.Hide---> Deactivate, la BDi disparaît
Les données ne sont plus accessibles	Les données sont accessibles, désignables par UserForm1.Contrôle.Propriété
4) Exploitation des données à condition qu'elles aient été transmises dans des variables publiques pendant 2).	3b) Unload UserForm1 facultatif
	4) Exploitation des données (transmises s'il y a eu Unload directes sinon)

En grisé : instructions dans le module associé à la BDi. Sur fond blanc, instructions dans le module appelant.

En résumé, on peut faire apparaître la BDi avec le seul recours à Show puisqu'il fera un `Load` s'il en est besoin. Inversement, un `Load` effectué alors que la BDi est en mémoire sera inopérant et l'événement `Initialize` ne se produira pas. Pour faire disparaître la BDi, on a le choix entre `Hide` (qui peut conserver les données jusqu'à la prochaine apparition de la BDi) et `Unload` (qui « perd » les données dès la disparition de la BDi).

Le seul événement qui est certain d'avoir lieu avec l'apparition de la BDi est `Activate`. C'est donc dans sa routine *UserForm_Activate* qu'il faut implanter les initialisations voulues. Souvent les programmeurs fournissent une routine *UserForm_Initialize* avec la seule instruction `UserForm_Activate`. C'est un excès de prudence : dans le cas où l'événement `Initialize` se produit (à la 1re apparition avec le couple `Show/Hide`, toujours avec le couple `Show/Unload`), les opérations d'initialisation sont faites deux fois.

Boutons de validation

Toute BDi doit avoir au moins un bouton dont la routine de clic se termine par une instruction qui fait disparaître la BDi (`Unload` ou `Hide`). Ce bouton est appelé bouton de validation. En son absence, il n'y a que le bouton Quitter à droite de la barre de titre, mais c'est peu ergonomique. Comme son nom "bouton de validation" l'indique, la routine doit contenir aussi les dernières instructions de prise en compte des données entrées et, éventuellement des tests de validité des données entrées.

De fait, il peut y avoir aussi un bouton d'annulation qui permet d'abandonner la BDi sans utiliser les données. Il peut d'ailleurs y avoir des boutons de validation partielle en fonction des premières données entrées. Prenons l'exemple d'une BDi pour modifier des données dans une BD, disons des clients. On aura une TextBox pour entrer le nom du client. Il y aura un bouton Chercher pour chercher l'enregistrement du client ; une fois un tel enregistrement trouvé, on affiche les autres données. Il faut un bouton Correct pour signaler que le client convient. En effet, il peut y avoir plusieurs clients du même nom, donc si ce n'est pas celui qu'il faut, l'utilisateur clique à nouveau sur Chercher . Les boutons de validation seront inactivés à l'initialisation et c'est la routine de clic du bouton Correct qui les activera.

Dans un tel exemple, on peut envisager deux boutons de validation : OK et OK Dernier en plus du bouton Annuler . On emploie deux booléens publics pour pouvoir à volonté traiter plusieurs clients. Dans le module appelant, on a :

```
Dernier=False
While Not Dernier
    UF_Client.Show
    If Satisf Then … ' Exploiter les données
Wend
```

Dans le clic de OK , on a `Satisf=True` , dans OK Dernier , on a en plus `Dernier=True` et dans Annuler , on a `Satisf=False` . Toutes ces instructions sont suivies de `Unload Me`.

Les boutons de validation ont deux propriétés booléennes **Default** et **Cancel**. Lorsque `Default` est `True`, le bouton est le bouton par défaut (il ne peut y en avoir qu'un dans ce cas) : taper Entrée revient à cliquer sur le bouton par défaut et valide la BDi. Lorsque `Cancel` est `True` (il ne peut y avoir qu'un bouton dans ce cas), taper sur Echap revient à cliquer sur le bouton Annuler . Un bouton peut avoir les deux propriétés vraies, ce qui fait que l'annulation a un maximum de chances d'avoir lieu ; cela peut être utile pour une BDi qui demande la confirmation d'une opération dangereuse ou irréversible comme une suppression.

Le texte qui apparaît dans le bouton est sa propriété **Caption**. Ce texte doit être bref mais précis pour que l'utilisateur prévoie bien l'action avant de cliquer. Vous pouvez utiliser `ControlTipText` pour donner un complément d'information. La `Caption` peut être modifiée par programme, si le rôle du bouton évolue. Vous pouvez mettre une image sur le bouton en cliquant sur sa propriété `Picture` dans la fenêtre *Propriétés*. Un clic sur le bouton ... qui apparaît, donne une BDi pour choisir le fichier image.

Que mettre dans la routine d'initialisation ?

La routine *UserForm_Activate* va contenir des initialisations de contrôles : choix de la `Caption` de la BDi, vidage ou mise à leurs valeurs initiales des contrôles données, initialisation des listes des ListBox et des ComboBox (indispensable : ces listes ne peuvent être initialisées dans la fenêtre de propriétés à la création), mise dans l'état de départ voulu des propriétés Enabled de certains contrôles et boutons.

CONTRÔLES TEXTE : LABEL, TEXTBOX, COMBOBOX...

Label

Les Labels peuvent fournir des messages à l'utilisateur. On peut changer le message en fonction des circonstances en donnant une valeur à la **Caption**. Par ailleurs, on peut avoir préparé deux labels différents au même endroit et on échange leur visibilité.

Le texte peut être long : vous donnez au label la forme d'un rectangle et le texte occupera plusieurs lignes si la propriété **WordWrap** est `True`, alors que si elle est `False`, le texte défilera sur une seule ligne quelle que soit la hauteur du rectangle. On force un aller à la ligne par Maj+Entrée. Nous n'insistons pas sur les propriétés de présentation, police etc., d'ailleurs communes à tous les contrôles texte. Citons **TextAlign**.

TextBox

Ce contrôle permet d'entrer une donnée : la propriété **Text** (ou **Value**) est la chaîne de caractères présente dans le contrôle. Si l'on veut un nombre ou une date etc., il faut convertir la chaîne. Par ailleurs, vous pouvez avoir intérêt à changer le nom `TextBox<n°>` en quelque-chose de plus parlant, exemple : `tbNomClient`. Grâce aux couleurs de fond, l'aspect est très différent d'un label, mais ceci est trompeur : vous pouvez parfaitement créer un label à fond blanc ou un TextBox à fond gris. Vous pouvez même avoir un fond blanc pour toute l'UserForm. Enfin, si `Enabled` est fausse, on ne peut entrer de données et le comportement devient très voisin du label. Bien sûr, ce n'est pas le but de ce contrôle : on peut le désactiver dans certaines circonstances, si la donnée correspondante ne doit pas être changée ou n'a pas de signification pour le moment. `MaxLength` limite la longueur de la réponse (défaut 0 = pas de limite). Pour des textes très longs, donnez la forme d'un rectangle et mettre à `True` les propriétés **MultiLine** et **WordWrap**. Vous pouvez même mettre en œuvre des barres de défilement. On force un saut de ligne par Maj+Entrée.

Evénements

Les deux événements importants sont *Change* (déclenché dès qu'un caractère est modifié) et *Exit* (on quitte le contrôle par tabulation ou clic sur un autre contrôle). On peut aussi utiliser les événements *Key* (notamment KeyPress) et *Enter* (on arrive sur le contrôle). `Change` ne peut servir pour déceler la fin de la frappe d'une donné, en particulier pour faire une correction automatique (`TextBox1.Text=UCase(TextBox1.Text)` pour convertir en majuscule) ce serait une erreur d'utiliser `Change` car l'événement serait redéclenché.

Le mieux est d'utiliser **Exit** : la routine peut contenir des vérifications de validité ; on peut d'ailleurs mettre l'argument `Cancel` à `True` pour forcer à rester sur le contrôle tant que la donnée n'est pas valide. Elle peut contenir des instructions de correction automatique ou des instructions d'interaction avec d'autres contrôles activer ou désactiver certains boutons selon la donnée entrée, définir les données proposées au choix dans une ListBox ou ComboBox, proposer un début de valeur par défaut dans une autre zone d'entrée.

La routine suivante vérifie que la donnée est numérique sinon refuse de quitter, si oui active le bouton ‹ Chercher › et désactive ‹ OK › :

```
Private Sub TextBox1_Exit(ByVal Cancel As MSForms.ReturnBoolean)
   If IsNumeric(TextBox1.Text) Then
     B_Chercher.Enabled = True
     B_OK.Enabled = False
   Else
     Cancel = True
   End If
End Sub
```

(Bien que l'argument `Cancel` soit `ByVal`, la routine peut le modifier et il y a répercussion vers l'appelant - un événement et non un programme VBA : c'est une gestion spéciale).

CONTRÔLES TEXTE : LABEL, TEXTBOX, COMBOBOX...

L'événement *KeyPress* peut déceler un appui de la touche Entrée qu'on peut adopter comme indicateur de fin. Mais ce a suppose qu'on n'a pas donné un rôle de validation générale à cette touche en mettant à `True` la propriété `Default` d'un bouton. L'événement *Enter* peut être mis à profit pour installer dans le contrôle une valeur par défaut dépendant des valeurs déjà mises dans d'autres contrôles.

ListBox

La ListBox présente un certain nombre de textes à choisir : donc la propriété `Text` ne pourra avoir qu'une valeur parmi les propositions. Si les dimensions sont insuffisantes pour que toute la liste soit visible, des barres de défilement apparaissent automatiquement (alors qu'il faut agir sur la propriété `ScrollBars` pour un TextBox). Nous ne consicérons ici que le cas d'une seule colonne. La propriété `MultiSelect` permet d'autoriser les sélections multiples. `ListStyle` permet d'associer un bouton radio (sélection unique) ou une case à cocher (multi-sélections) à chaque ligne.

En mono-sélection, `Text` (ou `Value`) est le texte choisi, `ListIndex` son numéro (de 0 à `ListCount`-1). En multi-sélection, `Text` est vide, `ListIndex` est le numéro du dernier choisi, `Selected` est un tableau de booléens disant si un élément est choisi ou non. Voici comment remplir une ListBox et l'exploiter en s'adaptant au cas mono ou multi sélection :

```
Private Sub ListBox1_Enter()
  ListBox1.Clear
  ListBox1.AddItem "..."
  ListBox1.AddItem "..."   ' et ainsi de suite …
End Sub
Private Sub ListBox1_Exit(ByVal Cancel As MSForms.ReturnBoolean)
  Dim t As String, i As Integer
  If ListBox1.Text = "" Then
    t = ""
    For i = 0 To ListBox1.ListCount - 1
      If ListBox1.Selected(i) Then t = t + ListBox1.List(i)
    Next i
  End If
  MsgBox ListBox1.Text + CStr(ListBox1.ListIndex) + t
End Sub
```

ComboBox

La Combobox est plus utilisée. C'est la combinaison d'une ListBox et d'une TextBox puisqu'on peut fabriquer le contenu (`Text` ou `Value`) soit en tapant une chaîne soit en choisissant dans la liste déroulante. On peut limiter au choix dans la liste en mettant à `True` la propriété `MatchRequired` (dans ce cas, on ne peut pas non plus laisser la réponse vide).

Il n'y a pas de multi-sélection possible. **ListIndex** est toujours le numéro d'élément choisi de 0 à `ListCount`-1 ; il vaut -1 si on a tapé une donnée sans choisir dans la liste. Si on tape un élément de la liste, il est reconnu et `ListIndex` a pour valeur son numéro. Si on tape les 1res lettres d'un élément, la liste déroule jusqu'à lui et le présélectionne. On remplit la liste comme pour ListBox par `Clear` puis des `AddItem`. Ci-dessous, si on tape une valeur hors liste, elle est ajoutée en fin de liste :

```
Private Sub ComboBox1_Exit(ByVal Cancel As MSForms.ReturnBoolean)
  If ComboBox1.ListIndex = -1 Then ComboBox1.AddItem ComboBox1.Text
End Sub
```

Les versions les plus récentes d'Excel semblent favoriser `Value` si on veut imposer une valeur par programme.

Frame

Une fois le rectangle du Frame tracé sur la BDi, et fourni la `Caption` qui est le titre, vous devez implanter les contrôles voulus sur la surface. Vous pouvez implanter une image de fond : il faudra régler le `BackStyle` des contrôles à transparent. L'intérêt principal est que des OptionButtons implantés dans le même Frame forment un groupe dont seul un peut être sélectionné. Le titre du Frame formera le nom du groupe (exemple : *Situation de famille*).

Un autre effet du Frame peut être de subdiviser la BDi en différents centres d'intérêt. La subdivision sera d'autant mieux marquée que vous aurez spécifié une bordure par `BorderStyle`. Vous pouvez implanter plus de contrôles que les dimensions du cadre semblent le permettre grâce à des barres de défilement : propriétés `ScrollBars`, `ScrollHeight`, `ScrollWidth`, `ScrollLeft` et `ScrollTop`.

Les contrôles placés sur un Frame peuvent (et doivent) être désignés par leur nom sans préfixer par le nom du Frame.

CheckBox

C'est une case à cocher. Chaque case est indépendante des autres et plusieurs cases peuvent être cochées sans problème. La `Caption` est le texte d'accompagnement placé à côté de la case pour définir son rôle. La propriété `Alignment` décide si ce texte sera à gauche ou à droite de la case, tandis que `TextAlign` décide si ce texte sera à gauche, centré ou à droite dans le rectangle qu'on a attribué au contrôle.

La propriété **`TripleState`** vraie permet d'avoir un 3ie état "grisé" ou "coché en gris". La propriété importante est **`Value`** qui représente l'état de la case : `True` (cochée), `False` (non cochée) et `Null` (grisée si `TripleState` est `True`).

Pour exploiter la valeur, l'événement utile est soit *Exit*, soit *Click* : l'état obtenu sera celui qui résulte du clic. L'état peut servir de donnée ou alors de booléen pour orienter les traitements. On écrira quelque chose comme `If CheckBox1.Value Then` ...

OptionButton

C'est un bouton radio. Il ne s'envisage en principe pas isolé, auquel cas il ne se distinguerait pas de CheckBox. Seuls, les boutons radio isolés peuvent avoir le 3e état. Parmi les boutons radio d'un même groupe, seul un peut être coché : le clic qui coche un des boutons radio décoche en même temps les autres. La propriété `Alignment` décide si ce texte sera à gauche ou à droite de la case, tandis que `TextAlign` décide si ce texte sera à gauche, centré ou à droite dans le rectangle qu'on a attribué au contrôle.

Pour former un groupe, soit implanter les boutons radio dans un même Frame, soit attribuer la même valeur à leur propriété `GroupName`. Dans cette dernière solution, il est probable qu'il faut ajouter un label indiquant le nom du groupement, alors que dans l'autre solution, le nom du Frame en tient lieu.

L'état est représenté par la `Value` (`True` ⊙, `False` O ou `Null` grisé). La valeur `Null` ne peut se donner qu'à la création ou par programme et à condition que `TripleState` soit `Vrai` et le bouton isolé. Les événements les plus utiles sont *Exit* et *Click*.

ToggleButton

C'est un bouton qui s'enfonce ou ressort quand on clique dessus. La `Caption` est le texte en façade. A part l'aspect graphique très différent, les propriétés et le fonctionnement sont les mêmes que ceux d'une CheckBox.

| ToggleButton1 | Vrai | ToggleButton1 | Faux | ToggleButton1 | Null |

Lorsque `TripleState` est `True`, on passe par les trois états par clics successifs. Les états sont représentés par `Value` (`Null` ne peut s'obtenir que par …`Value=`…) :

ScrollBar

C'est une barre de défilement formée d'un curseur qui défile entre deux extrémités où se trouvent des flèches. On déplace le curseur :

- par clic sur une des flèches ; la valeur varie de ±`SmallChange`
- par clic entre le curseur et une flèche ; la valeur varie de ±`LargeChange`
- par glissement du curseur à la souris.

La valeur représente proportionnellement a position du curseur ; elle forme la propriété **Value** et elle est comprise entre les propriétés **Min** et **Max**. La barre est verticale ou horizontale selon la forme du rectangle à la création ou la propriété `Orientation`.

Le contrôle doit être accompagné de deux Labels ou TextBoxes pour fournir une description et afficher en permanence la valeur actue le. Pour mettre à jour ce dernier, on utilise l'événement *Change* qui est déclenché dès que la valeur varie. On écrira par exemple :

```
Private Sub ScrollBar1_Change()
   Label3.Caption = CStr(ScrollBar1.Value)
End Sub
```

Il y a aussi **Scroll** déclenché au glissement. Pour exploiter la valeur finale atteinte, on peut faire appel à l'événement *Exit*.

SpinButton

C'est un couple de deux flèches disposées horizontalement ou verticalement selon le rectangle défini à la création ou la propriété `Orientation`. Un clic sur la flèche vers le haut ou vers la droite augmente la valeur de SmallChange ; un clic sur la flèche vers le bas ou vers la gauche la diminue.

La valeur est entière, contenue dans la propriété `Value` et comprise entre les propriétés **Min** et **Max**.

Le contrôle doit être accompagné de deux Labels ou TextBoxes pour fournir une description et afficher en permanence la valeur actuelle. Pour mettre à jour ce dern.er, on utilise l'événement *Change* qui est déclenché dès que la valeur varie. On peut utiliser aussi *SpinUp* et *SpinDown* mais il faut fournir deux routines. Pour exploiter la valeur finale atteinte, on peut faire appel à l'événement *Exit*. Voici ce qu'on pourrait écrire :

```
Private Sub SpinButton1_Change()
 Label5.Caption = CStr(SpinButton1.Value)
End Sub
Private Sub SpinButton1_Exit(ByVal Cancel As MSForms.ReturnBoolean)
   MsgBox "Valeur finale " + CStr(SpinButton1.Value)
End Sub
```

MultiPage

Ce contrôle permet d'implanter une liasse de pages, chacune étant signalée par un onglet. L'intérêt est que la gestion est entièrement automatique. Il suffit d'implanter les contrôles voulus sur la page souhaitée : l'utilisateur n'aura qu'à cliquer sur la page correspondante pour accéder aux contrôles voulus. Il n y a pas à préfixer les désignations de ces contrôles ni du nom du MultiPage, ni du nom de la page. Plus de détails sur les MultiPage au chapitre 8.

Contrôles liés

Pour les contrôles d'entrée de données, on peut associer une cellule ou une plage en spécifiant la chaîne par exemple "A4" comme valeur de la propriété `ControlSource` : il y aura alors mise à jour automatique dans les deux sens. Le contrôle reflètera le contenu de la cellule dès l'apparition de la BDi et, dès que la valeur du contrôle sera modifiée, la cellule sera modifiée en conséquence. Nous conseillons plutôt de ne pas utiliser cela et de gérer l'association par instructions explicites.

ListBox et ComboBox ont aussi une propriété `RowSource` qui spécifie une plage. La liste est remplie avec les valeurs de la plage spécifiée, ce qui évite une batterie d'instructions Additem.

Manipulation fine des données

7

Portée des déclarations

Durée de vie des variables

Partage de fonctions entre feuilles de calcul et VBA

Gestion des dates

Types de données définis par le programmeur

Variants et tableaux dynamiques

Instructions de gestion de fichiers

Programmes multi-classeurs

PORTÉE DES DÉCLARATIONS

La portée d'une déclaration désigne le domaine dans lequel l'élément déclaré est connu et accessible – on dit "visible". Pour une variable ou une constante, il y a quatre niveaux possibles :

- La donnée est visible (et n'est visible que) dans une certaine procédure/fonction : on dit qu'elle est **locale** à cette procédure/fonction (1).
- La donnée est visible dans tout le module où elle est définie. On dit qu'elle est **globale** au niveau module (2).
- Une donnée globale à un module peut n'être accessible que dans ce module – elle est alors **privée** ou être accessible depuis d'autres modules du même projet – elle est alors **publique** (3).
- La question de pouvoir accéder à une donnée publique depuis un autre classeur sera vue dans la dernière section de ce chapitre (4).

Pour une procédure ou une fonction, seuls les niveaux 2, 3 et 4 sont en jeu : depuis une procédure/fonction, on peut toujours sans rien faire de spécial appeler les autres procédures/ fonctions du même module. Pour appeler une routine d'un autre module, il faut que la routine appelée soit publique.

DÉCLARATIONS

1) Pour rendre **locale** une donnée, il faut et il suffit que sa déclaration (Dim ou Const) soit dans la procédure/fonction concernée. Les arguments d'une routine sont déclarés (ils reçoivent leurs types) dans l'en-tête de la routine ; ils sont donc locaux bien que nommables dans la routine appelante, mais il est vrai que c'est dans la liste d'appel, donc déjà un peu dans la routine appelée.

2) Bien que ce soit très déconseillé, on peut déclarer dans une routine une variable/constante de même nom qu'une donnée globale : cela forme une nouvelle variable locale à la routine et, dans celle-ci, c'est la donnée locale qui est accessible.

3) Pour rendre une donnée globale au niveau module, il faut et il suffit que sa déclaration (Dim ou Const) soit placée en tête de module avant toute procédure ou fonction.

4) La question public/privé ne se pose que dans un projet multi-modules. Il peut y avoir plusieurs modules normaux Module<n>, mais en principe, on les regroupe en un seul. Les vraies raisons d'avoir plusieurs modules dans le projet sont la présence de procédures d'événements de classeur dans les modules associés aux Excel Objects et la présence de BDi construites par le programmeur : elles ont des modules associés.

Pour déclarer une donnée publique ou privée, on utilise les mots-clés **Public** ou **Private**. Ces mots-clés remplacent Dim et s'ajoutent à Const, Sub et Function :

```
Public DX As Double
Public Const Chem = "C:\Excel\"
Public Function Ouvert(NN As String) As Boolean
Private Sub Workbook_Open()
```

Maintenant, une variable ou une constante est privée par défaut donc Public est indispensable si on veut la rendre publique. Pour une procédure ou fonction dans un module ordinaire, c'est public qui est le défaut ; dans un module de feuille, classeur ou BDi, c'est privé qui est le défaut : les routines d'événements sont déclenchées par l'événement, pas par un appel venant de l'extérieur du module. Maintenant, vous avez remarqué que VBA met automatiquement Private.

Notre conseil est que vous utilisiez Public et Private même si c'est l'état par défaut : cela améliore la lisibilité et insiste bien sur l'état que vous souhaitez pour l'élément.

Enfin, Option Private Module placée en tête d'un module rend privées toutes les données de ce module.

DURÉE DE VIE DES VARIABLES

La durée de vie d'une variable est l'intervalle de temps pendant lequel la variable est accessible et conserve sa valeur. Cette durée n'est autre que le temps pendant lequel une certaine adresse mémoire reste attribuée à la variable. Dans les langages modernes, et VBA en fait partie, or essaie d'économiser la mémoire le plus possible donc on essaie de libérer les adresses dès que c'est possible.

Pour les variables locales à une procédure/fonction, cette durée est brève : en effet, on attribue des adresses aux variables locales seulement lorsque la routine est lancée et on libère les adresses dès la fin d'exécution de la routine, donc lors du End ou de l'Exit.

Hors de ce temps, la variable n'existe même pas : elle ne saurait donc conserver une valeur et, par suite, lorsqu'on rappelle la procédure/fonction, la variable n'a aucune chance d'avoir la dernière valeur qu'elle avait à la fin de l'exécution précédente, pour la bonne raison qu'elle n'a probablement pas la même adresse.

Les variables globales à un module, elles, existent et gardent leurs valeurs tant que le module existe, donc tant que le classeur est chargé.

STATIC

Pour qu'une variable garde la même valeur d'un appel à l'autre d'une procédure/fonction, il y a deux solutions :
– Utiliser une variable globale.
– Si vous tenez à ce que la variable soit locale (par exemple pour réutiliser un nom), vous pouvez utiliser la déclaration Static (à la place de Dim) :

```
Static Nombre As Integer, Mat(10, 10) As Double
```

Cette déclaration doit être en tête de la routine (conseil que nous donnons pour toutes les déclarations). Une procédure/fonction peut être déclarée Static : elle reste en mémoire , ainsi que toutes ses variables locales (sans avoir besoin de Static) restent en mémoire tant que le module existe :

```
Static Sub Traitement()
```

LES DONNEES DE BDI

Les données (propriétés des contrôles) d'une BDi font l'objet d'un problème assez voisin. Les propriétés des contrôles d'une BDi sont accessibles et gardent leur valeur entre les moments où on exécute Load et Unload. Si on ferme la BDi par la méthode Hide, les dernières valeurs prises par les propriétés se retrouveront lors du prochain Show. Si on la ferme par Unload, les valeurs sont perdues : toutes les adresses mémoire sont libérées et, lors du prochain Show (qui entraîne implicitement un Load préalable), des adresses probablement différentes seront attribuées.

PARTAGE DE FONCTIONS ENTRE FEUILLES ET VBA

UTILISATION SOUS EXCEL DE FONCTIONS ECRITES EN VBA

Une fonction que vous écrivez dans un module normal peut s'utiliser sans problème dans toute expression arithmétique que vous implantez dans une cellule sous Excel. Le seul problème potentiel est que la feuille Excel constitue un module différent, mais comme les fonctions sont publiques par défaut, le problème n'en est pas un : si vous voulez clarifier parfaitement la situation, déclarez votre fonction `Public`.

A ce moment, pour implanter votre fonction, cliquez sur le bouton fx ; choisissez la catégorie *Personnalisées* ; vous devriez voir votre fonction dans la liste.

La question qui reste est : quelle raison a-t'on de développer ses propres fonctions compte tenu de l'extraordinaire richesse des fonctions déjà disponibles ? On pourrait même penser à l'inverse : exploiter sous VBA des fonctions de feuille d'Excel : c'est l'objet du point suivant. En tous cas, on peut toujours avoir besoin d'adapter un détail exactement à son cas et donc d'écrire ses propres fonctions.

Vous pourriez penser à utiliser la fonction factorielle donnée en exemple page 66, mais c'est raté ! Excel en a une version disponible.

UTILISATION SOUS VBA DES FONCTIONS DE FEUILLES EXCEL

Pas la peine de réinventer la roue ! Inutile de programmer une fonction si elle est disponible dans les feuilles Excel : vous pouvez l'appeler dans vos expressions arithmétiques VBA. Toutes les fonctions de feuilles Excel sont disponibles sous forme de sous-objets de l'objet `WorksheetFunction`.

Il y a deux éléments qui requièrent l'attention :

1) Il faut employer le nom anglais de la fonction ; il y a plusieurs manières de le trouver :
   – au moment de taper votre expression, dès que vous avez tapé le point après `WorksheetFunction`, la liste des fonctions possibles apparaît
   – vous pouvez afficher la classe *WorksheetFunction* dans l'Explorateur d'objets : les membres sont les fonctions à appeler
   – dans une cellule de feuille Excel (disons A1), vous tapez une expression qui contient la fonction voulue (en français) ; ensuite sous VBA, vous affichez la fenêtre *Exécution* dans laquelle vous tapez `? Range("A1").Formula` : la formule s'affiche avec le nom anglais de la fonction.
   – Livré avec Excel, il y a un classeur LISTVBA.XLS ou VBALIST.XLS qui donne la correspondance.

2) Les arguments doivent être présentés "à la VBA : une zone doit être sous la forme Range(...) ; par exemple si dans une cellule vous auriez =SOMME(D2:D10), vous aurez dans votre expression : `WorksheetFunction.Sum(Range("D2:D10"))`.

Les fonctions les plus susceptibles de servir sont les fonctions statistiques sur bases de données comme `DSum`, `DCount` etc., et les fonctions conditionnelles comme `SumIf`, `CountIf` etc., des écarts-type `StDev` ou des éléments statistiques comme `SumProduct` ou encore des recherches comme `Match` ou `Vlookup` etc.

Dans les versions précédentes on avait aussi besoin des fonctions financières d'Excel, mais des fonctions financières ont maintenant été introduites dans VBA.

PARTAGE DE FONCTIONS ENTRE FEUILLES ET VBA

REMARQUES SUR QUELQUES FONCTIONS VBA

Les listes sont en annexe. Ici, nous nous bornons à quelques indications.

Fonctions mathématiques

`Rnd`

renvoie un nombre aléatoire de type Single. Il y a un argument facultatif N qui régit les résultats lors d'appels successifs. Le résultat a une valeur inférieure à 1 mais supérieure ou égale à zéro. Quelle que soit la valeur initiale indiquée, la même série de nombres aléatoires est générée à chaque appel de la fonction `Rnd`, car cette dernière réutilise le nombre aléatoire précédent comme valeur initiale pour le calcul du nombre suivant.

Argument N	Résultat généré par la fonction Rnd
Inférieur à zéro	Même nombre à chaque fois, en utilisant l'argument N comme valeur initiale.
Supérieur à zéro	Nombre aléatoire suivant dans la série.
Égal à zéro	Dernier nombre aléatoire généré.
Omis	Nombre aléatoire suivant dans la série.

Avant d'appeler `Rnd`, utilisez l'instruction `Randomize` sans argument pour initialiser le générateur de nombres aléatoires à partir d'une valeur initiale tirée de l'horloge système.

Pour générer des entiers aléatoires compris entre a et b, utilisez la formule ci-dessous :
`Int((b - a + 1) * Rnd + a)`

Pour obtenir plusieurs fois les mêmes series de nombres aléatoires, appelez `Rnd` avec un argument négatif juste avant d'utiliser `Randomize` avec un argument numérique. L'utilisation de `Randomize` en répétant pour l'argument N la valeur précédente ne permet pas de reproduire une série de nombres.

`Int` et `Fix`

renvoient la partie entière de leur argument. La différence est que pour un argument négatif (ex. -4.5), `Int` renvoie l'entier immédiatement inférieur ou égal (-5), alors que `Fix` et `CInt` renvoient l'entier immédiatement supérieur ou égal (-4).

Fonctions d'information

`Error`

Message d'erreur correspondant au numéro en argument.

`IsArray`

Indique si l'argument est un tableau.

`IsDate`

Indique si l'argument est une date.

`IsEmpty`

Indique si l'argument a été initialisé.

`IsError`

Indique si l'argument est une valeur d'erreur.

`IsMissing`

Indique si un argument facultatif d'une routine est absent.

`IsNull`

Indique si l'argument est une donnée non valide.

`IsNumeric`

Indique si l'argument est numérique (peut être converti en nombre).

`IsObject`
Indique si l'argument est un objet.

`TypeName`
Renvoie le type de l'argument.

`VarType`
Renvoie le sous-type de l'argument.

Fonctions d'interaction

R = Shell(<désign. fich.> [,<état fenêtre>])
fait exécuter le fichier exécutable dont on donne la désignation ; <état fenêtre> agit suivant:

Constante symbolique	Valeur	Effet
vbHide	0	La fenêtre est masquée et activée.
vbNormalFocus	1	La fenêtre est activée et rétablie à sa taille et à sa position d'origine.
vbMinimizedFocus	2	La fenêtre est affichée sous forme d'icône et activée.
vbMaximizedFocus	3	La fenêtre est agrandie et activée.
vbNormalNoFocus	4	La fenêtre est rétablie à sa taille et à sa position les plus récentes. La fenêtre active reste active.
vbMinimizedNoFocus	6	La fenêtre est affichée sous forme d'icône. La fenêtre active reste active.

Ex. : `R = Shell ("C:\WINDOWS\CALC.EXE", 1)` appelle la calculatrice.

Evaluate(<chaîne>)
transforme une chaîne en objet. Ainsi, si dans la cellule active, on a les coordonnées d'une plage (ex. A12:A20), pour avoir la somme de la plage, on écrit :
`WorksheetFunction.Sum(Evaluate(ActiveCell.Value)).`

GESTION DES DATES

REPRÉSENTATION INTERNE DES DATES

Une date-heure est stockée sous forme d'un nombre réel dont la partie entière représente la date (nombre de jours écoulés depuis le 1er janvier 1900 – on est actuellement dans les 38000) et la partie fractionnaire représente l'heure (xxx,00 est 0 heure, xxx,5 est le même jour à midi etc.). Ce nombre s'appelle « numéro de série ».

METTRE UNE DATE DANS UNE CELLULE

On manipule souvent les dates sous forme de chaînes de caractères. Avec les variables *dDatact* et *cDatact* censées représenter la date actuelle respectivement en date et en chaîne de caractères, et sachant que la fonction Date donne la date actuelle système, on écrira :

```
Dim dDatact As Date, cDatact As String
dDatact=Date
cDatact= CStr(dDatact)
```

et on pourrait écrire dDatact=CDate(cDatact)

Pour avoir un contrôle plus complet de la chaîne, on écrit :

```
cDatact=Format(dDatact,"dd/mm/yyyy")
```

(Remarquez les d – day et y – year : on parle anglais !).

Ce n'est pas la seule difficulté que la langue nous pose ! Si on écrit :

```
Range("A2").Value=dDatact
```

pour certaines dates, on risque d'avoir inversion du mois et du jour. Pour l'éviter :

– séquence :

```
Range("A2").NumberFormat="@"    'On formate en texte
Range("A2").Value=dDatact
```

– ou utilisation de FormulaLocal (Formula donnerait l'inversion) :

```
Range("A2").FormulaLocal=dDatact
```

INSTRUCTIONS DE FIXATION DE LA DATE ET DE L'HEURE

Date = <date>

fixe la date système à la valeur indiquée par <date> qui peut être une chaîne de caractères comme "12/11/04" ou un littéral date comme #12/11/04#. Le mois peut être en nom, l'année peut être en quatre chiffres au cas où il y aurait un bogue de l'an 3000.

Time = <heure>

fixe l'heure système à la valeur <heure> qui peut être une chaîne de caractères comme "14:45:10" ou un littéral comme #14:45:10#. Les secondes peuvent être absentes ainsi que leur « : » ; on peut terminer par AM ou PM.

FONCTIONS DE BASE

Date sans argument est la date système actuelle. C'est un variant date. Utiliser CStr, ou mieux, Format pour obtenir une chaîne.

Time sans argument est l'heure système actuelle. C'est un variant date à convertir éventuellement. Rappelons que dans le format, les minutes doivent être représentées par nn puisque le m est réservé au mois : Format(Time,"hh:nn") ou Format(Time,"hh"" h "" nn")

Now sans argument est l'ensemble des deux précédents, c'est-à-dire la date-heure. C'est un variant date dont la conversion en chaîne pourrait être 12/11/2004 15:13:10 .

Timer sans argument donne le nombre de secondes écoulées depuis minuit (au centième (?) près sur PC Windows).

GESTION DES DATES

AUTRES FONCTIONS

Conversions

CDate
convertit son argument en date.

DateValue
convertit son argument chaîne en date.

TimeValue
convertit son argument chaîne en valeur heure.

Dans tous les cas, lorsqu'on a une date, il faut convertir en nombre pour avoir la valeur date heure série : `CSng(TimeValue("12:00"))` donne 0,5.

DateSerial(a,m,j)
donne la valeur date correspondant à l'année a, mois m et jour j.

TimeSerial(h,m,s)
donne la valeur heure (de 0,00 à 0,99) correspondant à l'heure h, la minute m et la seconde s.

Extractions de parties de date

L'argument des fonctions suivantes est une date.

Day
fournit le jour (de 1 à 31).

Hour
renvoie l'heure (de 0 à 23).

Minute
renvoie la minute (de 0 à 59).

Month
renvoie le mois (de 1 à 12).

Second
renvoie la seconde (de 0 à 59).

Weekday
fournit le jour de semaine de 1 (dimanche) à 7 (samedi). Il y a un 2e argument facultatif qui spécifie le 1er jour de semaine : `vbMonday` spécifie lundi etc.

WeekdayName
donne le nom du jour. Le 1er argument est le numéro de 1 à 7. Le 2e argument facultatif est comme ci-dessus. Si d est votre date de naissance, `WeekdayName(weekday(d))` vous dit quel jour c'était.

Year
fournit l'année.   `Year(Date)` donne 2004.

DatePart(p,d)
fournit la partie voulue de la date d. p est une chaîne qui spécifie la partie voulue :

"yyyy"	Année
"q"	Trimestre
"m"	Mois
"y"	Jour de l'année
"d"	Jour
"w"	Jour de la semaine
"ww"	Semaine
"h"	Heure
"n"	Minute
"s"	Seconde

GESTION DES DATES

Calculs de date

`DateAdd(p,n,d)`

fournit la date correspondant à d (expression date ou chaîne) à laquelle on ajoute n (qui peut être négatif) périodes de type specifié par p selon le tableau ci-dessus.

`DateAdd ("m",-3,"15/2/2004")` donne 15/11/2003 .

`DateDiff(p,d1,d2)`

fournit le nombre de périodes de type spécifiées par p selon le tableau ci-dessus, écoulées entre les dates d1 et d2.

`DateDiff ("q","15/2/2003","19/10/2005")` donne 11 (nombre de trimestres)

`DateDiff("d","15/2/2004","15/3/2004")` et `CDate("15/3/2004")-`
`CDate("15/2/2004")` sont équivalents (nombre de jours entre deux dates).

Les fonctions `DatePart, DateAdd` et `DateDiff` admettent deux arguments facultatifs :
`firstdayofweek` qui précise le 1er jour de la semaine (ex. `vbMonday`, défaut dimanche) et
`firstweekofyear` qui précise comment choisir la 1re semaine de l'année (défaut : celle du
1er janvier). `vbFirstFourDays` fait commencer par la première semaine comportant au
moins quatre jours dans l'année nouvelle. `vbFirstFullWeek` fait commencer par la
première semaine complète de l'année.

TYPES DE DONNÉES DÉFINIS PAR LE PROGRAMMEUR

Le programmeur peut définir ses propres types de données. Un tel type représente un ensemble de plusieurs éléments-données : cela convient spécialement pour l'enregistrement dans une base de données. On écrit :

```
Type <nom_type>
    <élément1> As <type 1>
    <élément2> As <type 2>
...
End Type
```

où `<nom_type>`, `<nom_élément1>`, etc. obéissent aux règles habituelles des noms de variables, `<type 1>`, `<type 2>` etc. sont des types classiques. La déclaration d'un type personnalisé doit être globale (en tête de module). On fait ensuite `Dim <nom_var> As <nom_type>` et on accède à un élément par `<nom_var>.<élément1>`.

Exemple : pour remplir les 1res colonnes de la ligne L d'une feuille avec les données d'un client :

```
Type Données_Client
    Nom As String
    Prénom As String
    Chiffre_Affaires As Single
    Ajour As Boolean
End Type
...
Dim Client As Données_Client
Cells(L,1).Value=Client.Nom
Cells(L,2).Value=Client.Prénom
Cells(L,3).Value=Client.Chiffre_Affaires
Cells(L,4).Value=Client.Ajour
```

La forme étant celle des désignations d'objets, la structure `With` est très commode :

```
With Client
    .Nom = Cells(2, 1)
    .Prénom = Cells(2, 2)
    .Chiffre_Affaires = Cells(2, 3)
    .Ajour = Cells(2, 4)
End With
```

DICTIONNAIRE

Un dictionnaire est un ensemble de couples nom (ou clé), valeur (ou élément). Nous utilisons un exemple, les notes d'un ensemble d'étudiants :

```
Dim Notes As Object
Set Notes=CreateObject("Scripting.Dictionary")
Notes.Add "Andréani", 15          'Ajout/création d'un élément
Notes.Add "Dupont", 13
Notes.Add "Durand", "Absent"
...
MsgBox Notes("Dupont")            'Utilisation comme mémoire
Notes("Durand")=12                'associative
Notes.Key("Dupont")= "Dupond"     'Rectification d'une clé
Notes.Remove  "Einstein"          'Suppression d'un élément
Notes.RemoveAll                   'Vidage du dictionnaire
Set Notes=Nothing                 'Libération de la mémoire
```

VARIANTS ET TABLEAUX DYNAMIQUES

Un tableau dynamique est un tableau qui change de dimension au cours de l'exécution du programme. Si toutes les dimensions sont susceptibles de varier, il faut traiter la variable comme variant, ce qui permet toutes les variations.

DECLARATION REDIM

Si le tableau est à une dimension ou si seule une dimension varie (il faut alors que ce soit la dernière), on peut utiliser ce qu'on appelle un tableau de taille variable. Raisonnons sur une seule dimension car c'est le cas dans 99% des traitements. On écrit par exemple :

```
Dim TabVar() As Single
```

Puis un peu plus loin :

```
ReDim TabVar(<dimension>)
```

où `<dimension>` peut être une constante ou une expression arithmétique.

Lorsqu'un tableau est de dimensions variables, il y a lieu d'utiliser les fonctions `LBound(VarTab)` et `UBound(VarTab)` qui donnent respectivement les bornes inférieure et supérieure de l'indice de VarTab.

PRESERVE

Le problème est que si on redimensionne le tableau, les données sont perdues. Si on accompagne le `ReDim` de `Preserve`, les données seront conservées à condition que le redimensionnement augmente la dimension. S'il y a diminution, il y a irrémédiablement perte des données. On écrit par exemple :

```
ReDim Preserve TabVar(UBound(TabVar)+50)
```

Exemple : On a une série de mots dans la colonne 1 de la feuille active. On veut constituer le tableau *VarMots* des mots sans doublons ; on lui attribue de la mémoire par blocs de 10 valeurs à mesure des besoins :

```
Sub mots()
Dim VarMots() As String
Dim L As Integer, N As Integer, NMots As Integer, Mot As String, _
    tr As Boolean
ReDim VarMots(10) ' 1re attribution, pas besoin de Preserve
NMots = 0
For L = 1 To 1000
  If IsEmpty(Cells(L, 1)) Then Exit For
  Mot = Cells(L, 1).Value
  tr = False
  If NMots > 0 Then
    For N = 1 To NMots
      If Mot = VarMots(N) Then tr = True: Exit For
    Next N
  End If
  If tr Then Exit For
  NMots = NMots + 1
  If NMots > UBound(VarMots) Then ReDim Preserve _
        VarMots(UBound(VarMots) + 10)
  VarMots(NMots) = Mot
Next L
For N = 1 To NMots
  Cells(N, 3).Value = VarMots(N)
Next N
```

INSTRUCTIONS DE GESTION DE FICHIERS

MANIPULATIONS EN BLOC DE FICHIERS OU RÉPERTOIRES

ChDir <rep>
change de répertoire actif. `ChDir "D:\Excel"`.

ChDrive <d>
change d'unité active.   `ChDrive "D"`.

MkDir <rep>
Crée un nouveau répertoire, sous-répertoire du répertoire courant si `<rep>` ne fournit pas le chemin complet : `MkDir  "D:\Excel"`

RmDir <rep>
Supprime le répertoire indiqué. Il faut qu'il soit vide.

CurDir[(<d>)]
Renvoie le répertoire courant du disque `<d>`, du disque courant si `<d>` est absent.

Name <ancien> As <nouveau>
Renomme le fichier ou le répertoire indiqué. Pour un fichier, si le nouveau répertoire est différent, le fichier est déplacé puis renommé.
`Name "C:\ANCREP\ANCFICH" As "C:\NOUVREP\NOUVFICH"`

FileCopy <ancien>,<nouveau>
Copie le fichier indiqué : la copie doit avoir un nom différent si le répertoire nouveau est le même.

FileDateTime(<fichier>)
Fournit les dates et heure de dernière modification du fichier indiqué (avec disque et répertoire).

FileLen(<fichier>)
Donne la longueur en octets (type Long) du fichier indiqué.

GetAttr(<nom>)
donne le type du fichier ou répertoire indiqué. On obtient :

Constante	Valeur	Description
vbNormal	0	Normal
vbReadOnly	1	Lecture seule
vbHidden	2	Caché
vbSystem	4	Système. Non disponible sur le Macintosh.
vbDirectory	16	Répertoire ou dossier
vbArchive	32	Fichier modifié depuis la dernière sauvegarde

On obtient la somme des valeurs s'il y a plusieurs attributs.

SetAttr <nom>,<attributs>
Impose les `<attributs>` au fichier ou répertoire indiqué. `<attributs>` est la somme des valeurs correspondant aux attributs souhaités prises dans le tableau ci-dessus.

Kill <fichier(s)>
Supprime le fichier indiqué. On peut indiquer disque et répertoire. On peut utiliser des caractères jokers, donc prudence ! `Kill "*.txt"`

Dir[(<nom>[, (<attributs>)])]
est la fonction la plus intéressante. Elle fournit une chaîne de caractères qui est le nom du premier fichier/répertoire compatible avec le `<nom>` (il peut y avoir des caractères jokers) et avec `<attributs>` (valeur somme comme ci-dessus). Ensuite, des appels `Dir` sans arguments donnent les fichiers suivants. Le résultat est chaîne vide s'il n'y a pas/plus de fichier compatible. `Dir("D:\Excel\Classeurc.xls")` dit si le fichier existe dans le répertoire : si oui, on obtient "Classeurc.xls", chaîne vide sinon.

INSTRUCTIONS DE GESTION DE FICHIERS

Attention, <attributs> indique les attributs qu'on acceptera ; les fichiers "normaux" sont toujours obtenus. Exemple : imprimer dans la fenêtre d'exécution tous les sous-répertoires d'un répertoire ; on obtiendra aussi les répertoires . et .. :

```
Sub Sousrep()
   Dim x As String, c As String
   c = "d:\Tsoft\"
   x = Dir(c, vbDirectory)
   While x <> ""
     If GetAttr(c + x) And vbDirectory Then Debug.Print x
     x = Dir
   Wend
End Sub
```

ACTIONS A L'INTERIEUR DES FICHIERS

Numéro de fichier

L'écriture ou la lecture d'un fichier se fait en trois phases. La phase médiane est répétitive : c'est l'écriture ou la lecture des différents blocs de données par des instructions Input ou Print (et variantes). Dans toutes ces instructions, le fichier est représenté par un numéro (survivance du "numéro logique" des anciens langages). Le numéro figure sous forme d'une constante ou d'une variable. La phase initiale revient à établir la correspondance entre le numéro et le nom (disque et répertoire) du fichier tel que le système d'exploitation le connaît. Cette phase s'appelle l'ouverture : en complément, elle indique si on veut lire ou écrire et ce, de quelle manière. La phase finale est l'instruction de fermeture ; elle est indispensable : elle termine les opérations sur le fichier et elle libère le numéro. On obéit donc au schéma :

Ouverture   `Open <disque, répertoire, nom> For <opération> As # <n°>`

Lectures	`[Line] Input # <n°>, <variable>`	
et/ou		} boucle
Ecritures	`Print|Write # <n°>, <variable>`	

Fermeture   `Close <n°>`

Il y a en plus quelques instructions et fonctions auxiliaires.

Ouverture

`Open <desfich> For <opération> [<restr>] As # <n°> [Len=<longueur>]`

<desfich> est le nom complet du fichier (avec disque et répertoire). C'est une chaîne de caractères, qui peut être un littéral, une variable ou même une expression. <opération> peut être Append (ajoût de données à la fin), Binary (mode binaire – nous ne l'utilisons pas dans ce livre), Input (entrée : lecture), Output (sortie : écriture) ou Random (accès direct : lecture/ écriture – cas par défaut si la clause est absente). <n°> est le numéro utilisé dans les autres instructions. <longueur> est la longueur d'enregistrement : elle n'est à spécifier que dans le cas de l'accès direct.

Il y a en plus les éléments facultatifs [Access <accès>] où <accès> peut être Read, Write ou Read Write : cette clause n'ajoute rien par rapport à For <opération> et un mot clé qui impose des restrictions d'usage pour un fichier ouvert par un autre processus : c'est un peu trop pointu pour nous.

Selon l'opération, le comportement est différent et différentes erreurs peuvent se produire :

Input : il faut que le fichier existe et on se positionne au début.

Append : il faut que le fichier existe et on se positionne à la fin.

INSTRUCTIONS DE GESTION DE FICHIERS

`Output` : si le fichier n'existe pas, il est créé ; s'il existe un fichier de même nom, même répertoire, l'ancien sera écrasé.

`Random` : permet l'accès direct ; chaque ordre de lecture/écriture peut préciser le numéro d'enregistrement concerné donc la question du positionnement initial ne se pose pas.

Le <n°> attribué est arbitraire sauf qu'il ne faut pas prendre un numéro déjà en cours d'utilisation (ou alors, il faut fermer le fichier concerné). Vous pouvez utiliser la fonction `FreeFile` (sans argument) qui donne le prochain numéro de fichier disponible. Nous conseillons plutôt de bien planifier les numéros qu'on a l'intention d'utiliser.

Les lectures/écritures

Ces instructions marchent par couples car ce qu'on écrit devra être relu plus tard.

Nous vous renvoyons à l'aide pour le couple `Get`, `Put` et l'instruction `Seek` qui sont plutôt adaptées à l'accès direct et nous nous bornons à l'accès séquentiel.

`<variable chaîne>=Input(<nb>,#<n°>)`
transfère dans la variable <nb> caractères lus sur le fichier de numéro indiqué à partir de la position où a laissé la lecture précédente. Si <nb>=1, on analyse le fichier caractère par caractère. Exemple : `X=Input(1,#NF)`

A partir de maintenant, nous supposons l'accès séquentiel, donc toutes les opérations s'effectuent à la position où on est, là où a laissé l'opération précédente.

Couple Write #, Input

`Write #<n°>, <var1>[,<var2>...]`
écrit sur le fichier <n°> les variables <var1>, <var2> etc. et termine par un fin de paragraphe/saut de ligne (chr(13)+chr(10)). Entre chaque donnée, `Write #` inscrit une virgule sur le fichier de sorte que la lecture par `Input #` sera évidente ; les données sont formatées conformément à leur type, notamment les chaînes sont incluses entre ".

`Input # <n°>, <var1>[,<var2>...]`
lit sur le fichier <n°> les données et les transfère dans les variables <var1>, <var2> etc. On reconnaît la fin d'une variable à la virgule ou fin de paragraphe ; la donnée trouvée doit être de type compatible à la variable attendue et on ne doit pas tomber sur la fin de fichier alors qu'on attend encore des données. En fait, tout se passe bien à condition que la liste de variables de l'Input # soit la même que celle du Write # correspondant.

Couple Print #, Line Input

`Line Input #<n°>, <varchaîne>`
lit les caractères trouvés sur le fichier jusqu'au premier chr(13) rencontré et les transfère dans la variable. C'est parfait pour un fichier texte structuré en lignes.

`Print #<n°>, <expressions> [;]`
écrit les valeurs des expressions sur le fichier <n°>. Si le « ; » est absent, on inscrit un retour-chariot/saut de ligne, s'il est présent, on ne le fait pas. Nous conseillons d'utiliser la forme `Print #<n°>, <varchaîne>+vbCr;` où <varchaîne> ne contient pas de retour-chariot : elle forme un couple parfait avec le `Line Input #` ci-dessus.

`Width # <n°>, <largeur>`
fixe à <largeur> la largeur maximale de ligne du fichier <n°>. Une série de `Print #` <n°>,... ; remplira les lignes et insérera automatiquement un retour chariot après <largeur> caractères ; la dernière ligne sera incomplète. Essayez :

INSTRUCTIONS DE GESTION DE FICHIERS

```
Sub Ecrit()
  Dim i As Integer
  Open "d:\Tsoft\e1.txt" For _ Output As #1
  Width # 1, 3
  For i = 0 To 9
    Print # 1, Chr(48 + i);
  Next i
  Close #1
End Sub
Sub Lit()
  Dim x As String
  Open "d:\Tsoft\e1.txt" For _ Input As #1
  Do
    Line Input # 1, x
    Debug.Print x + "I"
  Loop Until EOF(1)
  Close #1
End Sub
```

Donc `Width #` n'est pas la solution pour avoir des lignes de largeur constante complétées par des espaces s'il y a lieu. Une solution de ce problème est donnée au chapitre 9.

Problème de la fin de fichier

Si on cherche à lire au-delà de la fin de fichier, une erreur est déclenchée. La fonction :

`EOF(<n°>)`

est `True` si la fin de fichier est atteinte de sorte que le schéma de lecture générale d'un fichier est celui de la procédure Lit ci-dessus. Autre exemple au chapitre 9.

Fermeture

`Close #<n°>`

ferme le fichier et libère le <n°> pour une autre ouverture (du même fichier ou d'un autre). L'opération de fermeture est indispensable (pour libérer le <n°>), mais elle est encore plus indispensable en écriture car elle écrit les dernières données.

Fonctions auxiliaires

`FileAttr(<n°>,1)`

fournit le mode d'ouverture du fichier : 1 (Input), 2 (Output), 4 (Random), 8 (Append), 32 (Binary). Le 2e argument n'a maintenant de sens qu'avec la valeur 1.

`Loc(<n°>)`

donne la position où on en est sur le fichier (n° d'enregistrement pour Random).

`LOF(<n°>)`

donne la longueur du fichier ouvert de numéro indiqué (il faut qu'il soit ouvert pour avoir un numéro ; pour un fichier fermé, utiliser `FileLen`).

`Lock <n°>,<zone>`

ù <zone> est soit un numéro d'enregistrement, soit un intervalle <m> To <n> verrouille les enregistrements indiqués du fichier v's-à-vis d'autres processus. `Unlock` avec les mêmes valeurs libère ces enregistrements.

INSTRUCTIONS DE GESTION DE FICHIERS

LA PROPRIÉTÉ FILESEARCH

Le sous-objet **FileSearch** de l'objet `Application` permet de rechercher des fichiers autrement que par `Dir`. On fixe des critères de recherche dans certaines propriétés, on fait agir la méthode `Execute` et on a les fichiers trouvés dans la collection `FoundFiles`. Les propriétés critères les plus utiles sont :

LookIn
fixe le disque et dossier de départ de la recherche

TextOrProperty
indique une chaîne à chercher dans le corps du fichier. Il peut y avoir des caractères jokers. Sinon, on peut spécifier :

MatchTextExactly
à `True`. Ce couple est une alternative à la propriété qui suit qui indique que la recherche est basée sur le nom du fichier et non sur son contenu.

FileName
spécifie le nom de fichier à chercher. Il peut y avoir des caractères jokers.

SearchSubFolder
est `True` si la recherche s'étend aux sous-dossiers de celui spécifié dans `Lookin`.

FoundFiles
collection des noms (avec disque et chemin d'accès complet) trouvés. Le numéro varie de 1 à ...`FoundFiles.Count`.

La méthode **NewSearch** rétablit les valeurs par défaut des critères de recherche : ceux-ci sont conservés d'un `Execute` à l'autre.

La méthode **Execute** est une fonction dont les arguments sont facultatifs (et peu utiles). Elle exécute la recherche et renvoie 0 si rien n'a été trouvé, un nombre positif si la recherche a été fructueuse (qui semble être égal à `FoundFiles.Count` mais ce n'est pas dit).

Exemple : trouver tous les classeurs Excel dans un répertoire et ses sous-répertoires :

```
Sub Rech()
  Dim n As Long, i As Integer
  With Application.FileSearch
    .LookIn = "d:\Tsoft"
    .Filename = "*.xls"
    .SearchSubFolders = True
    n = .Execute
    If n > 0 Then
      Debug.Print n & " " & .FoundFiles.Count
      For i = 1 To .FoundFiles.Count
        Debug.Print .FoundFiles(i)
      Next i
    End If
  End With
End Sub
```

PROGRAMMES MULTI-CLASSEURS

ACCÉDER AUX DONNÉES D'UN AUTRE CLASSEUR

Un programme dans un certain classeur peut accéder à des données situées dans d'autres classeurs ou aussi faire des modifications dans ces classeurs. Le seul impératif est que les autres classeurs soient ouverts puisque la désignation d'une donnée dans un autre classeur doit être préfixée par `Workbooks("nom_classeur.xls")`. Or la collection `Workbooks` ne contient que les classeurs ouverts donc en mémoire : on se demande comment elle pourrait "avoir connaissance" des classeurs non ouverts présents sur le disque.

En fait, il y a au chapitre 9 un exemple d'astuce pour accéder à un classeur non ouvert, mais c'est très marginal, et nous ne nous en occupons pas ici.

La clé de cette possibilité d'accéder à d'autres classeurs, qui ouvre la voie au respect du principe de séparation programme-données est l'instruction d'ouverture d'un classeur vue au chapitre 5. Noter que le classeur qu'on vient d'ouvrir devient le classeur actif, *ActiveWorkbook*. Le classeur-programme est *ThisWorkbook*.

Test de l'ouverture

La commande `Open` donne une erreur si le classeur est déjà ouvert. Ayant les variables *Chem* (chemin d'accès), *NomCl* (nom du classeur) et la fonction *Ouvert* (vraie si le classeur est ouvert, donnée au chapitre 9), si on veut que W désigne le classeur, on écrit :

```
If Not Ouvert(NomCl) Then Set W=Workbooks.Open(Filename:=Chem+NomCl)
```

Le problème est que s'il y a ouverture, le classeur concerné sera actif, mais pas s'il n'y a pas ouverture et W n'aura pas la valeur souhaitée. La séquence suivante a les deux cas équivalents :

```
If Not Ouvert(NomCl) Then Workbooks.Open Filename:=Chem+NomCl
Workbooks(NomCl).Activate
Set W=ActiveWorkbook
```

APPELER DES ROUTINES DANS D'AUTRES CLASSEURS

Il est très facile d'utiliser une procédure ou fonction venant d'un autre classeur. Depuis une feuille Excel, la BDi page 25 permet de chercher la macro à exécuter dans tous les classeurs ouverts. De même, pour implanter une fonction dans une cellule, avec le choix de la catégorie *Personnalisée* dans la BDi du bouton f_x, la liste propose toutes les fonctions de tous les classeurs ouverts.

Par programme, on écrit :
```
Application.Run "nom_du_classeur.xls!nom_procédure"[,arguments]
```

Pour une fonction, on écrit :
```
Application.Run ("nom_du_classeur.xls!nom_fonction"[,arguments])
```

CLASSEUR DE MACROS COMPLÉMENTAIRES

Pour créer un classeur de macros complémentaires :
- Créez un classeur avec les macros voulues et pas de données
- Enregistrez normalement en *.xls*
- *Fichier – Enregistrer sous* et choisir le type *Macro complémentaire (.xla)*

Pour l'utiliser sous Excel, il faut l'installer :
- *Outils – Macros complémentaires*
- Parcourir , choisir le fichier *.xla* et OK .

Vous pouvez voir comment cette installation se fait en VBA en la faisant sous l'enregistreur de macros, puis implanter cette installation dans l'événement `Worbook_Open` pour qu'elle se fasse automatiquement à l'ouverture du classeur.

Événements et objets spéciaux

8

BDi dynamiques

Objet Scripting.FileSystemObject

Assistant (Compagnon Office) et Info-Bulles

Événements au niveau application

Gestion du temps

Événements clavier

Pilotage à distance d'une application

Modules de classe – Programmation objet

BDI DYNAMIQUES

On dit qu'une BDi est dynamique lorsqu'elle varie au cours de son usage. Les changements peuvent être de simples changements de légende (par exemple un bouton qui change de rôle) ou d'état activé (bouton inactivé tant qu'une condition n'est pas réalisée, contrôle d'entrée désactivé quand on n'a pas besoin de sa donnée).

Plus spectaculaire comme modification, on peut avoir deux ensembles de contrôles implantés dans la même zone de la BDi et tels que à certains moments, les contrôles du 1er ensemble ont `Enabled` et `Visible True`, les autres ayant `False`, et à d'autres moments, on inverse.

Une autre possibilité est qu'on peut créer un contrôle par programme. Exemple :

```
Dim tb As Control
Set tb = Controls.Add("Forms.TextBox.1", "TextBox1", True)
tb.Left = 30
tb.Top = 60
tb.Text = "…"
```

Dans la méthode `Add`, le 1er argument spécifie le type (tel que nommé au chapitre 6) entouré de Forms. et .1 (tel que), le 2e est le nom (`Name`) du contrôle (veillez à ne pas prendre un nom déjà utilisé !) et `True` veut dire qu'on veut que le contrôle soit visible. Nous ne sommes pas très favorables à cette technique : la précédente est aussi efficace, et, si un contrôle est créé à l'exécution, une référence à ses propriétés s'écrit par exemple `Me!TextBox1.Text` (! et non .).

BDI EN DEUX PARTIES

On peut avoir un bouton `Détails` tel que si l'on clique, il apparaît une 2e partie de la BDi avec ses contrôles et le texte du bouton devient "Réduire". Voici sa routine de clic :

```
Private Sub CommandButton2_Click()
  If Me.Height > 180 Then
    CommandButton2.Caption = "Détails"
    Me.Height = 180
  Else
    CommandButton2.Caption = "Réduire"
    Me.Height = 240
  End If
End Sub
```

MULTIPAGE

Un MultiPage s'utilise sans aucun problème : VBA se charge de tout. Nous suggérons d'implanter le multipage dans la partie haute de la BDi, une petite zone dans le bas restant hors du multipage et étant réservée au(x) bouton(s) de validation.

Le MultiPage a deux pages au départ. Pour ajouter une page : clic-droit sur un onglet, puis sur *Ajouter une page*. Pour renommer une page, clic-droit sur l'onglet à renommer ; une BDi permet de spécifier le nouveau nom, une touche rapide (inutile puisque l'utilisateur arrive à la page qu'il veut par simple clic) et une info-bulle attachée à la page. Pour supprimer une page, clic-droit sur son onglet et *Supprimer*.

A l'exécution, l'utilisateur peut aller et venir à son gré d'une page à l'autre et renseigner les contrôles voulus. Les contrôles sont désignés par leur nom, sans devoir préfixer par la désignation de MultiPage et de page. On peut ajouter des pages par programme, mais nous recommandons plutôt de créer toutes les pages à la création.

Manipulations de fichiers en bloc

L'objet *Scripting.FileSystemObject* offre pour manipuler les fichiers une alternative aux instructions vues au chapitre 7. On crée une variable objet par `Set FS=CreateObject("Scripting.FileSystemObject")`. Cela étant, la méthode `FS.GetFolder(<chemin>)` renvoie l'objet répertoire indiqué qui a la collection `Files` de ses fichiers et la collection `subFolders` de ses sous-répertoires.

La séquence suivante liste les fichiers et les sous-répertoires d'un répertoire. Les deux dernières instructions indiquent l'existence d'un fichier et d'un répertoire.

```
Dim FS As Object, Rep As Object, ssRep As Object, Fich As Object
Set FS = CreateObject("Scripting.FileSystemObject")
Set Rep = FS.GetFolder("D:\Tsoft")
For Each Fich In Rep.Files
   Debug.Print Fich.Name
Next
For Each ssRep In Rep.subFolders
   Debug.Print ssRep.Name & ssRep.Size
Next
Debug.Print FS.FileExists("D:\Tsoft\xx.pdf")
Debug.Print FS.FolderExists("D:\Tsoft")
```

Comme propriétés des fichiers et répertoires, citons : `Path` (chemin d'accès), `Name` (nom seul), `Drive` (disque), `Size` (taille), `ParentFolder` (rép. parent), `Attributes` et `Type` (Dossier ou Feuille Excel ou doc. Word etc.).

`FS.Drives` est la collection des disques. `FS.GetExtensionName(<fich>)` obtient l'extension, `FS.GetParentFolderName(<fich>)` obtient le nom du répertoire parent. On cite les méthodes `CreateFolder`, `DeleteFolder`, `DeleteFile`, `CopyFile`, `CopyFolder`....

Manipulations de données dans des fichiers texte

`Set Fich=FS.CreateTextFile("<nom>",x,y)` : crée un fichier, <nom>est le nom complet, x `False` empêche l'écrasement si le fichier existe déjà, y `False` (=ASCII), y `True` (=UNICODE).

`Set Fich=FS.OpenTextFile("nom",o,p)` : ouvre un fichier, o vaut 1 pour lire, 2 pour écrire, 8 pour ajouter ; si p est `True`, on crée le fichier s'il n'existe pas.

`Fich.AtEndOfLine` est `True` en fin de ligne, `Fich.AtEndOfStream` est `True` en fin de fichier. `Fich.Line` est le numéro de ligne en cours, `Fich.Column` est le numéro de col.

`c=Fich.ReadLine` lit une ligne, `c=Fich.Read(<n>)` lit n caractères.

`Fich.Write "texte"` écrit texte, `Fich.WriteLine "texte"` écrit texte et va à la ligne.

N'oubliez pas de fermer par `Fich.Close` et de faire `Set ...=Nothing` pour les variables objets devenues inutiles. Ci-dessous, on recopie dans la fenêtre exécution le contenu du fichier texte indiqué :

```
Dim FS As Object, Fich As Object
Set FS = CreateObject("Scripting.FileSystemObject")
Set Fich = FS.Opentextfile("D:\Tsoft\ess1.txt", 1, False)
While Not Fich.AtEndOfStream
   Debug.Print Fich.ReadLine
Wend
Fich.Close
Set FS = Nothing
Set Fich = Nothing
```

ASSISTANT (COMPAGNON OFFICE) ET INFO-BULLES

L'objet `Assistant` désigne le Compagnon Office qui apparaît pour aider l'utilisateur. En programmation, il permet d'envoyer des messages plus ludiques que `MsgBox`.

Choisir un compagnon

On donne une valeur à `Assistant.Filename`. Le fichier à spécifier doit avoir l'extension *.act* ou *.acs*. Pour savoir quel est le dossier, lancez une recherche sur votre ordinateur : il est très variable selon les installations et les versions de Windows.

Dans les dernières versions, les assistants sont des "agents", les noms de fichiers ont l'extension *.acs* , mais vous pouvez spécifier aussi *.act* dans votre instruction et le dossier est *C:\Program Files\Microsoft Office\Office11* (avec la version 2003 ; *10* pour 2002). Dans notre installation, il y a les fichiers : CLIPPIT, DOT, F1, LOGO, MNATURE, OFFCAT, ROCKY (.ACS). D'anciennes versions avaient Genius (Einstein), Powerpup (chien), Scribble (chat) et Will (iam Shakespeare) avec l'extension .act. Exemple :
`Assistant.FileName="mnature.act"`

Le faire apparaître, émettre des messages

```
Assistant.FileName="offcat.act"
Assistant.Visible = False
  With Assistant.NewBalloon
    .Heading = "Attention"
    .Labels(1).Text = "la machine va s'éteindre"
    .Labels(2).Text = "Je vous l'avais dit !"
    .Show
  End With
```

`Visible=False` fait que l'assistant n'est visible que pendant l'affichage du message. L'affichage obtenu apparaît ci-contre.

Utilisation pour dialoguer

```
Sub Langues()
Dim bln As Balloon, la As String
  la = ""
  Assistant.Visible = False
  Set bln = Assistant.NewBalloon
  With bln
    .Heading = "Langues connues"
    .CheckBoxes(1).Text = "Anglais"
    .CheckBoxes(2).Text = "Allemand"
    .Button = msoButtonSetOkCancel
    .BalloonType = msoBalloonTypeButtons
    If .Show = msoBalloonButtonOK Then
      If .CheckBoxes(1).Checked Then la = la + "Anglais "
      If .CheckBoxes(2).Checked Then la = la + "Allemand "
      MsgBox "Langue(s) " + la
    End If
  End With
End Sub
```

On a deux cases à cocher et deux boutons OK et Annuler si l'utilisateur clique sur Annuler , on ne tient pas compte de ce qui a été coché. Un autre exemple où les langues s'excluent est donné au chapitre 9

ÉVÉNEMENTS AU NIVEAU APPLICATION

Un certain nombre d'événements sont définis au niveau Application (liste en annexe page 255 : principaux objets de classeur, évènements Application). Certains événements font double emploi avec un événement de niveau inférieur comme classeur ou feuille : `WorkbookActivate` avec `Activate` d'un classeur ; `SheetChange` avec `Change` d'une Worksheet. La raison d'utiliser l'événement au niveau Application est qu'au niveau inférieur il faut fournir une routine pour chaque classeur ou pour chaque feuille qui risque d'être concerné, alors qu'au niveau Application, l n'y a qu'une routine à écrire.

Il y a deux cas : soit il faut créer un module de classe, soit on peut s'en dispenser.

AVEC UN MODULE DE CLASSE

Pour les événements au niveau classeur ou feuille, on dispose d'un module associé à l'objet dans *Microsoft Excel Objects* : il est tout prêt à recevoir les procédures événementielles concernées. Il n'y en a pas pour le niveau Application : il faut donc en créer un :

- Faites *Insertion – Module de classe*, donnez un nom (propriété `Name` dans la fenêtre de Propriétés). Exemple : *EvtAppli*

- Dans ce module, créez un objet `Application` par exemple :
  `Public WithEvents MonApp As Application`

- L'objet *MonApp* devient disponible dans la liste déroulante de gauche ; une fois sélectionné, choisissez (par exemple) *WorkbookNewSheet* dans la liste de droite :

```
Public WithEvents MonApp As Application
Private Sub MonApp_WorkbookNewSheet(ByVal Wb As Workbook, ByVal _
Sh As Object)
  Sh.Name = InputBox("Nom de la feuille ? ")
End Sub
```

- Pour relier l'objet déclaré dans le module de classe avec l'objet `Application`, écrivez :

```
Dim Appli As New EvtAppli
Sub Init()
  Set Appli.MonApp = Application
End Sub
```

Une fois *Init* exécutée, à chaque insertion de feuille, le nom à lui attribuer sera demandé. Les événements des graphiques incorporés (objets `ChartObjects(<n°>).Chart`) font intervenir le même mécanisme nécessitant la création d'un module de classe.

SANS MODULE DE CLASSE

Pour certains événements de niveau Application les choses sont plus simples : ceux pour lesquels existe une méthode **On<nom événement>** de l'objet `Application`. Ce sont : *OnKey* (appui de touche), *OnTime* (se déclenche à un instant défini), *OnRepeat* (on recommence la dernière action) et *OnUndo* (on annule la dernière action). On écrit :

`Application.OnKey "<touche>","<nom_procédure>"`
où <touche> est la définition de la combinaison de touches à détecter et <nom_procédure> est le nom de la procédure événement que vous avez fournie dans un module ordinaire.

`Application.OnKey "<touche>"` rétablit la signification normale de la combinaison, tandis que `Application.OnKey "<touche>",""` désactive la combinaison.

`Application.OnTime <instant>,"<nom_procédure>"` fait démarrer la procédure indiquée à l'instant spécifié. On le fournit souvent sous la forme `now+<délai>` ce qui fait déclencher la procédure après le délai (exemple : `now+TimeValue("00:00:01")` donne un délai d'une seconde). Attention, l'attente n'a pas lieu dans cette instruction : on passe immédiatement aux instructions qui suivent ; la procédure démarrera à l'instant spécifié en asynchronisme avec la routine appelante. Voir application dans la section suivante.

MARQUER UN CERTAIN DÉLAI

On utilise la fonction `Timer` qui donne le nombre de secondes écoulées depuis minuit. Voici une routine qu'on appelle par Delai(s) qui marque un délai de s (qui peut être <1) secondes :

```
Sub Delai(s As Single)
    s = Timer + s
    While Timer < s
        DoEvents
    Wend
End Sub
```

On appelle la fonction `DoEvents` dans la boucle pour permettre à Windows de traiter les événements qui arrivent. Nous déconseillons l'emploi pour un délai de moins de 0.1 s.

MESURER LA DURÉE D'UNE SÉQUENCE DE PROGRAMME

Insérez `T=Timer` juste avant la séquence et `T=Timer-T` juste après : T contiendra la durée de la séquence. Ceci peut servir pour comparer l'efficacité de deux méthodes de traitement : on peut être amené à incorporer les séquences dans une boucle effectuée 100 fois (ou 10000 fois ou plus) si elles sont trop courtes pour que les temps soient appréciables.

TRAITEMENTS PÉRIODIQUES

Soit un traitement que l'on veut effectuer périodiquement. Ci-dessous deux méthodes pour le faire (la période est de 1 s, le traitement inscrit 1, 2 ... dans une colonne de la feuille active) :

Méthode 1

```
Dim L As Integer
Sub act()
  L = 0
  action1
End Sub
Sub action1()
  L = L + 1
  Cells(L, 2).Value = L
  If L < 50 Then
    DoEvents
    Application.OnTime Now + _ TimeValue("00:00:01"),"action1"
  End If
End Sub
```

Méthode 2

```
Dim L As Integer, ac As Boolean
Sub act2()
  L = 0
  While L<50
    ac = False
    Application.OnTime Now + _ TimeValue("00:00:01"),"action2"
    While Not ac
      DoEvents
    Wend
  Wend
End Sub
```

```
Sub action2()
  L = L + 1
  ac = True
  Cells(L, 2).Value = L
End Sub
```

La méthode 1 fait appel à la récursivité : s'il y a trop de périodes, on risque un dépassement de la pile. La méthode 2 n'est pas vraiment asynchrone : par le booléen ac, on attend qu'une action soit effectuée avant de préparer le lancement de la suivante.

Une autre méthode serait d'installer un contrôle minuterie comme il en existe en VB sans application hôte : un tel contrôle crée des événements périodiques et l'action est la routine de traitement de cet événement. De tels contrôles sont en vente sous forme de fichiers .OCX : vous pouvez donc les installer en tant que contrôles supplémentaires dans la Boîte à Outils.

ÉVÉNEMENTS CLAVIER

ÉVÈNEMENTS CLAVIER DANS LES CONTRÔLES TEXTE

Les événements `KeyDown`, `KeyPress` et `KeyUp` se succèdent lorsqu'une touche est appuyée et relâchée. `KeyDown` et `KeyUp` ont deux arguments : `KeyCode`, le code de la touche et `Shift` (état des touches Alt, Maj et Ctrl, respectivement 1, 2 et 4, ajoutés si plusieurs touches simultanées). `KeyPress` n'a que l'argument `KeyAscii`, code ASCII du caractère. `KeyCode` est le même que `KeyAscii` pour les caractères "normaux", mais `KeyDown` reconnaît, entre autres, les touches de fonction (112 : F1 à 121 : F10).

Pour le problème de reconnaître la fin de frappe dans un contrôle texte, si l'on veut se baser sur la touche Entrée ou ↵, il faut faire attention aux propriétés MultiLine et EnterKeybehavior : si le contrôle est multi-ligne, il est évident que la touche servira à aller à la ligne. En outre, il ne faut pas qu'un bouton de validation soit le bouton par défaut, sinon la touche validera la BDi. Ceci posé, l'événement `KeyPress` n'est pas déclenché par la touche ↵ : si elle ne fait pas aller à la ligne et ne valide pas, elle fait quitter le contrôle et, donc, l'événement n'est pas déclenché. Il faut donc utiliser `KeyDown` ; ex. :

```
Private Sub TextBox1_KeyDown(ByVal KeyCode _
          As MSForms.ReturnInteger, ByVal Shift As Integer)
  If KeyCode = 13 Then MsgBox "Vous avez tapé " + TextBox1.Text
End Sub
```

ÉVÈNEMENTS CLAVIER AU NIVEAU APPLICATION

Associer une procédure à une combinaison de touches

La méthode `OnKey` permet d'associer une combinaison de touches à une procédure. Cette méthode est bien préférable à celle de la BDi (voir pages 27 ou 28) pour deux raisons :

- on peut utiliser des combinaisons avec Alt, Maj et Ctrl, pas seulement avec Ctrl.
- on peut rétablir l'ancien rôle de la combinaison si elle était déjà utilisée.

<u>Pour établir une combinaison</u>
```
Application.OnKey <touche>","<nom_procédure>"
```

<u>Pour rétablir l'ancien rôle</u>
```
Application.OnKey "<touche>"
```

<u>Pour désactiver la combinaison</u>
```
Application.OnKey "<touche>",""
```

<touche> désigne la combinaison : on commence par % pour Alt, ^ pour Ctrl et + pour Maj ; ces signes peuvent se cumuler ; la touche elle-même est représentée par son caractère, éventuellement entre accolades, mais en minuscules si c'est une lettre. S'il s'agit d'un caractère spécial, utiliser les désignations entre accolades données en annexe page 249.

Exemple : on pourrait avoir dans la procédure *Workbook_Open* dans le module associé à *ThisWorkbook* :
```
Application.OnKey "%b","Traitement"
```
fait déclencher Traitement sur Alt+B.

Tandis que dans Workbook_Close, on aurait :
```
Application.OnKey "%b" ou Application.OnKey "%{b}"
```

Pour une association à la combinaison Ctrl+Maj+Curseur Haut, on écrirait par exemple :
```
Application.OnKey "^+{UP}", "Augmenter"
```

Attention : La combinaison ainsi établie n'agit qu'à partir de l'écran Excel, pas VBA.

 © Tsoft/Eyrolles – Excel 2003 – Programmation VBA

PILOTAGE À DISTANCE D'UNE APPLICATION

Lancement d'un programme

```
Shell("<chemin><fichier.exe>[  <fich. document>]"[,<fenêtre>])
```
a pour résultat un numéro d'ordre de tâche et lance le programme indiqué. Si l'argument <fenêtre> est présent, il indique l'état de la fenêtre dans laquelle le programme va s'activer. On spécifie le plus souvent `vbNormalFocus`. On a `Normal`, `Maximized` ou `Minimized` et `Focus` ou `NoFocus` (laisse actif le programme qui l'était).

```
AppActivate <n° tâche>
```
active la tâche <n°>
Le numéro est celui donné par un Shell précédent de sorte que l'on a une meilleure synchronisation avec la séquence `Shell` puis `AppActivate`.

SendKeys

Envoie des touches à la tâche active. On a la forme : `SendKeys "<touches>"[,True]` qui envoie les touches indiquées. Le 2e argument fait attendre qu'elles aient fait effet. On peut aussi ne pas mettre ce 2e argument, mais faire suivre l'appel d'un appel à *DoEvents*. Les touches caractères interviennent en tant que telles. Les caractères spéciaux sont fournis par des codes entre accolades (tableau page 249). On peut fournir des combinaisons avec Alt, Maj et Ctrl représentés respectivement par %, ^ et +, ce qui est utile pour piloter le programme puisque de telles combinaisons sont les raccourcis des principales commandes. Exemple :

```
Dim s
s = Shell("notepad.exe x.txt", 1) ' Appelle le bloc-notes
AppActivate s                 ' sur le fichier x.txt
SendKeys "Bonjour{ENTER}"     ' ajoute Bonjour au début
DoEvents
SendKeys "^s"                 ' sauve le fichier
DoEvents
SendKeys "%{F4}"             ' quitte le bloc-notes
DoEvents
```

ActivateMicrosoftApp

```
Application.ActivateMicrosoftApp(<nom>)
```
où nom peut être `xlMicrosoftWord`, `xlMicrosoftAccess`... active le programme indiqué.

Gestion par objets

```
Set ap=CreateObject("<nomapp>")
```
où <nom> peut être `Word.Application`, `Excel.Application` ou etc. ou Word.Document etc. crée une instance de l'application indiquée et la nomme ap.

```
GetObject(<désign.fich.>,<classe>)
```
fonction qui donne l'objet document indiqué de la classe de logiciel indiquée.

```
Set ap=GetObject(,"<nomapp>")
```
permet de se référer sous le nom ap à l'application précédemment créée.

```
Set dd=GetObject("désign.fich.")
```
permettra de se référer sous le nom dd au document indiqué.

La séquence suivante crée et sauvegarde un document Word dw.doc qui sera dans le dossier par défaut (en principe *MesDocuments*).

```
Dim wd As Object
Set wd = CreateObject("Word.Document")
wd.content.insertafter Text:="Bonjour"
wd.SaveAs "dw"
wd.Close
Set wd = Nothing
```

A part leur utilisation pour permettre l'implantation de routines d'événements, les modules de classe servent à implanter des objets propres au programmeur. Nous avons dit que la création de tels objets n'est pas cruciale, compte tenu de l'extrême richesse des objets prédéfinis offerts par VBA et ses applications hôtes. Nous allons baser leur étude sur un exemple.

PROCÉDURES PROPERTY

Un objet a tout d'abord des propriétés. Nous allons créer un objet *Voiture* : c'est l'exemple qui est toujours pris pour expliquer ce qu'est un objet ; ici, nous nous bornons à deux propriétés (nous en ajouterons une lors de la prochaine étape) : la couleur et le genre de carrosserie (berline, coupé etc.).

Tout d'abord, il faut créer et nommer le module de classe :

- Faites *Insertion – Module de classe*

- Pour le nommer, on dit que ce sera la classe *Voiture*. Donc, dans la fenêtre de *Propriétés*, imposez le nom *Voiture* à la propriété `Name`. Nous sommes prêts à taper des instructions dans le module de classe.

- Dans la liste déroulante de gauche, sélectionnez *Class*. La liste déroulante de droite donne le choix entre *Intialize* et *Terminate*. Il faut au moins fournir une routine *Initialize* qui intervient à chaque création d'objet de la classe et permet d'initialiser l'objet.

C'est là qu'un élément important de la programmation objet intervient : on va séparer l'accès aux propriétés telles que les connaît l'utilisateur de la façon dont sont réellement gérés les objets. Nos propriétés seront tenues respectivement dans les variables *Car* et *Teinte*. Ces variables ne sont accessibles que dans le module de classe, pas dans le module normal Module 1 où nous voulons utiliser la voiture. Pour accéder aux données, on va créer des procédures *Property*, qui, elles, seront publiques pour être accessibles depuis Module 1

Les procédures Property vont par paires : il y a une `Property Get` qui permet de lire la propriété, et une `Property Let` (ou Set si la propriété est un objet) qui permet de lui donner une valeur. On peut écrire entièrement ces procédures, mais on peut aussi créer leurs en-têtes par le procédé qui suit :

- Faites *Insertion – Procédure*. Dans la BDi qui apparaît :

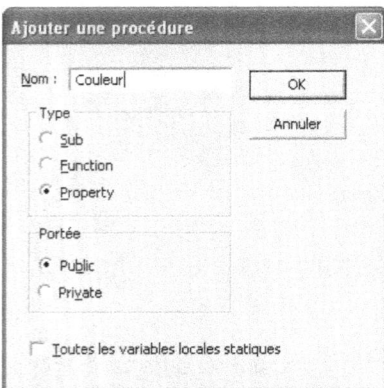

- Cochez ⊙ *Property* et ⊙ *Public*. Les en-têtes des deux procédures de la paire apparaissent ; c'est l'un des intérêts de ce procédé : vous n'oublierez pas un des membres de la paire.

Si vous ne fournissez pas de Property Let ou Set, la propriété est en lecture seule : il n'y aura pas moyen de lui donner une valeur directement par <objet>.<nom>=…

MODULES DE CLASSE - PROGRAMMATION OBJET

Un autre intérêt d'avoir une procédure, c'est qu'on peut tester la valeur que le programmeur cherche à imposer et rejeter les valeurs qui ne conviennent pas. Ici, nous n'en faisons pas usage. Ci-dessous, le module de classe et une routine d'utilisation :

Le module de classe Voiture

```
Dim Car As String, Teinte As _ String
Private Sub Class_Initialize()
  Me.Genre = "Cabriolet"
  Me.Couleur = "Rouge"
End Sub
Public Property Get Couleur() As String
  Couleur = Teinte
End Property
Public Property Let Couleur(ByVal vNewValue As String)
  Teinte = vNewValue
End Property
Public Property Get Genre() As  Variant
  Genre = Car
End Property
Public Property Let Genre ByVal vNewValue As Variant)
  Car = vNewValue
End Property
```

Le module d'utilisation Module 1

```
Sub essai()
  Dim V As New Voiture
  MsgBox V.Genre + " " + V.Couleur
  V.Couleur = "Bleu"
  V.Genre = "Berline"
  MsgBox V.Genre + " " + V.Couleur
End Sub
```

DES MÉTHODES

Les objets ont des **méthodes**, c'est-à-dire des procédures ou des fonctions qui effectuent des actions spécifiques sur eux. Ces procédures étant dans le module de classe, elles ont accès à toutes les données. Ici, nous introduisons une propriété supplémentaire, le kilométrage, propriété KM, implémentation interne Kilom : elle sera en lecture seule car, seule, la méthode Rouler que nous introduisons pourra augmenter la valeur ; on n'autorise pas l'action directe sur la valeur comme le font certains garagistes indélicats.

Le module de classe Voiture

```
Dim Car As String, Teinte As String, Kilom As Long
Private Sub Class_Initialize()
  Dim s As String, p As Integer
  s=InputBox("Genre,Couleur?","Voiture","Cabriolet,Rouge")
  p = InStr(s, ",")
  Me.Genre = Left(s, p - 1)
  Me.Couleur = Mid(s, p + 1)
  Kilom = 0
End Sub
```

```
Public Property Get Couleur() As String
  Couleur = Teinte
End Property
Public Property Let Couleur(ByVal vNewValue As String)
  Teinte = vNewValue
End Property
Public Property Get Genre()As Variant
  Genre = Car
End Property
Public Property Let Genre (ByVal vNewValue As Variant)
  Car = vNewValue
End Property
Public Property Get KM() As Variant
  KM = Kilom
End Property
Public Sub Rouler(k As Long)
  If k < 0 Then Exit Sub
  Kilom = Kilom + k
End Sub
```

Le module d'utilisation Module 1

```
Sub essai()
  Dim V As New Voiture
  MsgBox V.Genre & " " & V.Couleur & " " & V.KM & " km"
  V.Couleur = "Bleu"
  MsgBox V.Genre & " " & V.Couleur & " " & V.KM & " km"
  V.Rouler (10000)
  MsgBox V.Genre & " " & V.Couleur & " " & V.KM & " km"
  V.Genre = InputBox("Transformer en ?", "Voiture", V.Genre)
  MsgBox V.Genre & " " & V.Couleur & " " & V.KM & " km"
End Sub
```

La méthode Rouler a un paramètre : le nombre de kilomètres roulé, qui va être ajouté au kilométrage précédent. Nous avons ici écrit les concaténations dans les MsgBox avec le signe & parce que le kilométrage *V.KM* est numérique. Il aurait fallu introduire des *CStr* pour pouvoir rester avec les signes +. Nous avons modifié la routine *Initialize* pour demander à l'utilisateur les paramètres initiaux de la voiture : en somme, on simule un bon de commande.

DES ÉVÈNEMENTS

Qu'est-ce qui manque à notre objet voiture ? Des événements. Nous allons implanter un événement Panne (excusez notre pessimisme !). Quand les pannes arrivent-elles ? Quand on roule. Pour simplifier, nous suscitons la panne à chaque appel de Rouler : c'est un peu trop pessimiste ; on aurait dû rendre cette instruction conditionnelle, soumise à un Rnd par exemple.

Le module de classe Voiture est peu modifié : il ne s'ajoute que la déclaration de l'événement : `Public Event Panne()` et l'instruction de déclenchement de l'événement dans Rouler : `RaiseEvent Panne`.

La modification la plus draconienne est celle de la déclaration de l'objet V (la voiture) : `Private WithEvents V As Voiture`. Le problème est qu'une telle déclaration ne peut pas être dans un module normal comme Module 1 ; elle doit être dans un module objet. Nous avons donc transporté toute l'utilisation dans le module associé à la feuille Feuil1.

MODULES DE CLASSE - PROGRAMMATION OBJET

Le Module d'objet Feuil1

```vba
Private WithEvents V As Voiture
Private Sub V_Panne()
  MsgBox "Panne à " & V.KM & " km"
End Sub
Sub essai()
  Set V = New Voiture
  MsgBox V.Genre & " " & V.Couleur & " " & V.KM & " km"
  V.Couleur = "Bleu"
  MsgBox V.Genre & " " & V.Couleur & " " & V.KM & " km"
  V.Rouler (10000)
  MsgBox V.Genre & " " & V.Couleur & " " & V.KM & " km"
  V.Genre = InputBox("Transformer en ?", "Voiture", V.Genre)
  MsgBox V.Genre & " " & V.Couleur & " " & V.KM & " km"
  V.Rouler (15000)
End Sub
```

La liste déroulante de gauche du module de feuille fait apparaître l'objet V. Si vous le sélectionnez, l'événement Panne apparaît dans la liste déroulante de droite ; un clic implante l'entête et la fin de la procédure événementielle correspondante : il n'y a plus qu'à la remplir.

La routine que nous avons implantée comme réponse à l'événement est de fournir un simple message disant qu'il y une panne (en principe, un automobiliste s'en aperçoit !) et à quel kilométrage.

Le module de classe Voiture

```vba
Dim Car As String, Teinte As String, Kilom As Long

Public Event Panne()

Private Sub Class_Initialize()
  Dim s As String, p As Integer
  s = InputBox("Genre,Couleur ? ", "Voiture", "Cabriolet,Rouge")
  p = InStr(s, ",")
  Me.Genre = Left(s, p - 1)
  Me.Couleur = Mid(s, p + 1)
  Kilom = 0
End Sub
Public Property Get Couleur() As String
  Couleur = Teinte
End Property
Public Property Let Couleur(ByVal vNewValue As String)
  Teinte = vNewValue
End Property
Public Property Get Genre() As Variant
  Genre = Car
End Property
Public Property Let Genre(ByVal vNewValue As Variant)
  Car = vNewValue
End Property
Public Property Get KM() As Variant
  KM = Kilom
End Property
```

```
Public Sub Rouler(k As Long)
  If k < 0 Then Exit Sub
  Kilom = Kilom + k
  RaiseEvent Panne
End Sub
```

PARTIE 2
MÉTHODOLOGIE ET EXEMPLES RÉUTILISABLES

Techniques utiles et exemples à réutiliser

9

Ajouter des contrôles

Boutons, barres d'outils ou menus

Bases de données

Exemple de génération de graphique

Schémas de routines

Exemples réutilisables

AJOUTER DES CONTRÔLES

On peut ajouter des contrôles à la boîte à outils, si on trouve qu'il n'y en a pas assez. Certains sont déjà installés (leur fichier est déjà présent sur le disque) ; pour d'autres, il faut se procurer le fichier (le plus souvent .ocx) auprès d'un vendeur.

Vous pouvez ajouter une page avec onglet à la *Boîte à Outils*, puis ajouter un ou plusieurs contrôles dans une page.

- Pour ajouter une page, clic-droit sur l'onglet déjà présent, puis sur *Nouvelle page*. Nouveau clic-droit sur cet onglet et *Renommer*. Dans la BDi, vous choisissez le nom et éventuellement un texte d'info-bulle. Vous devrez probablement élargir la *Boîte à outils* pour que les onglets soient tous visibles.

- Pour ajouter un contrôle, clic-droit sur la page et *Contrôles supplémentaires*. Dans la BDi qui apparaît, nous suggérons de choisir *Contrôle Calendrier 10.0* et *Microsoft ProgressBar Control, Version 6.0*. Le contrôle calendrier permet de faire apparaître un calendrier très commode pour choisir une date :

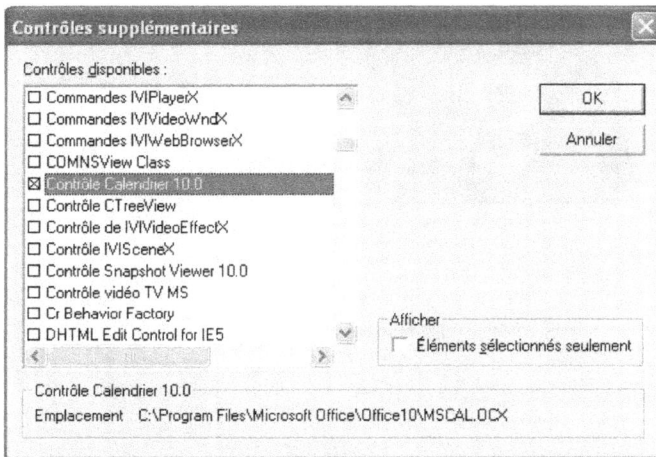

Voici l'aspect du contrôle à l'exécution ; il suffit de choisir l'année et le mois dans les boîtes déroulantes et de cliquer sur le jour :

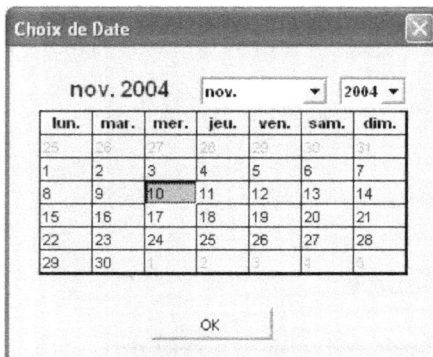

Nous implantons une BDi *UF_ChoixDate* avec un contrôle calendrier Calendar1 et un bouton OK . Les valeurs choisies sont les propriétés *Day*, *Month* et *Year* de Calendar1 :

AJOUTER DES CONTRÔLES

Appel de la BDi

```
Sub ChDate()
  UF_ChoixDate.Show
  MsgBox "Vous avez choisi " + CStr(Dat)
End Sub
```

Dans le module associé à la BDi :

```
Private Sub CommandButton1_Click()
  With Calendar1
    Dat = DateSerial(.Year, .Month, .Day)
  End With
  Unload Me
End Sub
```

Pour le contrôle ProgressBar, créez une BDi UFP avec un seul contrôle ProgressBar : *ProgressBar1*. Cette BDi doit avoir la propriété `ShowModal` à `False` pour qu'on n'attende pas sa fermeture : on continue à exécuter la routine appelante puisque c'est elle qui orchestre la progression, tout en ayant la BDi affichée.

Les propriétés utiles de *ProgressBar1* sont `Min`, `Max` et `Value`. L'utilisation est la suivante : on a une boucle qui orchestre le traitement et donc la progression ; à chaque fin d'itération, on affecte la valeur de l'indice courant à `ProgressBar1.Value`. Par ailleurs récupérez la routine `Delai` de la page 124; on l'utilisera pour marquer un délai d'une demi-seconde donc la ProgressBar avancera d'un cran toutes les demi-secondes :

```
Sub Progres()
Dim i As Integer
  Load UFP
  With UFP.ProgressBar1
    .Min = 0
    .Max = 50
    .Value = 0
    UFP.Show
    For i = 1 To 50    ' Boucle de progression
      Delai (0.5)      ' Il y a normalement ici un
      .Value = i       ' traitement plus complexe
    Next i
  End With
  Unload UFP
End Sub
```

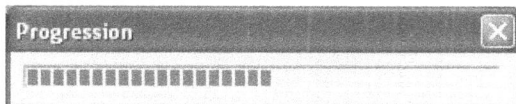

BOUTONS, BARRES D'OUTILS OU MENUS

On peut créer de nouvelles barres d'outils ou de menus (c'est la même chose : des membres de la collection `CommandBars`), y incorporer de nouveaux boutons et leur affecter des macros. Cela peut se faire soit par actions Excel, soit par macros.

Ces nouveaux éléments peuvent remplacer les barres d'outils et les menus classiques d'Excel, de sorte que votre programme change complètement l'aspect d'Excel et le rende spécifique de votre traitement. Cela bien sûr ne peut se faire que par macro et tout le problème est de rétablir les menus classiques pour les autres utilisateurs.

Donc, à l'activation du classeur, une macro va créer le nouvel environnement et, à la désactivation, on va rétablir l'environnement classique. L'inconvénient principal de cette méthode est qu'il faut être sûr que le rétablissement a bien lieu, ce qui est problématique si votre programme se termine par un plantage.

PERSONNALISATION PAR EXCEL

Barre d'outils

- Dans l'écran Excel : *Outils – Personnaliser* ou
  clic-droit sur une barre d'outils, puis sur *Personnaliser* :

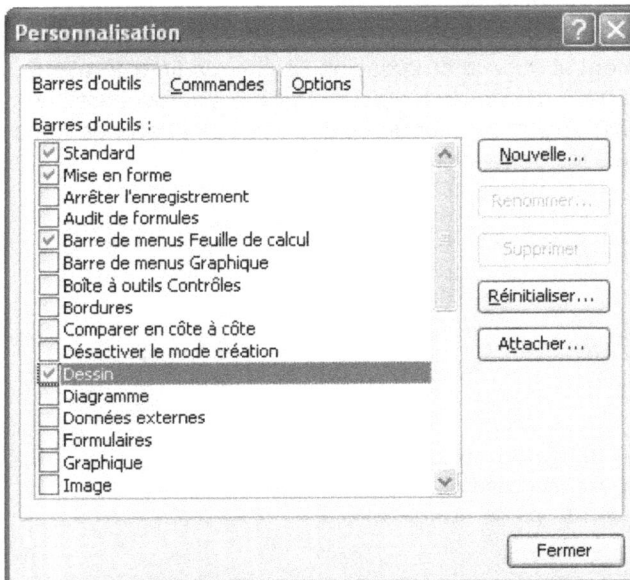

- Cliquez sur **Nouvelle** et saisissez un nom, par exemple *BO1* :

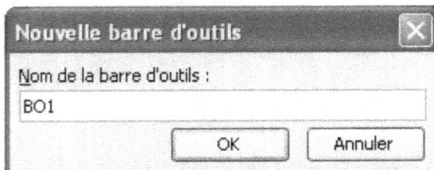

- **OK** et **Fermer** : la petite barre d'outils apparaît sous forme de *Boîte à outils* sur l'écran ; déplacez-la en haut sur une place vide des barres d'outils présentes.
- Faites à nouveau *Outils – Personnaliser* et sélectionnez la barre qu'on vient de créer. Passez à l'onglet "Commandes" et sélectionnez *Macros* dans la liste *Catégories*. A droite, choisissez *Bouton personnalisé* :

BOUTONS, BARRES D'OUTILS OU MENUS

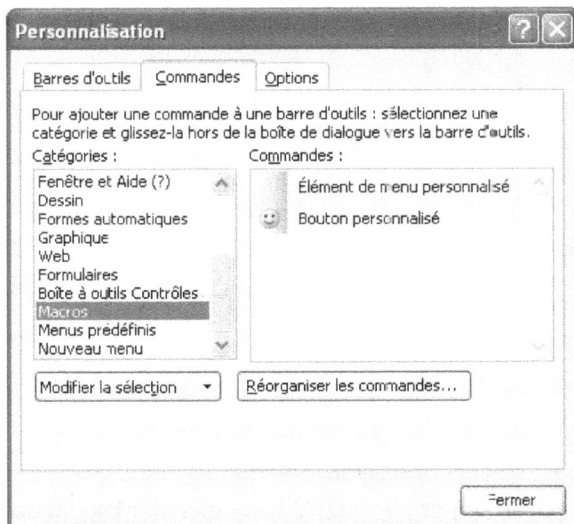

- Faites glisser ce bouton jusqu'à la barre d'outils.
- Sans fermer la BDi, clic-droit sur le bouton (Smiley) dans la barre d'outils (pas le Smiley de la BDi). Il vient un menu déroulant.
- Choisissez *Affecter une macro*. La BDi bien connue vous permet de choisir une procédure dans les classeurs ouverts ou dans le classeur actuel.
- Vous pouvez, si vous voulez, changer l'image du bouton. Vous avez les choix :
  - *Coller l'image du bouton* qui suppose que vous avez auparavant copié une image dans le presse-papiers
  - *Modifier l'image du bouton* qui donne un choix de 42 icônes
  - *Éditeur de boutons* qui vous permet de définir votre image pixel par pixel.

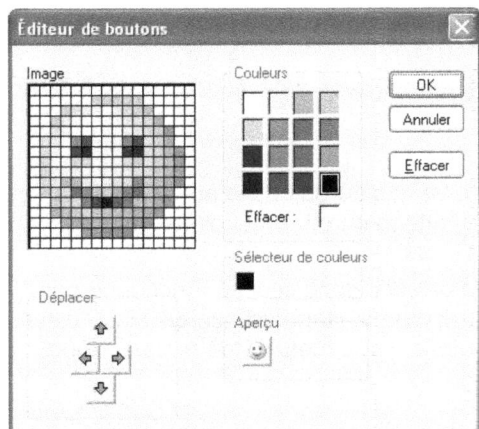

- Regardez les autres rubriques de ce menu déroulant, et, si c'est terminé, cliquez sur Fermer de la BDi Personnalisation.

Supprimer une barre d'outils

- *Outils – Personnaliser*, dans l'onglet Barres d'outils et clic sur la barre puis Supprimer

La marche à suivre pour ajouter un bouton à une barre existante est exactement celle que nous avons vue depuis la dernière étape sur la page 138.

BOUTONS, BARRES D'OUTILS OU MENUS

Menus

Ajouter une commande à un menu existant

- *Outils – Personnaliser* - onglet *Barres d'outils* - Barre de menus *Feuille de calcul*.
- Dans l'onglet *Commandes*, liste Catégories, sélectionnez *Macro*.
- Cette fois, faites glisser Élément de menu personnalisé jusqu'au titre de menu voulu : il se déroule ; continuez le glissement jusqu'à la ligne voulue dans le menu.
- Sans fermer la BDi, clic droit sur l'Élément dans le menu : il faut au moins affecter une macro et aller sur la rubrique Nom où vous pouvez taper le nom voulu. On rappelle que si vous précédez une lettre du signe &, elle apparaîtra soulignée. Clic sur Fermer .

AJOUTER UN NOUVEAU MENU

- *Outils – Personnaliser* - onglet *Barres d'outils* - Barre de menus *Feuille de calcul*.
- Dans l'onglet *Commandes*, liste Catégories, sélectionnez *Nouveau menu*.
- Faites glisser la mention *Nouveau menu* apparue à droite jusqu'à l'emplacement voulu de la barre des menus.
- Clic-droit sur ce nouveau menu : définissez le nom. On peut affecter une macro à ce menu s'il n'a pas de sous-menus. Sinon clic sur Fermer .

Pour installer un trait de séparation, faire glisser vers le bas la rubrique qui devra se trouver en dessous du futur trait.

Pour installer des sous-menus à ce nouveau menu, c'est exactement comme ci-dessus, puisque ce menu est maintenant existant.

Attacher

Il est judicieux de stocker les barres d'outils personnalisées dans le classeur. Pour cela :

- *Outils – Personnaliser*, puis clic sur Attacher
- Sélectionnez votre nouvelle barre et clic sur Copier .
- Sauvegardez le classeur
- Supprimez la nouvelle barre (clic sur Supprimer après l'avoir sélectionnée dans la BDi *Personnaliser*).
- Quittez Excel.

Quand vous rappellerez Excel avec un autre classeur, vous n'aurez pas la nouvelle barre alors que vous l'aurez si vous rappelez le classeur de rattachement. Vous devrez alors à nouveau supprimer la nouvelle barre avant de fermer Excel.

On ne peut pas attacher la Barre de menus *Feuille de calculs*, donc ceci ne fonctionne pas pour des menus ou des rubriques que vous ajoutez aux menus standard : ce qu'il faut, c'est créer une nouvelle barre dans laquelle, au lieu de boutons, vous mettez des menus. Vous faites les mêmes opérations pour cette barre.

PERSONNALISATION PAR MACRO

On crée une nouvelle barre par (avec `Dim nvBarre As CommandBar`) :

```
Set nvBarre=Application.CommandBars.Add(Name:="<nom>", _
    Position:=msoBarTop, MenuBar:=True, Temporary:=True)
```

Tous les arguments sont facultatifs. <nom> est le nom attribué à la barre : elle sera désignable par `Application.CommandBars("<nom>")` ou par le nom de variable du `Set` (nvBarre). Si le nom n'est pas spécifié, VBA fournit un nom arbitraire.

BOUTONS, BARRES D'OUTILS OU MENUS

Pour `Position`, on a le choix entre `msoBarTop`, `msoBarBottom`, `msoBarLeft` et `msoBarRight`. Top nous semble le meilleur. On peut spécifier aussi `msoBarFloating` (la barre ne sera pas ancrée) et `mscBarPopup` (la barre sera un menu contextuel).

Si `MenuBar` est `True`, la nouvelle barre remplace la barre des menus normale ; donc prudence !! Heureusement la valeur par défaut est `False`. `Temporary` est mis à `True` (défaut) pour que la barre disparaisse quand on quitte Excel.

Il faut penser à mettre à `True` les propriétés `Enabled` et `Visible` de la nouvelle barre pour la rendre utilisable. On met ces propriétés à `False` pour désactiver et faire disparaître une barre.

Pour créer un contrôle sur la barre : `Set <varCtl> = nvBar.Controls.Add(<type>)` où `<type>` indique le type du contrôle parmi `msoControlButton` (bouton), `msoControlComboBox` (ComboBox) ou `msoControlPopup` (menu ou rubrique de menu). Les autres arguments sont facultatifs.

La propriété la plus essentielle d'un contrôle est `OnAction="<nom_proc>"` qui précise le nom de la procédure à appeler quand le contrôle est mis en oeuvre.

L'exemple qui suit montre la création d'une barre de menu (qui remplace le menu normal) et possède un bouton, une ComboBox et un menu déroulant. On voit comment on affecte un fichier image comme dessin du bouton (propriété `Picture` et méthode `LoadPicture`), comment on fixe le libellé des rubriques de menu (propriété `Caption`) et comment on remplit la liste des choix d'une ComboBox (méthode `AddItem`).

Toutes les routines de traitement sont ultra simplifiées. Il y a l'indispensable routine de rétablissement de l'ancien menu dont le nom est (*Worksheet Menu Bar*).

```
  Dim nvBar As CommandBar, Bout As CommandBarButton
  Dim cbb As CommandBarComboBox, Men As CommandBarPopup
  Dim men1 As CommandBarPopup, men2 As CommandBarPopup
Sub creBarre()
  Set nvBar = Application.CommandBars.Add(Name:="Barre2", _
    Position:=msoBarTop, MenuBar:=True, Temporary:=True)
  nvBar.Enabled = True
  nvBar.Visible = True
  Set Bout = nvBar.Controls.Add(msoControlButton)
  Bout.Picture = _
stdole.StdFunctions.LoadPicture("D:\Tsoft\memxlvba\Imb.bmp")
  Bout.OnAction = "pBout"
  Set cbb = nvBar.Controls.Add(msoControlComboBox)
  cbb.AddItem "Choix 1"
  cbb.AddItem "Choix 2"
  cbb.OnAction = "pcbb"
  Set Men = nvBar.Controls.Add(msoControlPopup)
  Men.Caption = "Menu0"
  Set men1 = Men.Controls.Add(msoControlPopup)
  men1.Caption = "Menu1"
  men1.OnAction = "pMen1"
  Set men2 = Men.Controls.Add(msoControlPopup)
  men2.Caption = "Menu2"
  men2.OnAction = "pMen2"
End Sub
```

```
Sub pBout()
    MsgBox "Bouton"
End Sub
Sub pcbb()
    MsgBox cbb.Text
End Sub
Sub pmen1()
    MsgBox men1.Caption
End Sub
Sub pmen2()
    MsgBox men2.Caption
End Sub

Sub Retablir()
    Dim x As CommandBar
    CommandBars("Barre2").Delete
    Set x = CommandBars("Worksheet Menu Bar")
    x.Enabled = True
    x.Visible = True
End Sub
```

Comment avons-nous trouvé le nom de l'ancien menu ? En faisant exécuter cette routine :

```
Sub affBarres()
    Dim x As CommandBar
    For Each x In Application.CommandBars
        Debug.Print x.Name
    Next
End Sub
```

L'idéal serait de recopier ceci dans le module attaché à *ThisWorkbook*, avec la routine de création renommée *Workbook_Activate* et la routine de rétablissement renommée *Workbook_Deactivate*.

BASES DE DONNÉES

Excel permet de simuler une base de données sur une feuille de classeur : une ligne correspond à un enregistrement et une colonne correspond à un champ. Il faut une première ligne d'en-têtes qui contient les noms des champs. Excel permet le tri des données et possède des fonctions statistiques sur bases de données et vous pouvez écrire des macros de recherche et sélection d'enregistrements.

Il y a deux différences entre ces possibilités et les véritables logiciels de bases de données comme Access :

- les listes de données d'Excel sont dans des feuilles de calcul et sont conc en mémoire alors que les logiciels de BD gèrent les données sur disque. Ils sont donc moins limités en taille et sont optimisés pour être plus rapides.
- une liste de données d'Excel est limitée à 65 535 enregistrements et même moins pour des raisons de mémoire, encore que cette limite recule à mesure des progrès des ordinateurs. Il en résulte que de plus en plus d'applications sont compatibles avec ces limites.

Avec les progrès des performances et des mémoires, Excel est parfaitement capable de traiter, par exemple une base de données de 2000 clients, et même plus, peut-être 10 000 s'il n'y a pas trop de rubriques.

BASES DE DONNEES EXTERNES

Microsoft Query

Livré avec Excel, *Microsoft Query* permet d'extraire des données d'une base Access, Oracle ou autres. Il permet de générer de requêtes. Faute de place, nous ne pouvons nous étendre : vous pouvez voir toutes les méthodes et propriétés de l'objet `QueryTable` dans l'Explorateur d'objets.

Par ailleurs, pour voir comment cela se programme, passez en mode enregistrement de macro. Faites *Données – Données externes – Importer des données*. Dans la BDi de choix de la source des données, dans la liste déroulante *Regarder dans,* choisissez *C:\Program Files\Microsoft Office\Office10\Samples\Comptoirs.mdb* (c'est la seule base dont on sait que tout le monde l'a). Dans la nouvelle BD, choisissez la table Clients et spécifiez ⊙ *Insérer les données dans une nouvelle feuille* : les données apparaissent. Cliquez sur ■ pour terminer l'enregistrement et voyez ce qui est généré.

`ActiveWorkbook.Worksheets.Add` obéit à la spécification d'une nouvelle feuille.

On fait un Add à la collection QueryTables :
`With ActiveSheet.QueryTables.Add` avec les arguments `Connection:=...` et `Destination:=Range("A1')`. Ensuite on fixe différentes propriétés, notamment `.SourceDataFile= "C:\Program Files\Microsoft Office\Office10\Samples\Comptoir.mdb"`

Nous vous suggérons d'essayer aussi en spécifiant une requête.

ODBC

Si le produit est installé, vous pouvez référencer un driver ODBC et accéder à d'autres bases. Dans *Outils – Références*, choisissez **Microsoft DAO 3.6 Object Library** (le numéro de version peut varier). Voyez les objets disponibles dans l'Explorateur d'objets : bibliothèque DAO, classes WorkSpace(s), DBEngine, DataBase(s), Connection(s), QueryDef(s), TableDef(s) et RecordSet(s).

EXEMPLE DE GÉNÉRATION DE GRAPHIQUE

La création de graphiques sous Excel est extrêmement commode et intuitive. Pour voir comment le faire en programmation, le mieux est de se mettre en mode enregistrement de macro, de créer un graphique et ensuite de s'inspirer du code généré par Excel. Un intérêt de la programmation de graphiques est que le programme VBA qui crée un graphique est moins encombrant en mémoire que le graphique lui-même : donc on sauvegardera le classeur avec ce programme plutôt qu'avec le graphique et on pourra toujours exécuter le programme si on veut voir le graphique.

Voici un exemple d'un tel programme qui suppose en A1:F5 des données du genre :

	1999	2000	2001	2002	2003
IDF	700	600	800	900	950
PACA	200	150	190	210	250
P.Loire	100	100	110	120	130
Rh. Alpes	200	200	250	300	350

```
Dim m As Integer
  Charts.Add
  With ActiveChart
    .SetSourceData Source:=Sheets("Feuil2"). _
        Range("A1:F5"), PlotBy:=xlRows
    For m = 1 To 4
      .SeriesCollection(m).XValues = Sheets("Feuil2") _
        .Range("B1:F1").Value
      .SeriesCollection(m).Values = Sheets("Feuil2") _
        .Range("B" & m + 1 & ":F" & m + 1).Value
      .SeriesCollection(m).Name = Sheets("Feuil2") _
        .Range("A" & m + 1).Value
    Next m
    .ChartType = xlLine
    .Location Where:=xlLocationAsNewSheet
    .Axes(xlCategory, xlPrimary).HasTitle = True
    .Axes(xlCategory, xlPrimary).AxisTitle.Characters.Text = "Années"
    .Axes(xlValue, xlPrimary).HasTitle = True
    .Axes(xlValue, xlPrimary).AxisTitle.Characters.Text = "Tonnes"
    .PlotArea.Interior.ColorIndex = 20    ' Gris
    .Axes(xlValue).MajorGridlines.Border.LineStyle = xlDot
    .ChartArea.Font.Size = 15
    .Deselect
    .Move
  End With
```

Le graphique est d'abord créé comme feuille graphique dans le classeur, mais l'appel de la méthode `Move` sans argument le fait déplacer dans un nouveau classeur, ce qui permet l'économie dont on parlait au début. Remplacer la définition des données par ce qui suit permet de représenter des données hors classeur (calculées sur le moment) :

```
.SetSourceData Source:=Sheets("Feuil3") _
    .Range("A1:D3"),PlotBy:=xlRows
For m = 1 To 2
    .SeriesCollection(m).XValues = Array(2000, 2001, 2002)
    .SeriesCollection(m).Values = Array(100 * m, 80 * m, 150 * m)
    .SeriesCollection(m).Name = "Série " + CStr(m)
Next m
```

Le `.SetSourceData` reste nécessaire, même s'il indique une plage vide.

SCHÉMAS DE ROUTINES

PARCOURIR LA PARTIE UTILE D'UNE FEUILLE, TROUVER LA 1RE LIGNE VIDE

Ce schéma est spécialement important. On écrit :

```
For Ligne=Début To 65536
    If IsEmpty(Cells(Ligne,Col)) Then Exit For
    ... ' faire ce qu'on a à faire sur les lignes utiles
Next Ligne
' Ici Ligne=n° de la première ligne vide
```

Ligne est a priori de type Long, mais si on sait que la limite est bien inférieure, on met cette limite au lieu de 65536 et on peut utiliser un Integer. *Début* est le numéro de la 1re ligne utile : c'est peut-être 1, mais pour une liste style BD, c'est 2 puisque la 1re ligne porte les libellés de champs. Col est le numéro d'une colonne/champ dont on est sûr qu'elle est remplie pour chaque ligne utile. La désignation `Cells` doit, si nécessaire, être préfixée par classeur et feuille.

Autre solution

```
Cells(L,C).Select
PLV=ActiveCell.CurrentRegion.Rows.Count+1
```

Cette solution est valable surtout si on n'a pas de traitement à faire sur les lignes. Elle s'accommode de l'oubli de remplir une cellule. `ActiveCell.End(xlDown).Row` ou `Cells.SpecialCells(xlCellTypeLastCell).Row` peuvent aussi être utilisés.

A une unité près, ce problème est le même que compter les lignes occupées. S'il s'agit d'une feuille occupée de façon éparse, on peut utiliser `ActiveSheet.UsedRange.Rows.Count`.

PARCOURIR LA PARTIE UTILE D'UNE FEUILLE POUR RECHERCHER UNE DONNÉE

On a une feuille BD. On cherche si, dans la colonne Col, il y a la valeur VATR :

```
For Ligne=Début To 65536
    If IsEmpty(Cells(Ligne,Col)) Then Exit For
    If Cells(Ligne,Col).Value=VATR Then Exit For
Next Ligne
' Ici Ligne=n° de la première ligne vide ou de la valeur trouvée
If Not IsEmpty(Cells(Ligne,Col)) Then MsgBox "Trouvé !"
```

Autre solution

On introduit un booléen *Tr*, True si c'est trouvé :

```
Tr=False
For Ligne=Début To 65536
    If IsEmpty(Cells(Ligne,Col)) Then Exit For
    If Cells(Ligne,Col).Value=VATR Then Tr=True:Exit For
Next Ligne
If Tr then MsgBox "Trouvé !"
```

3e solution

```
Cells(Début,Col).Select
Tr=False
For Ligne=Début To ActiveCell.CurrentRegion.Rows.Count
    If Cells(Ligne,Col).Value=VATR Then Tr=True:Exit For
Next Ligne
If Tr then MsgBox "Trouvé !"
```

SCHÉMAS DE ROUTINES

INSÉRER UN ÉLÉMENT À SA PLACE DANS L'ORDRE ALPHABÉTIQUE

On a une feuille BD avec une liste de représentants, région, chiffre d'affaires etc. Les noms sont en colonne Col et sont classés par ordre alphabétique. On doit insérer les données d'un nouveau représentant de nom *NouvNom* :

```
For Ligne=Début To 65536
   If IsEmpty(Cells(Ligne,Col)) Then Exit For
   If NouvNom<Cells(Ligne,Col).Value Then
      Cells(Ligne,Col).EntireRow.Insert
      Exit For
   End IF
Next Ligne
' Ici Ligne=n° de la première ligne vide ou de la ligne vide insérée
Cells(Ligne,Col).Value=NouvNom
… ' Autres données
```

REGROUPEMENT DE DONNÉES

La feuille Départ est une BD des représentants (nom dans la colonne *Colnom*, CA dans la colonne *ColCA*). On veut créer en feuille Cumuls les CA totaux de chaque représentant. Au démarrage, la feuille *Cumuls* n'a que la ligne des libellés des deux champs.

```
Set FD=Sheets("Départ") : Set FC=Sheets("Cumuls")
For Ligne=Début To 65536
   If IsEmpty(FD.Cells(Ligne,Colnom)) Then Exit For
   Nom=FD.Cells(Ligne,Colnom).Value
   For Ligne2=Début To 65536
      If IsEmpty(FC.Cells(Ligne2,Colnom)) Then Exit For
      If Nom=FC.Cells(Ligne2,Colnom).Value Then Exit For
   Next Ligne2
   FC.Cells(Ligne2,Colnom).Value=Nom
   FC.Cells(Ligne2,ColCA).Value=FC.Cells(Ligne2,ColCA).Value _
           + FD.Cells(Ligne,ColCA).Value
Next Ligne
```

LIRE DANS UN FICHIER CLASSEUR SANS L'OUVRIR

La méthode consiste à installer dans une cellule du classeur actuel, un lien vers la cellule voulue du classeur qu'on veut lire :

```
Range("B5").FormulaLocal = "='D:\Tsoft\[Clf.xls]Feuil1'!A1"
Debug.Print Range("B5").Value
```

COPIE D'UN FICHIER

Lorsqu'on ne sait rien sur le contenu du fichier, on procède caractère par caractère :

```
Open "D:\Tsoft\ess1.txt" For Input As #1
Open "D:\Tsoft\ess1cop.txt" For Output As #2
While Not EOF(1)
   x = Input(1, #1)
   Print #2, x;
Wend
Close 2
Close 1
```

EXEMPLES RÉUTILISABLES

REPÉRER LE MAXIMUM DANS UNE LISTE

La fonction statistique *Max* nous donnerait la valeur du maximum ; ici, nous voulons le numéro de ligne du maximum. Le maximum provisoire est *MaxProv* (il deviendra le maximum définitif).

```
Lmax=1 : MaxProv=Cells(Lmax,Col).Value
For Ligne=2 To 65536
    If Cells(Ligne,Col).Value>Lmax then
        Lmax=Ligne : MaxProv=Cells(Lmax,Col).Value
    End If
Next Ligne
MsgBox "Maximum " & MaxProv & " à la ligne " & Lmax
```

RECHERCHE DICHOTOMIQUE DANS UN TABLEAU OU UNE FEUILLE

La recherche dichotomique est beaucoup plus efficace pour les grandes listes que la recherche séquentielle : on divise l'intervalle de recherche par 2 à chaque étape d'où un temps proportionnel à Log2(n). Il faut que le tableau soit classé (croissant dans notre exemple). Ici, on suppose que la cellule active est dans le tableau. Les arguments de la fonction *Dicho* ci-dessous sont le nom cherché, le numéro de colonne des noms et le numéro de ligne de départ, 1 ou 2. Le résultat est le numéro de ligne trouvé ou 0 si le nom n'est pas présent.

```
Function Dicho(NomCher As String, Col As Integer, Ldep As Long) _
    As Long
  Dim Linf As Long, Lsup As Long, Lmil As Long
  Linf = 2
  Lsup = ActiveCell.CurrentRegion.Rows.Count
  If (NomCher > Cells(Lsup, Col).Value) Or (NomCher < _
    Cells(Linf, Col).Value) Then Dicho = 0: Exit Function
  If NomCher = Cells(Linf, Col) Then Dicho = Linf: Exit Function
  If NomCher = Cells(Lsup, Col) Then Dicho = Lsup: Exit Function
  Lmil = (Linf + Lsup) \ 2
  While (Lmil <> Linf) And (NomCher <> Cells(Lmil, Col).Value)
    If NomCher > Cells(Lmil, Col).Value Then
      Linf = Lmil : Lmil = (Linf + Lsup) \ 2
    Else
      If NomCher < Cells(Lmil, Col).Value Then
        Lsup = Lmil : Lmil = (Linf + Lsup) \ 2
      End If
    End If
  Wend
  If NomCher = Cells(Lmil, Col).Value Then Dicho=Lmil Else Dicho = 0
End Function
```

SOMME ET MOYENNE DES ÉLÉMENTS D'UN TABLEAU

On suppose le tableau *Valeurs* dimensionné et initialisé :

```
S=0
N=0
For I=LBound(Valeurs) To UBound(Valeurs)
    N=N+1
    S=S+Valeurs(I)
Next I
M=S/N
```

EXEMPLES RÉUTILISABLES

FONCTION DÉCELANT SI UN CLASSEUR EST OUVERT

Nous munissons notre fonction d'un argument facultatif : s'il est présent et `True`, c'est le nom complet (avec disque et répertoire) qui est fourni comme 1er argument, s'il est absent c'est d'après le simple nom qu'on recherche. Dans tous les cas, il faut le .xls dans le nom.

```
Function Ouvert(Nom as String, Optional F As Boolean=False) As _
    Boolean
  Dim W As Workbook, Tr As Boolean
  Tr=False
  For Each W In Workbooks
    If F Then
        If W.FullName=Nom then Tr=True: Exit For
    Else
        If W.Name=Nom then Tr=True: Exit For
    End If
  Next
  Ouvert=Tr
End Function
```

FICHIER TEXTE À LONGUEUR DE LIGNE CONSTANTE

```
Sub EcritLargConst()
  Dim i As Integer, Ligne As String, Larg As Integer
  Larg = 10 : Ligne = Space(Larg)   'Largeur à décider
  Open "d:\Tsoft\ess2.txt" For Output As #1
  For i = 0 To 9
    Mid(Ligne, 1) = Chr(48 + i)       'ou toute donnée
    Print #1, Ligne + vbCr;           'de largeur < Larg
  Next i
  Close #1
End Sub
```

CHOIX EXCLUSIFS DANS LE COMPAGNON OFFICE

```
Sub Assist()
Dim bln As Balloon
  Assistant.Visible = False : Set bln = Assistant.NewBalloon
  With bln
    .Heading = "Langue connue" : .Labels(1).Text = "Anglais"
    .Labels(2).Text = "Allemand" : .Button = msoButtonSetNone
    .BalloonType = msoBalloonTypeButtons : .Mode = msoModeModeless
    .Callback = "Traite"   'Procédure appelée dès qu'on a cliqué
    .Show                  'sur un des boutons ; elle doit avoir
  End With                 'les 3 args. indiqués notamment lbtn
End Sub                    'qui fournit le n° du bouton cliqué
Sub Traite(bln As Balloon, lbtn As Long, lPriv As Long)
  Const la = "Anglais Allemand"
  If lbtn > 0 Then MsgBox "Langue " & Mid(la, 1 + 8 * (lbtn - 1), 8)
  bln.Close   'Nécessaire à cause du mode Modeless
End Sub
```

Le mode *Modeless* permet d'agir sur le classeur alors que le ballon reste affiché. C'est utile pour fournir une marche à suivre : l'utilisateur l'a sous les yeux tout en effectuant les actions.

Conseils méthodologiques

10

Principes : la feuille Menus

Développement progressif d'une application

Démarrage automatique

Création d'un système d'aide

Gestion d'un classeur avec dictionnaire de données

Gestion des versions

Pour des applications d'une certaine complexité, nous mettons en avant trois principes : ergonomie, séparation programme-données et développement progressif de l'application.

ERGONOMIE

C'est le principe d'avoir le logiciel le plus commode à utiliser possible. Donc les différentes fonctions du logiciel doivent pouvoir être appelées par un simple clic, soit sur un bouton, soit sur un menu. Mais cela ne suffit pas, il faut que l'utilisateur ait accès à une brève mais précise description de la fonction pour pouvoir la choisir en connaissance de cause.

En outre, il faudra fournir à l'utilisateur un système d'aide adéquat et il se pose la question du démarrage automatique de certaines parties du programme. Aussi, on aura soin de développer des BDi d'entrée de données les plus commodes possibles.

SÉPARATION PROGRAMMES-DONNÉES

Il est préférable que les programmes soient seuls dans leur classeur, et, donc, que les données soient dans un autre classeur. De toutes façons, dès qu'une application est un peu élaborée, il y a plusieurs classeurs de données à manipuler, donc il n'y a pas de raison qu'une partie des données soient avec le programme. Parmi les classeurs de données à manipuler, il y a le(s) document(s) que le logiciel doit produire et un ou plusieurs classeurs bases de données. Par exemple, dans une application de facturation, la facture à produire est le principal document à produire. Les bases de données seront les *clients* et *produits*. Si on greffe la gestion des stocks, un document supplémentaire pourra être le bon de commande de produits et on ajoutera une base de données *fournisseurs.*

Chaque document à produire sera un classeur Excel. On en créera un modèle vierge que le logiciel chargera et sauvegardera aussitôt sous le nom convenable : il faut concevoir des règles de nommage des documents (ex. pour une facture : début du nom du client suivi d'un numéro de séquence) et décider les répertoires d'implantation.

DÉVELOPPEMENT PROGRESSIF DE L'APPLICATION

Pour un programme assez complexe, il n'est pas possible de procéder à une mise au point en bloc de la totalité des fonctionnalités. Il faut que le développement soit progressif, c'est-à-dire implémenter les fonctionnalités une par une, et accepter qu'à un instant donné, il n'y ait qu'une partie des fonctions opérationnelles. Reprenant l'exemple de la facturation, on pourra commencer par la construction de la facture, en travaillant sur une base clients provisoire, laissant pour plus tard les fonctionnalités de gestion de la base clients.

CLASSEUR MENU

La question de l'outil utilisé pour lancer une fonction se pose. Beaucoup de développeurs construisent des barres d'outils et de menus personnalisés qui remplacent les menus et barres d'outils classiques d'Excel ; nous rendons ainsi Excel méconnaissable et donc l'utilisateur final saura bien qu'il est en présence de notre programme et non d'Excel classique.

Nous ne sommes pas, quant à nous, partisans de ce procédé. En effet, ce système pose un problème épineux, celui de rétablir les menus et barres classiques d'Excel. Bien sûr, ce rétablissement est possible et il suffit que le programmeur n'oublie pas, au moment de quitter le programme, d'appeler une routine de rétablissement qu'il n'aura pas oublié de fournir. Mais 1) c'est une contrainte pour le programmeur, et 2) que se passe-t-il en cas de plantage ? Le rétablissement ne sera pas fait, il faudra le faire à la main. L'utilisateur final n'en est pas toujours capable, d'où frayeur et inconfort. Or, nous nous excusons d'utiliser un argument mercantile, mais un programme inconfortable pour l'utilisateur ne se vend pas.

PRINCIPES : LA FEUILLE MENU

Nous préférons installer des boutons de déclenchement sur la feuille de calculs du classeur programme, et donc garder les menus d'Excel. Cette démarche a un inconvénient, mais qui est remédiable : puisqu'il a les menus Excel, l'utilisateur peut agir directement sur les classeurs BD et les altérer. Le remède est simple : il suffit que les classeurs BD soient protégés par mots de passe de sorte que l'entretien de BD ne puisse se faire que par les fonctions correspondantes de notre programme.

AVANTAGES

Du côté des avantages, le fait que, dès que le classeur programme est chargé, une feuille couverte de gros boutons de déclenchement donne de la personnalité au programme, et c'est plus lisible et parlant que des boutons de barres d'outils ou des barres de menus.

Un autre avantage est qu'on peut dans les cellules de la feuille menu voisines d'un bouton, mettre un texte explicatif de la fonctionnalité correspondante.

Voici ce qu'on pourrait avoir pour la facturation :

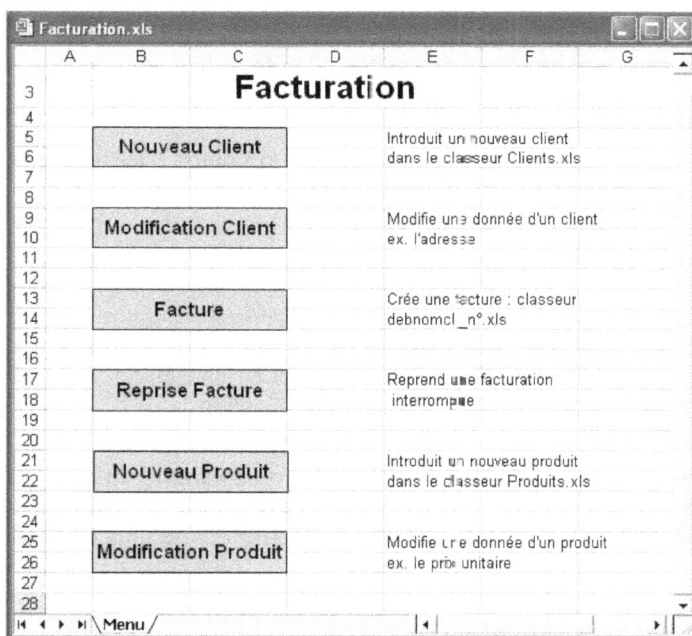

Pour les boutons, on a le choix entre le rectangle de la barre d'outils Dessin (vous pouvez aussi prendre l'ellipse pour un logiciel psychédélique !) et le bouton de commande Contrôles de la *Boîte à outils*. Nous préférons le rectangle de la barre Dessin, mais c'est une opinion personnelle. Bien sûr, on aura soin de bien formater les boutons par :

- Clic-droit sur le bord du bouton (si vous cliquez dans le bouton, la BDi n'aura que l'onglet Police).
- *Format de la forme automatique*
- Onglet *Police* : l'ex. ci-dessus a Arial, 12 pt, gras
- Onglet *Alignement* : centré pour Horizontal et Vertical
- Onglet *Couleurs et traits* : gris clair comme couleur de remplissage.

Dans la figure ci-dessus, nous n'avons gardé qu'une feuille, renommée *Menu*, mais on pourrait en avoir plusieurs, correspondant à différents groupes de fonctionnalités. Dans une feuille, on pourrait avoir plusieurs colonnes de boutons correspondant aussi à différents groupes.

DÉVELOPPEMENT PROGRESSIF D'UNE APPLICATION

Une fois les boutons créés, il faut créer des procédures vides dans un module. Choisissez des noms parlants, par exemple toujours pour le cas de la facturation : *NouvCli, ModCli, CréeFact, ReprFact, NouvProd, ModProd*. Ensuite, il faut affecter chacune de ces procédures au bouton correspondant. Il est préférable de procéder dans cet ordre plutôt que de faire l'affectation avant d'écrire l'en-tête de la procédure : dans ce cas, un nom du style Rectangle1_QuandClic vous sera imposé et vous aurez à faire quelque chose pour le changer.

Tant que la fonctionnalité n'est pas implémentée, vous pouvez laisser la procédure vide : si on clique sur le bouton concerné, il ne se passera rien. Sinon, vous pouvez installer une instruction du genre :

```
MsgBox "Pas encore implémenté".
```

La progressivité est à plusieurs niveaux :

- **introduction des fonctionnalités**. On peut très bien ne pas avoir tout de suite pensé à toutes les fonctions à proposer. Mais rien n'empêche d'ajouter des boutons à tout moment, à mesure que le cahier des charges évolue.

  Dans notre exemple de facturation on pourrait suggérer d'ajouter un bouton d'aide, greffer la gestion des stocks, établir les liens voulus avec la comptabilité…

- **échelonnement de l'écriture des fonctionnalités**. On peut reporter à plus tard le développement des fonctionnalités les moins indispensables. Dans un exemple qui utilise des bases de données, on peut développer d'abord les fonctionnalités d'utilisation des bases : on peut fonctionner en se contentant des bases dans leur état de départ, ou en les gérant par action directe par Excel. Lorsqu'on implante la gestion des BD, on développe d'abord la fonction nouvel élément, et plus tard la modification.

- **développement progressif de la fonctionnalité**. On peut d'abord développer la fonctionnalité de façon simplifiée, en ne traitant que les cas les plus généraux et les plus souvent rencontrés, puis la perfectionner progressivement en incorporant de plus en plus de cas particuliers.

DÉMARRAGE AUTOMATIQUE

MOYENS DE DÉMARRAGE AUTOMATIQUE

Il y a plusieurs moyens pour qu'une procédure se lance automatiquement. Les moyens des versions anciennes ont été gardés pour raison de compatibilité : ce sont les classeurs présents dans les répertoires *xlOuvrir* ou *xlStart* et les procédures comme *Auto_Open*.

Nous considérons ces moyens comme ultra-démodés et nous conseillons de n'utiliser que les moyens modernes. Ceux-ci consistent à fournir une procédure d'événement *Workbook_Open* ou *Workbook_Activate*.

CAS DE DÉMARRAGE AUTOMATIQUE

On peut vouloir que toute l'application démarre automatiquement dans le but de canaliser l'utilisateur au maximum et l'obliger à répondre aux questions du programme. Nous pensons que c'est un peu trop : l'utilisateur motivé sait bien qu'il doit démarrer le programme, et donc notre technique des boutons menus convient.

En revanche, il peut y avoir des opérations d'initialisations dont on veut être certain qu'elles ont été effectuées. Il est alors judicieux de les mettre dans *Workbook_Open* ou *Workbook_Activate*.

Un inconvénient de ce démarrage automatique est que quand vous ouvrez le classeur lors de la mise au point du programme, ces opérations seront effectuées alors que ce n'est pas souhaité. En principe, ces opérations sont assez anodines pour que ce ne soit pas grave.

EVITER LE DEMARRAGE AUTOMATIQUE

Si l'on veut vraiment éviter le démarrage automatique, on peut procéder ainsi :

Au début du module

```
Public InitFait As Boolean
Sub Init()
   InitFait=True
   ...
```

Dans chaque procédure de fonctionnalité

```
Sub NouvCli()
   If Not InitFait Then Init
   ...
```

Dans le module de *ThisWorkbook*

```
Private Sub Workbook_Open()
   InitFait=False
End Sub
```

A vrai dire on peut se passer de cette dernière procédure, un booléen étant automatiquement initialisé à `False`.

CRÉATION D'UN SYSTÈME D'AIDE

Il est nécessaire de fournir une aide en ligne à l'utilisateur. On peut fournir, comme nous venons de le voir, de petits textes à côté des boutons menus. On peut aussi fournir des info-bulles associées à chaque contrôle dans les BDi. Mais ces textes sont beaucoup trop brefs. Il faut les compléter par ce qu'on appelle un système d'aide comportant plusieurs pages détaillées.

Il y a un temps on construisait le système d'aide avec un compilateur d'aide (qu'il fallait acheter en plus) qui fournissait des fichiers .hlp. Ces fichiers hypertextes étaient automatiquement lisibles grâce à un logiciel fourni gratuitement avec Windows.

Ceci est complètement démodé ! Maintenant, sachant que tous les ordinateurs sont équipés d'au moins un navigateur WEB et que, de toutes façons, ces logiciels sont téléchargeables gratuitement, on doit fournir l'aide sous forme de fichiers HTML. Ceux-ci peuvent être créés "à la main" (il n'y a que quelques balises à connaître), ou avec un logiciel ad hoc (par exemple Front-Page Express est bien suffisant pour un tel système d'aide, ce n'est pas un gigantesque site Internet qu'on prépare).

Si vous voulez de simples pages sans liens entre elles, utilisez un éditeur simple comme le bloc-notes et il suffit d'écrire :

<html>

<body>

<pre>

<font face=arial>

votre texte (sa présentation sera

respectée grâce à la balise pre)

</font>

</pre>

</body>

</html>

Nous déconseillons d'utiliser Word qui donne des fichiers HTML trop perfectionnés et donc trop encombrants.

Une fois que vous avez les fichiers .htm, (par exemple aide.htm) implantez-les dans le même répertoire que le classeur programme. Implantez des boutons d'aide, au moins un dans la feuille Menu et un dans chaque BDi. La routine de clic d'un tel bouton appellera :

```
Sub Aide()
  ThisWorkbook.FollowHyperlink Address:=ThisWorkbook.Path & _
           "\aide.htm", NewWindow:=True
End Sub
```

L'argument `NewWindow` est à `True` pour que la page d'aide apparaisse dans une nouvelle fenêtre, ce qui est nécessaire dans ce contexte. Voici une version qui fonctionne aussi sur Mac :

```
Sub Aide()
  ThisWorkbook.FollowHyperlink Address:=ThisWorkbook.Path & _
           Application.PathSeparator & "aide.htm", NewWindow:=True
End Sub
```

Si, dans l'argument `Address` vous fournissez une adresse Internet (exemple http://www.monsite.fr/ aide_pour_facturation.htm), on ira chercher le fichier sur Internet à condition que l'ordinateur de l'utilisateur soit connecté.

GESTION AVEC DICTIONNAIRE DE DONNÉES

On peut rendre le programme capable de s'adapter à des variations d'emplacement de données du classeur de données Celui-ci aura une feuille supplémentaire appelée *DictDon* (dictionnaire des données) qui établira la correspondance entre le nom des données et leur emplacement. Pour un classeur BD, c'est le numéro de colonne qu'on indiquera, pour un classeur ordinaire on indiquera l'emplacement complet. Exemple d'aspect d'une feuille *DictDon* (Le libellé *Nomdonnée* est en A1)

Nomdonnée	Adresse
Nom	Feuil1!C4
Prénom	Feuil1!C5
Matricue	Feuil2!E9

et on écrira une fonction PrendDon(Wk As Workbook,NomDon As String) As Variant pour récupérer une donnée et une procédure MetDon(Wk As Workbook,NomDon As String, Donnée As Variant) pour mettre la donnée où il faut. Elles obtiennent l'adresse par AdrDon(Wk As Workbook,NomDon As String) As String. Wk désigne le classeur concerné.

```
Public Function AdrDon(Wk As Workbook,NomDon As String) As String
Dim i as Integer
   With Wk.Sheets("DictDon")
    For i=2 to 100
      If IsEmpty(.Cells(i,1)) Then Exit For
      If .Cells(i,1).Value=NomDon Then AdrDon=.Cells(i,2).Value: _
          Exit Function
    Next i
   End With
   AdrDon=""
End Function
Public Function PrendDon(Wk As Workbook,NomDon As String) As Variant
Dim Adre As String, p as Integer
   Adre=AdrDon(Wk,NomDon)
   If Adre="" Then
     PrendDon=""
     MsgBox  NomDon +' Non trouvé"
   Else
     p = InStr(Adre, '!')
     PrendDon = Wk.Sheets(Left(Adre, p - 1)). _
        Range(Mid(Adre, p + 1)).Value
   End If
End Function
Public Sub MetDon(Wk As Workbook,NomDon As String,Donnée As Variant)
Dim Adre As String, p as Integer
   Adre=AdrDon(Wk,NomDon)
   If Adre="" Then
     MsgBox  NomDon +" Non trouvé"
   Else
     p = InStr(Adre, "!")
     Wk.Sheets(Left(Adre, p - 1)).Range(Mid(Adre, _
        p + 1)).Value = Donnée
   End If
End Sub
```

On peut d'ailleurs subdiviser l'indication de l'emplacement en plusieurs cellules, respective-ment feuille, ligne et colonne :

Nom	Feuil1	4	3

GESTION DES VERSIONS

Qui dit développement progressif dit versions successives. Le point délicat est que les classeurs de données peuvent aussi avoir des versions successives, ce qui pose le problème de l'accord entre une version du programme et une version du classeur de données.

1) Pour le classeur programme, comme pour un classeur de données la date de dernière modification doit être clairement identifiée sur le listing. Pour un classeur programme, un commentaire en tête doit identifier la date de dernière modification générale et, éventuellement, en tête de chaque procédure ou fonction, un commentaire doit identifier la date de dernière modification de cette routine. La date générale doit être postérieure à toutes les dates de routines.

2) Il doit éventuellement y avoir une variable qui tienne ces informations, avec une instruction du genre DDM="15/11/04". Cette variable servira pour le point suivant.

3) Pour les classeurs de données il doit y avoir sur une feuille, à un emplacement éventuellement caché une date de la dernière modification de ce classeur. Le programme doit inscrire à côté la valeur de sa DDM. Cela montrera que la version concernée du classeur de données est compatible avec la version DDM du programme.

4) Il faut la même gestion pour les BDi créées par le programmeur et leur module associé.

5) Sur la feuille *Menu*, on peut en face de chaque bouton appelé inscrire la date du jour : cela marque la date de dernière utilisation de la fonctionnalité.

6) Si on désire une gestion vraiment précise de ces versions, il faut tenir un classeur journal : on écrit directement les lignes concernant les modifications du programme (avec toutes les explications concernant la modification). Les lignes concernant une exécution doivent être créées par le programme : elles précisent la version du programme et les versions des classeurs de données utilisés.

7) On peut en plus tenir un numéro de version qui, lui, ne change qu'en cas de changement de fonctionnalités. Ainsi les dates de versions entre les numéros signalent des corrections d'erreurs.

PARTIE 3
CAS PRATIQUES

Résultats de Football

11

Étape 1 – Analyse des matchs

Étape 2 – Classement

❶ LE PROBLÈME DE GESTIONFOOT

Ce cas est un extrait d'une application que nous avons développée pour l'Association Sportive Cambodgienne. Nous tenons à remercier son président M. Neang de nous avoir autorisé à en utiliser une partie pour ce livre.

On dispose d'un classeur *RESULTATS-0405.xls* (0405 est ce qu'on appelle la Saison, ici de Septembre 04 à Août 05, un peu comme les années scolaires), dont la 1re feuille RESULTATS a l'aspect :

RESULTATS-0405.xls

	A	B	C	D	E	F	G	H	I	J
1	Date	Match			Score			Index	Arbitres	Observations
2	18/09/2004	CS PTT Turbigo	/	AS Copa	0	/	5			
3		AS Malgache (A)	/	AS Furia d'alleray	2	/	0	P		
4		AS CAMBODGIENNE	/	US Metro DAM (B)	4	/	1			
5		ASA Rigondes	/	AAF La Providence	3	/	3			
6		ASC Accolade	/	International OL de Paris	1	/	3	P		
7	25/09/2004	AS Malgache (A)	/	ASA Rigondes	4	/	1			
8		ASC Accolade	/	AAF La Providence	3	/	3			
9		CS PTT Turbigo	/	International OL de Paris	3	/	0	F		
10		AS CAMBODGIENNE	/	AS Furia d'alleray	4	/	0			
11		AS Copa	/	US Metro DAM (B)	7	/	0			
12			/							

RESULTATS / CLASSEMENTS / EQUIPES /

On considèrera dans cette étude que cette feuille est remplie directement sous Excel. On voit que chaque ligne représente un match avec les équipes et leur scores. La colonne H peut recevoir R (match remis, donc la ligne ne compte pas), P (pénalité : dans ce cas, le score inscrit est conventionnel, souvent 2 à 0 et, bien sûr c'est l'équipe qui a la pénalité qui est considérée comme battue) ou F (forfait : dans ce cas le score est forfaitaire 3 à 0, 0 pour l'équipe qui a déclaré forfait).

Le programme doit d'abord analyser cette feuille et en tirer des cumuls par équipe à installer dans la feuille EQUIPES. On calcule par équipe le nombre de matchs joués (J), de matchs gagnés (G), perdus (P), nuls (N), le cumul des buts marqués (SCG), encaissés (SCP), le nombre de points (PTS : un match gagné rapporte 3 points, nul 1 , perdu 0) et le nombre de pénalités ou forfaits (PF). Les noms entre () sont les noms des variables que nous utiliserons dans le programme (pour un match) et les en-têtes des colonnes de la feuille de cumuls qui doit avoir l'aspect (ici résultat pour les données de la figure précédente) :

RESULTATS-0405.xls

	A	B	C	D	E	F	G	H	I	J
1	EQUIPE	J	G	P	N	SCG	SCP	Pts	P/F	
2										
3	AAF La Providence	2	0	0	2	6	6	2	0	
4	AS CAMBODGIENNE	2	2	0	0	8	1	6	0	
5	AS Copa	2	2	0	0	12	0	6	0	
6	AS Furia d'alleray	2	0	2	0	0	6	0	1	
7	AS Malgache (A)	2	2	0	0	6	1	6	0	
8	ASA Rigondes	1	0	1	0	1	4	0	0	
9	ASA Rigondes	1	0	0	1	3	3	1	0	
10	ASC Accolade	2	0	1	1	4	6	1	1	
11	CS PTT Turbigo	2	1	1	0	3	5	3	0	
12	International OL de Paris	2	1	1	0	3	4	3	1	
13	US Metro DAM (B)	2	0	2	0	1	11	0	0	
14										
15										

RESULTATS / CLASSEMENTS \ EQUIPES /

L'obtention de cette feuille formera notre 1re étape, la 2e étant d'obtenir un classement dans la feuille CLASSEMENTS. Cela implique un transfert des données de EQUIPES vers

CLASSEMENTS avec certains changements de colonnes et le calcul de la différence de buts (marqués - encaissés). Ensuite, le classement se fait en majeur sur les points et en mineur sur la différence de buts. Voici l'aspect de la feuille avec les données ci-dessus :

	EQUIPES	J	Pts	G	N	P	F/P	Pour	Contre	Diff
	AS Copa	2	6	2	0	0	0	12	0	12
	AS CAMBODGIENNE	2	6	2	0	0	0	8	1	7
	AS Malgache (A)	2	6	2	0	0	0	6	1	5
	International OL de Paris	2	3	1	0	1	1	3	4	-1
	CS PTT Turbigo	2	3	1	0	1	0	3	5	-2
	AAF La Providence	2	2	0	2	0	0	6	6	0
	ASA Rigondes	1	1	0	1	0	0	3	3	0
	ASC Accolade	2	1	0	1	1	1	4	6	-2
	ASA Rigondes	1	0	0	0	1	0	1	4	-3
	AS Furia d'alleray	2	0	0	0	2	1	0	6	-6
	US Metro DAM (B)	2	0	0	0	2	0	1	11	-10

Les bordures de la ligne d'en-tête et les noms des rubriques sont obtenus à la main une fois pour toutes.

---

❷ LE CLASSEUR PROGRAMME AU DÉPART

Le classeur programme s'appelle au départ *GestFoot0.xls*. Il est obtenu en créant un classeur formé d'une seule feuille nommée MENU. Ensuite, on y implante un bouton. La marche à suivre est décrite dans la partie Apprentissage : page 26 et 151. Rappelons que la solution que nous préférons est de tracer un rectangle grâce à un outil de la barre d'outils *Dessin*, puis

- Clic-droit, *Ajouter du texte* : tapez le titre du bouton (ici : *Classement*)
- Clic-droit, *Affecter une macro* : choisissez *Traitement* en supposant qu'on a implanté cette routine dans le module.

Pour formater les boutons :

- Clic-droit sur le bord du bouton (si clic-droit dans le bouton, la BDi n'a l'onglet Police), puis *Format de la forme automatique*
- Onglet *Police* : nous suggérons *Arial, 12 pt, gras*
- Onglet *Alignement* : centré pour Horizontal et Vertical ; onglet *Couleurs et traits* : gris clair comme couleur de remplissage.

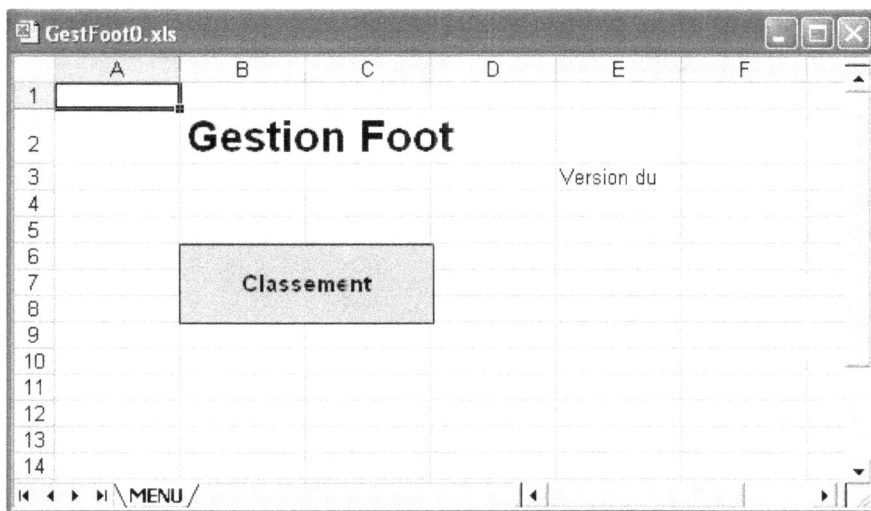

On prévoit de mettre la date de version dans la cellule F3.

Il faut maintenant créer le premier état du module principal. Rappelons la marche à suivre, cela constitue un entraînement des plus profitables (vous n'aurez pas à l'effectuer si vous téléchargez les exercices) :

- Appelez l'éditeur VBA par Alt+F11.
- *Insertion – Module*. Vous êtes prêt à taper le texte de Module 1.

En principe, pour cet état de départ, il suffirait d'implanter la procédure `Traitement` vide : elle est nécessaire pour pouvoir l'associer au bouton. Mais nous en avons profité pour implanter dès maintenant la fonction `Ouvert` (copie un peu simplifiée de celle de Apprentissage : page 148) et la fonction `Saison` (qui calcule 0405 par exemple) :

```
'--------------------------------------------------------Ouvert---
Function Ouvert(NN As String) As Boolean
  Dim w As Workbook
  Ouvert = False
  For Each w In Workbooks
    If w.FullName = NN Then Ouvert = True: Exit Function
  Next
End Function

'--------------------------------------------------------Saison---
Function Saison(d As Date) As String
  Dim y As Integer
  y = Year(d)
  If Month(d) > 8 Then
    Saison = Right(CStr(y), 2) + Right(CStr(y + 1), 2)
  Else
    Saison = Right(CStr(y - 1), 2) + Right(CStr(y), 2)
  End If
End Function

'----------------------------------------------------Traitement---
Sub Traitement()

End Sub
```

Ouvert examine les noms complets (avec disque et répertoire : propriété `FullName`) de tous les classeurs ouverts et renvoie la valeur `True` si le nom cherché est trouvé.

Saison renvoie la concaténation des deux derniers caractères des deux numéros d'année de la saison sportive. y étant l'année en cours (disons 2004), si le numéro de mois est >8 (septembre à décembre) la saison est y,y+1 (0405), sinon (janvier à août), la saison est y-1,y (0304).

Ceci constitue le classeur *GestFoot0.xls*. Pour effectuer l'étape 1, vous l'enregistrez sous le nom *GestFoot1.xls* : dans le répertoire des exercices, le classeur de même nom téléchargé sera écrasé (mais vous aurez conservé le fichier téléchargé original dans un autre dossier).

---

❸ ÉTAPE 1 : PREMIERS ÉLÉMENTS

Le traitement consiste en quatre actions :

- un prologue où on effectue certaines initialisations et ouvre le fichier *RESULTATS...*
- l'analyse des matchs et cumuls par équipes
- le transfert vers la feuille CLASSEMENTS
- le classement

L'étape 1 sera terminée lorsque l'analyse sera implantée. Pour ce début d'étape, nous créons dans le module les procédures vides Analyse, Transfert et Tri et nous implantons les appels en fin de la procédure Traitement.

```
Sub Traitement()

  Analyse
  Transfert
  Tri
End Sub
'-----------------------------------------------------------Analyse---
Sub Analyse()

End Sub
'----------------------------------------------------------Transfert---
Sub Transfert()

End Sub
'----------------------------------------------------------------Tri---
Sub Tri()

End Sub
```

Construisons le début de Traitement. Nous introduisons les variables :

InitFait (booléen vrai si Init a été exécutée), RDatEx (emplacement où s'écrit la date de dernière exécution), Chem (répertoire des fichiers), Ps (séparateur \ sur PC, : sur MAC), NFRes (nom complet du fichier résultats), NomRes (nom du fichier résultats), WkRes (classeur résultats), ShRes (feuille RESULTATS), ShClass (feuille CLASSEMENTS), Equip (équipe examinée) et ShEq (feuille EQUIPES), d'où les déclarations en tête de module :

```
Dim InitFait As Boolean, RDatEx As String
Dim Chem As String, Ps As String, NFRes As String, NomRes As String
Dim WkRes As Workbook, ShRes As Worksheet, ShClass As Worksheet
Dim Equip As String, ShEq As Worksheet
```

Question : pourquoi ne pas utiliser Public ? Réponse : C'est pour mieux tenir compte du fait qu'il n'y a qu'un seul module !

Init positionne InitFait, inscrit la date en RdatEx (avec FormulaLocal pour éviter l'inversion mois-jour), sauve le classeur programme (puisqu'on vient de mettre la date) et initialise les chemin et noms de fichier. Le nom *RESULTATS-0405* est construit en appelant Saison :

```
Sub Init()
  InitFait = True
  Range(RDatEx).FormulaLocal = Format(Date, "dd/mm/yy")
  ThisWorkbook.Save
  Ps = Application.PathSeparator
  Chem = ThisWorkbook.Path + Ps
  NomRes = "RESULTATS-" + Saison(Date) + ".xls"
  NFRes = Chem + NomRes
End Sub
```

Le début de la procédure **Traitement** initialise RdatEx et ouvre le classeur résultats (s'il était déjà ouvert, on le referme d'abord) : notez la prévision d'un mot de passe qu'on installera peut-être une fois le système au point. Ensuite on initialise les variables qui serviront à désigner ce classeur et ses feuilles :

```
Sub Traitement()
  RDatEx = "D7"
  If Not InitFait Then Init
  If Ouvert(NFRes) Then Workbooks(NomRes).Close
  Workbooks.Open Filename:=NFRes, Password:=""
  Set WkRes = ActiveWorkbook
  Set ShRes = WkRes.Sheets("RESULTATS")
  Set ShEq = WkRes.Sheets("EQUIPES")
  Set ShClass = WkRes.Sheets("CLASSEMENTS")
  Analyse
  Transfert
  Tri
End Sub
```

---

❹ LA PROCÉDURE ANALYSE

La procédure *Analyse* va examiner chaque ligne de match (dans la feuille RESULTATS) et noter (dans les variables J, G etc…) ce qui s'ajoute pour l'équipe concernée. Puis, dans la feuille EQUIPES, elle va chercher si cette équipe figure déjà.

Dans ce cas, on ajoute les données trouvées aux valeurs correspondantes dans leur colonne. Sinon, on insère une ligne pour cette équipe à l'emplacement voulu par l'ordre alphabétique. On a donc deux boucles imbriquées (indices ll et kk).

Mais on a une boucle externe en plus : chaque ligne de match doit être examinée deux fois : une fois pour l'équipe en colonne 2, une fois pour l'équipe en colonne 4, d'où la structure :

```
For kE = 2 To 4 Step 2  ' kE=2 puis 4
  For ll = 2 To 5000     ' lignes de match
    If IsEmpty…
    Equip = …            ' équipe et ses données
    if RPF<> "R" Then     ' ne tient compte des données que si
      J = 1 …            ' le match n'est pas remis
      For kk = 3 To 500   ' où mettre les données dans EQUIPES
        If IsEmpty…
      Next kk
      ShEq.Cells(kk, kEEq).Value = Equip ' met ou cumule les données
      ShEq.Cells(kk, kEJ).Value = ShEq.Cells(kk, kEJ).Value + J …
    End If
  Next ll
Next kE
```

On introduit les variables J, G, P, N, SCG, SCP, PTS et PF : données qui seront cumulées dans EQUIPES, déjà décrites ci-dessus. On a en outre les variables obtenues sur la feuille RESULTATS : kE (colonne de l'équipe : 2 ou 4), kSCM (col. du score de l'équipe en cours), kSCA (col. du score de l'adversaire), RPF (R : remis, P pénalité, F forfait), SCM (score de l'équipe en cours), SCA (score de l'adversaire). On a enfin des constantes qui donnent les numéros de colonne des données : k… sur la feuille RESULTATS, kE… sur la feuille EQUIPES d'où les déclarations ajoutées en tête de module et la procédure :

```
Dim J As Integer, G As Integer, P As Integer, N As Integer
Dim SCG As Integer, SCP As Integer, PTS As Integer, PF As Integer
Dim kE As Integer, kSCM As Integer, kSCA As Integer, RPF As String
Dim SCM As Integer, SCA As Integer

Const kRPF = 8, kEEq = 1, kEJ = 2, kEG = 3, kEP = 4, kEN = 5, _
      kESCG = 6, kESCP = 7, kEPts = 8, kEPF = 9
```

```
Sub Analyse()
  Dim ll As Integer, kk As Integer
  ShEq.Activate
  ShEq.Range("A2:I1000").Clear
  For kE = 2 To 4 Step 2
   If kE = 2 Then                          ❶
     kSCM = 5
     kSCA = 7
   Else
     kSCM = 7
     kSCA = 5
   End If
   For ll = 2 To 5000
    If IsEmpty(ShRes.Cells(ll, kE)) Then Exit For
    Equip = ShRes.Cells(ll, kE).Value
    RPF = ShRes.Cells(ll, kRPF).Value
    If RPF <> "R" Then
      J = 1
      SCM = ShRes.Cells(ll, kSCM).Value
      SCA = ShRes.Cells(ll, kSCA).Value
      SCG = SCM
      SCP = SCA
      Select Case SCM - SCA                ❷
        Case Is > 0
          G = 1
          P = 0
          N = 0
          PTS = 3
          PF = 0
        Case 0
          G = 0
          P = 0
          N = 1
          PTS = 1
          PF = 0
        Case Is < 0
          G = 0
          P = 1
          N = 0
          PTS = 0
          If RPF <> "" Then PF = 1 Else PF = 0
      End Select
      For kk = 3 To 500
        If IsEmpty(ShEq.Cells(kk, kEEq)) Then Exit For
        If Equip = ShEq.Cells(kk, kEEq).Value Then Exit For
        If Equip < ShEq.Cells(kk, kEEq).Value Then
          ShEq.Cells(kk, kEEq).EntireRow.Insert    ❸
          Exit For
        End If
      Next kk
      ShEq.Cells(kk, kEEq).Value = Equip           ❹
      ShEq.Cells(kk, kEJ).Value = ShEq.Cells(kk, kEJ).Value + J
      ShEq.Cells(kk, kEG).Value = ShEq.Cells(kk, kEG).Value + G
      ShEq.Cells(kk, kEP).Value = ShEq.Cells(kk, kEP).Value + P
      ShEq.Cells(kk, kEN).Value = ShEq.Cells(kk, kEN).Value + N
      ShEq.Cells(kk, kESCG).Value= ShEq.Cells(kk, kESCG).Value + SCG
      ShEq.Cells(kk, kESCP).Value= ShEq.Cells(kk, kESCP).Value + SCP
```

```
          ShEq.Cells(kk, kEPts).Value= ShEq.Cells(kk, kEPts).Value + PTS
          ShEq.Cells(kk, kEPF).Value = ShEq.Cells(kk, kEPF).Value + PF
      End If
    Next ll
  Next kE
End Sub
```

kE (colonne de l'équipe) implique les colonnes des scores ❶.

Selon les scores, on sait ce qui arrive à l'équipe, d'où le `Select Case` de calcul des données à cumuler ❷.

La structure de la recherche sur la feuille EQUIPES est une combinaison des structures *Insérer un élément à sa place* et ❸ *Regroupement des données* (voir Apprentissage : page 146). Normalement, les instructions ❹ devraient être différentes selon qu'on vient d'insérer une ligne vierge (on doit seulement mettre les données) ou que l'équipe avait été trouvée (on doit ajouter les données) ; mais en fait, on peut ne pas distinguer : cela revient à réécrire l'équipe si elle avait été trouvée, et à ajouter les données à 0 (= les mettre) si c'est sur une ligne vierge.

On remarque aussi, au début de la procédure, que l'on vide la feuille EQUIPES, ce qui revient à recommencer tout le cumul à chaque exécution : on efface d'abord l'ancien cumul.

Vous avez maintenant le classeur *GestFoot1.xls* dans son état final. Sauvegardez-le avant d'essayer une exécution qui devrait construire la feuille EQUIPES comme le montre la figure du haut de la page 161. (Bien sûr vous avez par ailleurs un exemplaire inchangé du classeur téléchargé).

Sauvegardez aussi ce même classeur sous le nom *GestFoot2.xls* : il va maintenant nous servir de point de départ pour l'étape 2.

ÉTAPE 2 – CLASSEMENT

❶ LE TRANSFERT

Nous devons d'abord transférer les données cumulées des équipes vers la feuille CLASSEMENTS avec les changements de colonnes voulus. Nous introduisons les constantes kC... pour les numéros de colonnes dans la feuille CLASSEMENTS (à ajouter en tête de Module 1) :

```
Const kCEq = 2, kCJ = 3, kCPts = 4, kCG = 5, kCN = 6, kCP = 7, _
      kCPF = 8, kCSCG = 9, kCSCP = 10, kCDiff = 11
```

On calcule en plus la différence de buts d'où kCDiff son n° de colonne. Avec ces constantes, la procédure **Transfert** est évidente :

```
Sub Transfert()
  Dim ll As Integer
  ShClass.Range("A3:L1000").Clear
  For ll = 3 To 5000
    If IsEmpty(ShEq.Cells(ll, kEEq)) Then Exit For
    ShClass.Cells(ll, kCEq) = ShEq.Cells(ll, kEEq)
    ShClass.Cells(ll, kCJ) = ShEq.Cells(ll, kEJ)
    ShClass.Cells(ll, kCPts) = ShEq.Cells(ll, kEPts)
    ShClass.Cells(ll, kCG) = ShEq.Cells(ll, kEG)
    ShClass.Cells(ll, kCN) = ShEq.Cells(ll, kEN)
    ShClass.Cells(ll, kCP) = ShEq.Cells(ll, kEP)
    ShClass.Cells(ll, kCPF) = ShEq.Cells(ll, kEPF)
    ShClass.Cells(ll, kCSCG) = ShEq.Cells(ll, kESCG)
    ShClass.Cells(ll, kCSCP) = ShEq.Cells(ll, kESCP)
    ShClass.Cells(ll, kCDiff) = ShEq.Cells(ll, kESCG) - _
                                ShEq.Cells(ll, kESCP)
  Next ll
End Sub
```

Vous sauvegardez le classeur sous le nom *GestFoot2.xls*. Essayez une exécution pour vérifier que les données sont bien transférées en feuille CLASSEMENTS et qu'elles sont dans les bonnes colonnes.

Sauvegardez ensuite le classeur sous le nom *GestFoot3.xls*. Il nous servira de point de départ pour la suite de l'étape 2. Si vous êtes gênés par le fait que le classeur final de l'étape 2 ait le n° 3, adoptez respectivement les noms *GestFoot1_5.xls* et *GestFoot2.xls*.

---

❷ ENREGISTREMENT DE MACRO POUR LE TRI

Pour savoir comment programmer le tri (et aussi les bordures), nous allons effectuer l'opération sous Excel, mais en mode enregistrement de macro.

- Dans la fenêtre Excel du classeur programme, faites *Outils – Macro – Nouvelle macro*.
- │ OK │.
- Passez à la fenêtre du classeur résultats (il doit être ouvert depuis la dernière exécution puisque le programme ne le ferme pas), feuille CLASSEMENTS (où il doit y avoir les données cumulées). Cliquez sur B3 (une des cellules du tableau).
- *Données – Trier*. Dans la BDi, dans *Trier par* : choisissez Pts et ⊙ Décroissant, ensuite, dans *Puis par* : choisissez Diff et ⊙ Décroissant et │ OK │

Pour les bordures :

- Sélectionnez de la cellule B3 à la fin (dans nos exemples, c'est K13).

- Utilisez le bouton bordure, icône quadrillé complet.
- Cliquez sur le bouton d'arrêt de la petite barre d'outils apparue au démarrage de l'enregistrement.

L'enregistrement a été mis dans un module *Module 2*. Voici le début de la routine :

```
Windows("RESULTATS-0405.xls").Activate
Range("B3").Select
Range("B2:K13").Sort Key1:=Range("D3"), Order1:=xlDescending, _
 Key2:=Range("K3"), Order2:=xlDescending, Header:=xlGuess, _
 OrderCustom:=1, MatchCase:=False, Orientation:=xlTopToBottom, _
 DataOption1:=xlSortNormal, DataOption2:=xlSortNormal
Range("B3:K13").Select
Selection.Borders(xlDiagonalDown).LineStyle = xlNone
Selection.Borders(xlDiagonalUp).LineStyle = xlNone
With Selection.Borders(xlEdgeLeft)
    .LineStyle = xlContinuous
    .Weight = xlThin
    .ColorIndex = xlAutomatic
End With
'et séquences analogues pour les autres segments de bordure
```

On copie cette routine dans Tri de module 1 avec quelques arrangements. La première instruction est à remplacer par une simple activation de la feuille. Le `Range` de Sort doit être paramétré : si c est la cellule de tête (B3), `c.End(xlDown).End(xlToRight)` est la cellule de fin du tableau, ce qui nous amène à sélectionner le tableau (on n'a pas besoin de la ligne de titres) par :

```
Set c = Range("B3")
Range(c, c.End(xlDown).End(xlToRight)).Select
```

et écrire `Selection.Sort`. Parmi les paramètres, nous supprimons `MatchCase` et les `DataOption` ; on pourrait probablement supprimer aussi `Orientation`.

Nous ajoutons `Selection.HorizontalAlignment = xlCenter` pour centrer les données. Pour les bordures, pour ne pas répéter 6 fois une séquence presque identique, nous introduisons une procédure :

```
Sub Bord(x As XlBordersIndex)
    With Selection.Borders(x)
        .LineStyle = xlContinuous
        .Weight = xlThin
        .ColorIndex = xlAutomatic
    End With
End Sub
```

Le moins évident est le type de l'argument. Ensuite, on l'appelle pour chaque segment de bordure. D'où la procédure **Tri** :

```
Sub Tri()
  Dim c As Range
  ShClass.Activate
  Set c = Range("B3")
  Range(c, c.End(xlDown).End(xlToRight)).Select
  Selection.Sort Key1:=Range("D3"), Order1:=xlDescending, _
   Key2:=Range("K3"), Order2:=xlDescending, Header:=xlGuess, _
      Orientation:=xlTopToBottom
```

```
    Selection.HorizontalAlignment = xlCenter
    Bord xlEdgeLeft
    Bord xlEdgeTop
    Bord xlEdgeBottom
    Bord xlEdgeRight
    Bord xlInsideHorizontal
    Bord xlInsideVertical
    Range("A1").Select
End Sub
```

La dernière instruction supprime la sélection du tableau.

On remarque qu'on ne ferme pas le classeur résultats. Cela permet à l'utilisateur de regarder le classement obtenu et il peut toujours fermer le classeur manuellement. C'est pourquoi, pour l'ouverture, il faut tester si le classeur est déjà ouvert à l'aide de la fonction *Ouvert*.

Vous devez maintenant sauvegarder le classeur sous le nom *GestFoot3.xls* qui représente l'état final de ce projet. Vous pouvez préalablement supprimer le Module 2 (vous en avez copie dans l'exemplaire original téléchargé) :

- Sélectionnez-le dans l'arborescence du projet
- *Fichier – Supprimer Module 2*
- Répondez Non à la question d'exporter le module.

L'essai d'exécution doit maintenant remplir la feuille EQUIPES avec les cumuls par équipes puis produire le classement dans la feuille CLASSEMENTS.

Système de QCM

12

Étape 1 – Logiciel auteur

Étape 2 – Déroulement du quiz

Étape 3 – Statistiques

Quelques perfectionnements

ÉTAPE 1 – LOGICIEL AUTEUR

❶ VUE GÉNÉRALE DU PROJET

Il s'agit de proposer un système de Quiz (interrogation) par QCM (Questionnaires à Choix Multiples). Du point de vue de l'élève, le système propose de choisir un thème (domaine) et un nombre de questions (10,15 ou 20). Il construit alors un questionnaire en sélectionnant au hasard n questions du thème puis il les propose une par une avec les réponses à choisir dans une BDi. Pour chacune, l'élève choisit sa réponse ou passe. A la fin, la performance est évaluée par le nombre de réponses justes et le temps moyen passé par question.

Chaque thème occupe une feuille dans le classeur *Questionnaires.xls*. Le nom de la feuille est la désignation du thème. La notion de thème recouvre en fait la matière ou le domaine, mais aussi le niveau de difficulté : on pourrait ainsi avoir "Géographie facile" et "Géographie difficile". Voici le début de la feuille *VBA* de ce classeur :

On a en A1 le nombre de questions. En colonnes A à D, la question et jusqu'à trois réponses possibles : certaines questions peuvent n'en proposer que deux (Oui/Non ou Vrai/Faux). Le véritable avantage de notre système est que, en commentaire des cellules réponses se trouve la réaction à cette réponse, donc avant la barre |, les points rapportés (0 ou 1, mais on pourrait imaginer un choix plus nuancé : 0→mauvaise réponse, 2→la bonne réponse, 1→réponse où il y a du vrai) et, derrière la barre |, le message qui sera délivré à l'élève : on peut lui donner une explication succincte de son erreur et le renvoyer à un livre.

Le classeur *Questionnaires.xls* téléchargé contient une feuille de thème VBA avec 32 questions qui vous permettra de tester vos connaissances acquises à la lecture de ce livre. Cela implique de redoubler de précautions pour que vos essais du logiciel auteur ne vous fassent pas perdre ce classeur afin qu'il soit toujours utilisable en mode élève. Donc, nous répétons le conseil de conserver une copie de sauvegarde des fichiers téléchargés. Il y a aussi une feuille avec 20 questions sur CODE DE LA ROUTE. (État de départ *Questionnaires0.xls*).

La 1re étape du projet est de constituer le classeur programme *QuizAuteur1.xls* à partir d'un état de départ *QuizAuteur0.xls*. C'est la partie du programme qui permet à un auteur de constituer commodément les feuilles de thèmes. On pourrait éventuellement se dispenser de cette étape et créer les feuilles de thèmes directement sous Excel, mais nous pensons que c'est plus facile avec un programme. En revanche, nous n'avons pas prévu de fonctionnalité pour modifier une question : là aussi, nous considérons que c'est possible sous Excel.

La 2e étape construit le classeur programme élève, en deux sous-étapes : d'abord choisir les questions qui constitueront le questionnaire, ensuite, présenter ces questions à l'élève. On termine en indiquant à l'élève ses performances et en les mémorisant. Partant de *QuizEleve0.xls* vous passerez à *QuizEleve2.xls* puis à *QuizEleve3.xls*.

La 3e étape est plus simple : elle organise les performances mémorisées pour en tirer les statistiques dans le classeur *QuizStat.xls* (état de départ *QuizStat0.xls*).

Mots de passe

Il va sans dire que les classeurs de données et le logiciel auteur doivent être inaccessibles aux élèves. C'est pourquoi ils sont tous protégés en lecture et écriture par un mot de passe et les classeurs programme ont le projet verrouillé. Pour installer un mot de passe :

- Dans la BDi de *Fichier-Enregistrer sous*,
  - dans les dernières versions *Outils-Options générales* et spécifiez les deux mots de passe dans la BDi.
  - dans les versions plus anciennes, cliquez sur ⬚ Options ⬚ et spécifiez les deux mots de passe dans la BDi.
- Confirmez les deux mots de passe et ⬚ OK ⬚ dans les deux BDi qui apparaissent.

Pour imposer le mot de passe au projet :

- Dans la fenêtre de l'Éditeur VBA, *Outils-Propriétés de VBAProject*
- Onglet *Protection*
- Cochez ☑ *Verrouiller le projet pour l'affichage*
- Entrez et confirmez le mot de passe

Dans les versions téléchargées nous avons partout utilisé le mot `tsoft`, donc vous pouvez accéder à tous les éléments. Vous devrez changer ces mots de passe pour vos propres questionnaires.

---

❷ CONSTRUCTION DU LOGICIEL AUTEUR

Nous partons du classeur *QuizAuteur0.xls* qui ne contient que la feuille AUTEUR avec deux boutons :

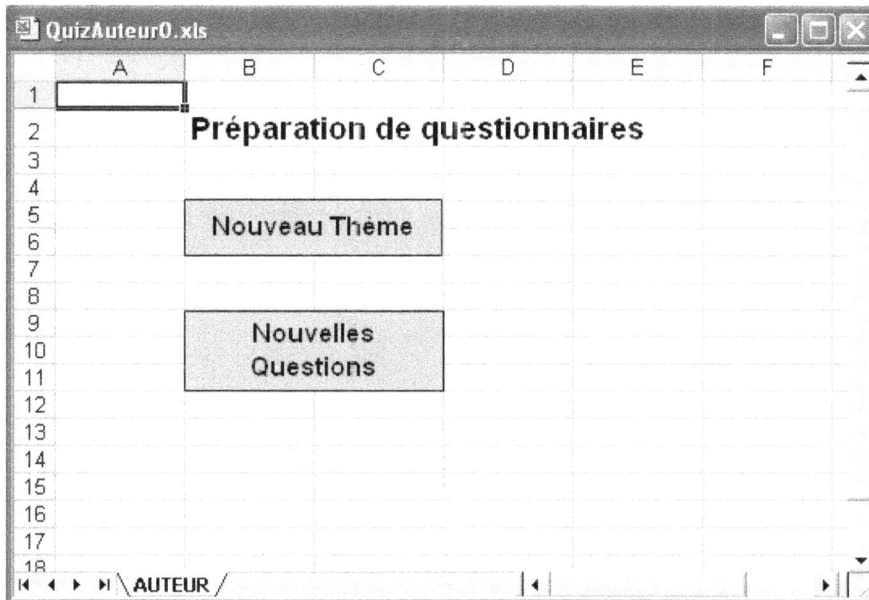

Vous pouvez aussi le construire à partir de rien. La marche à suivre pour installer les boutons a été vue au chapitre précédent, donc nous n'insistons pas.

Le classeur possède un module *Module 1* qui ne contient au départ que les procédures vides *NouvThem* et *NouvQuestion* et la fonction *Ouvert*, identique à celle utilisée au chapitre précédent, version simplifiée de celle de la page 148 de la partie Apprentissage.

```
'---------------------------------------------------------Ouvert---
Function Ouvert(NN As String) As Boolean
  Dim w As Workbook
  Ouvert = False
  For Each w In Workbooks
    If w.FullName = NN Then Ouvert = True: Exit Function
  Next
End Function

'-------------------------------------------------------NouvTheme---
Sub NouvTheme()

End Sub

'----------------------------------------------------NouvQuestion---
Sub NouvQuestion()

End Sub
```

Sauvegardez le classeur sous le nom *QuizAuteur1.xls* (vous devez avoir une version intacte du classeur téléchargé). Si vous avez construit entièrement le classeur, implantez les mots de passe, sinon, ils sont déjà là.

---

❸ LA PROCÉDURE NOUVTHEME

```
Sub NouvTheme()
  Dim tr As Boolean, re
  Init
  Theme = InputBox("Thème", "Nouveau Thème")
  tr = False
  For Each sh In WkQuest.Worksheets
    If sh.Name = Theme Then tr = True: Exit For
  Next
  If tr Then MsgBox "Ce thème existe déjà": Exit Sub
  Set ShQuest = WkQuest.Worksheets.Add
  With ShQuest
    .Name = Theme
    .Range("A1").Value = 0
    .Range("B1").Value = "  QUESTIONS SUR " + Theme
    With .Range("A1:B1").Font
      .Size = 14
      .Bold = True
    End With
    .Range("A2") = "Question"
    .Range("B2") = "Réponse 1"
    .Range("C2") = "Réponse 2"
    .Range("D2") = "Réponse 3"
    .Range("A2:D2").HorizontalAlignment = xlCenter
    .Range("A2:D2").Font.Bold = True
    .Range("A3:D100").WrapText = True
    .Range("A:D").ColumnWidth = 30
  End With
  re = MsgBox("Voulez-vous entrer des questions ?", _
    vbQuestion + vbYesNo, "QuizAuteur")
  WkQuest.Save
```

```
    If re = vbYes Then Questions Else WkQuest.Close
End Sub
```

On commence par appeler la procédure `Init` qui effectue les initialisations :

```
Sub Init()
  Pw = "tsoft"
  NomQuest = "Questionnaires.xls"
  Chem = ThisWorkbook.Path
  Ps = Application.PathSeparator
  NFQuest = Chem + Ps + NomQuest
  If Ouvert(NFQuest) Then Workbooks(NomQuest).Close
  Workbooks.Open Filename:=NFQuest, Password:=Pw, _
              WriteResPassword:=Pw
  Set WkQuest = ActiveWorkbook
End Sub
```

Les variables introduites sont : `Chem` (répertoire), `Ps` (séparateur \ ou :), `WkQuest` (classeur questionnaire), `ShQuest` (feuille des questions), `sh` (feuille courante), `NomQuest` (nom du classeur questionnaire), `NFQuest` (nom complet), `Pw` (mot de passe), `Theme` (thème), `NumQ` (n° de question), `NbQ` (nombre de questions). Elles sont publiques car on va avoir plusieurs modules vu qu'il y aura des BDi.

`Init` initialise des variables puis ouvre et active le classeur questionnaire.

NouvTheme demande le nom de la feuille de questions à créer par `InputBox` (inutile de créer une BDi pour cela). On vérifie qu'il n'y a pas déjà une feuille de même nom. Si tout va bien, on crée la feuille et on la désignera par `ShQuest`. On arrive alors à deux `With` imbriqués qui permettent de remplir le haut de la feuille qu'on vient de créer : le nom de la feuille (= au thème), en A1 : 0 puisqu'on n'a encore aucune question, en B1 : le titre avec le thème, et on formate en gras et 14 pts, en A2 etc. les titres de colonne, centrés gras. On fixe la largeur des colonnes et on met en mode retour à la ligne automatique les cellules qui contiendront questions et réponses.

Enfin, on demande à l'utilisateur s'il veut tout de suite entrer des questions, auquel cas on appelle la procédure `Questions` qui acquiert une série de questions.

---

❹ ENTRÉE DES QUESTIONS

On utilise deux procédures : `NouvQuestion` qui appelle `Questions`. Les variables publiques supplémentaires qui s'introduisent sont : `Quest` (la question), `Rep(3)` (les réponses à proposer), `C(3)` (les commentaires), `Satisf` (vrai si on a obtenu une question), `Dernier` (vrai si c'est la dernière de la série), `LigQ` (ligne de la question), `ColR` (colonne de la réponse).

```
Sub NouvQuestion()
  Init
  Satisf = False
  UF_Them.Show
  If Satisf Then
    Set ShQuest = WkQuest.Worksheets(Theme)
    Questions
  Else
    WkQuest.Close
  End If
End Sub
```

On commence par obtenir le thème. Cette fois on utilise une BDi, `UF_Them` car nous proposerons les noms des feuilles existantes dans une ComboBox. Si un thème a bien été obtenu (*Satisf* à `True`), on se positionne sur la feuille correspondante et on acquiert une série de questions par appel de `Questions`.

❺ LA BDI UF_THEM

Elle est très simple : il y a un label (texte : Choisissez un thème), la ComboBox et deux boutons de nom d'objet respectif *B_OK* et *B_Annul*, de légende "OK" et "Annuler". Donnez aussi la `Caption` *Choix thème* à la BDi :

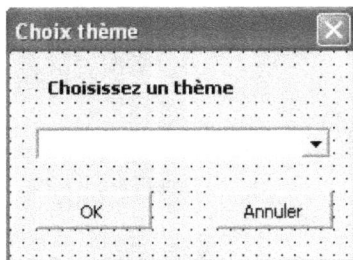

Le module associé est très simple :

```
Private Sub B_Annul_Click()
  Satisf = False
  Unload Me
End Sub

Private Sub B_OK_Click()
  Theme = ComboBox1.Text
  Satisf = True
  Unload Me
End Sub

Private Sub UserForm_Activate()
  ComboBox1.Clear
  For Each sh In WkQuest.Worksheets
    ComboBox1.AddItem sh.Name
  Next
End Sub
```

La routine `UserForm_Activate` ne fait que remplir la liste de la ComboBox avec les thèmes à proposer. Les routines des boutons positionnent `Satisf` comme il faut et B_OK récupère la valeur de `Theme`.

❻ ROUTINE QUESTIONS

```
Sub Questions()
  NbQ = ShQuest.Range("A1").Value
  Dernier = False
  While Not Dernier
    Satisf = False
    UF_EntréeQuestion.Show
    If Satisf Then
      NbQ = NbQ + 1
      ShQuest.Range("A1").Value = NbQ
      LigQ = NbQ + 2
      ShQuest.Cells(LigQ, 1).Value = Quest
      For ColR = 2 To 4
        ShQuest.Cells(LigQ, ColR).Value = Rep(ColR - 1)
        ShQuest.Cells(LigQ, ColR).ClearComments
        If Rep(ColR - 1) <> "" Then _
          ShQuest.Cells(LigQ, ColR).AddComment C(ColR - 1)
```

```
        Next ColR
        WkQuest.Save
      End If
  Wend
  WkQuest.Close
End Sub
```

La structure est très simple, orchestrée par les booléens `Dernier` (vrai si dernière question de la série) et `Satisf` (vrai si on a obtenu une question). Ces booléens sont positionnés par les boutons de validation de la BDi `UF_EntréeQuestion`.

On commence par récupérer le nombre de questions `NbQ` qu'on a déjà puis on arrive à la boucle. Dans la boucle, on appelle la BDi. Si on a obtenu une question, on incrémente `NbQ`, on calcule `LigQ` en conséquence et on transfère les données de la BDi : `Quest` (la question), le tableau `Rep` et le tableau `C`.

---

❼ LA BDI UF_ENTRÉEQUESTION

Vous devez augmenter suffisamment la taille de la BDi (largeur environ 450, hauteur 400) et celle des grandes TextBox (hauteurs 50 et 36, largeurs 378 et 354 environ). En fait, vous créez tous les contrôles pour Réponse 1 et vous les recopiez. Le point important est de mettre à `True` la propriété `MultiLine` ces grandes TextBox. Par ailleurs, incorporez les quatre boutons qui apparaissent sur la figure (`Name` : B_OK, B_OKDern, B_Annul, B_Quit).

Module associé :

```
Function RecDon() As Boolean
  Dim i As Integer, s As String
  If (TextBox1.Text = "") Or (TextBox2.Text = "") Or _
    (TextBox5.Text = "") Or (TextBox4.Text = "") Or _
    (TextBox7.Text = "") Or (TextBox3.Text = "") Or _
    (TextBox6.Text = "") Or ((TextBox8.Text <> "") And _
    ((TextBox9.Text = "") Or (TextBox10.Text = ""))) Then
    MsgBox "Manque de données"
    RecDon = False
  Else
    s = TextBox4.Text + TextBox7.Text + TextBox10.Text
    If (s = "111") Or (s = "110") Or (s = "11") Or _
      (s = "101") Or (s = "011") Then
      MsgBox "Deux réponses à 1 point"
      RecDon = False
    Else
      RecDon = True
      Quest = TextBox1.Text
      For i = 1 To 3
        Rep(i) = Controls("TextBox" + CStr(3 * (i - 1) + 2)).Text
        C(i) = Controls("TextBox" + CStr(3 * (i - 1) + 4)).Text + _
          "|" + Controls("TextBox" + CStr(3 * (i - 1) + 3)).Text
      Next i
    End If
  End If
End Function

Private Sub B_Annul_Click()
  Satisf = False
  Dernier = False
  Unload Me
End Sub

Private Sub B_OK_Click()
  If Not RecDon Then Exit Sub
  Satisf = True
  Dernier = False
  Unload Me
End Sub

Private Sub B_OKDern_Click()
  If Not RecDon Then Exit Sub
  Satisf = True
  Dernier = True
  Unload Me
End Sub

Private Sub B_Quit_Click()
  Satisf = False
  Dernier = True
  Unload Me
End Sub
```

```
Private Sub UserForm_Activate()
  Caption = "Question " + CStr(NbQ + 1) + " Thème " + Theme
End Sub
```

La routine **UserForm_Activate** ne fait que constituer le titre de la BDi en y incorporant le n° de question et le thème.

Les routines des boutons positionnent les booléens : **B_OkDern** et **B_Quit** mettent Dernier à True, les autres à False. Les deux OK mettent Satisf à True, les autres à False. Les deux OK appellent la fonction RecDon. Si son résultat est faux, c'est que les données sont incomplètes, donc la validation est inhibée.

RecDon teste si les données sont complètes : il faut une question et au moins deux réponses à proposer et, pour chaque réponse, le nombre de points gagnés est indiqué, et une seule des réponses gagne 1 point (dans la forme simple que nous implantons ici ; dans des formes plus élaborées, les points pourraient être échelonnés). On vérifie en outre que, si on commence à donner une 3e réponse, elle est complète. Si oui, les données sont récupérées dans la variable Quest et les tableaux Rep et C. Le commentaire est la concaténation du nombre de points (il n'y a que 0 ou 1), de la barre | et du texte de réaction. Pour réponse 1, on utilise les TextBox 2, 3 et 4, pour la réponse 2, les TextBox 5, 6 et 7, pour la réponse 3, les TextBox 8, 9 et 10.

Vous pouvez maintenant sauvegarder le classeur sous le nom *QuizAuteur1.xls* et essayer de créer des feuilles de thème et c'y mettre des questions. Travaillez sur le classeur de nom *Questionnaires.xls*, sachant que vous avez des copies de sauvegarde de l'original.

Lors de l'entrée des données, la question et les réactions aux réponses peuvent être multilignes (on va à la ligne par Maj+Entrée ou Ctrl+Entrée) mais les propositions de réponse ne peuvent pas : dans la ListBox où l'élève sera censé choisir, chaque proposition ne peut être que sur une ligne et votre "passage à la ligne" apparaîtra comme ¶. Si votre proposition est trop longue, elle n'apparaîtra pas entièrement. La largeur de TextBox que nous avons implantée dans la version téléchargée devrait vous guider : ne dépassez pas une ligne de cette largeur pour les propositions.

On propose en fin de chapitre un exercice pour aller plus loin et pour traiter ce problème.

ÉTAPE 2 – DÉROULEMENT DU QUIZ

❶ PHASE 1 : GÉNÉRATION DU QUESTIONNAIRE

Du point de vue de l'élève, le questionnaire implique trois phases :

- la génération où le système crée une suite de n nombres aléatoires qui sont les numéros de ligne des questions dans la feuille thème. Ceci implique une BDi où l'élève entre son *nom-prénom* (il faut l'entrer toujours avec la même orthographe pour que les regroupements statistiques puissent être effectués), choisit le thème et le nombre de questions (on propose 10, 15 ou 20, mais on peut aussi taper le nombre souhaité ; s'il est supérieur au nombre de questions disponibles, le logiciel le diminue d'office).
  En fin de génération, on crée deux fichiers Nxxx qui est la liste des numéros et Txxx (xxx est généré par le programme : 3 premiers caractères du thème, puis les 5 premiers du nom/prénom, puis date sous la forme 15-12-04)

- la présentation des questions successives. Cela se passe dans une BDi et l'élève choisit sa réponse dans une liste déroulante (à deux ou trois éléments). La BDi a trois boutons : OK (compter la réponse et passer à la question suivante), Passe (la question sera reposée ultérieurement) et Abandon.

- les statistiques : une fois les questions répondues, on ajoute une ligne dans la feuille RESUME de *QuizStat.xls* puis on l'incorpore aux autres statistiques.

La constitution des fichiers en fin de génération nous ouvre deux possibilités : on peut refaire un questionnaire avec les mêmes questions, ce qui n'était pas évident vu la génération aléatoire et on peut ne faire que la génération pour utiliser le fichier comme base d'une interrogation écrite.

Notons que cette fonctionnalité de génération seule s'adresse aux enseignants et non aux élèves. Elle est implantée dans *QuizEleve* car ses routines sont utilisées par les autres fonctionnalités de *QuizEleve* : si on l'avait implantée dans *QuizAuteur*, les procédures correspondantes auraient dû être recopiées dans *QuizEleve*.

D'où le fichier de départ *QuizEleve0.xls*, avec trois procédures vides Questionnaire, Reprise et Génération et les trois boutons associés accompagnés d'une brève explication :

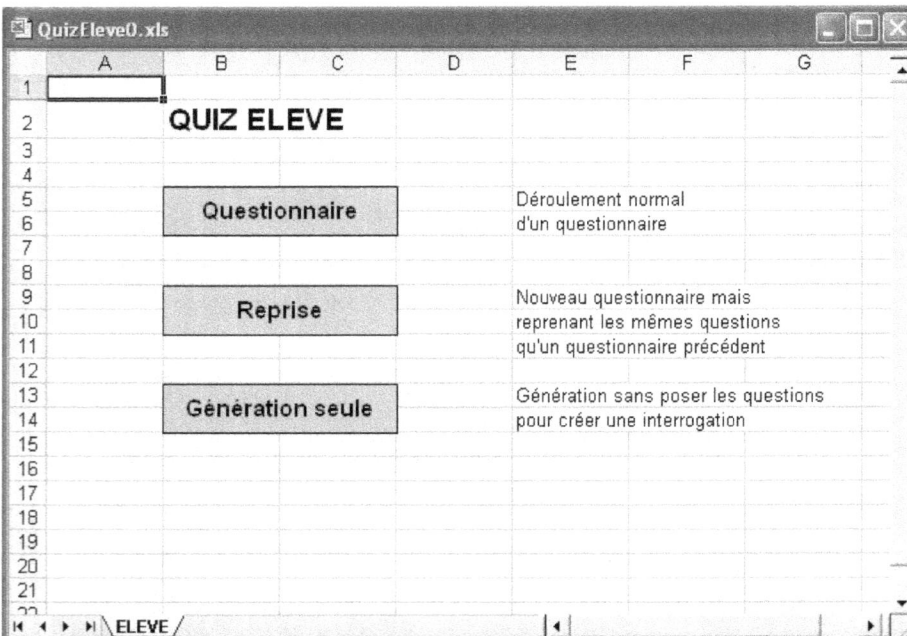

Nous n'insistons pas sur la création de ces boutons ni sur celle du module avec ses trois procédures vides, cela devrait maintenant être connu, sinon, reportez-vous au chapitre précédent ou à la partie Apprentissage.

Sauvegardez le classeur sous le nom *QuizEleve1.xls* pour démarrer l'étape 2, 1re phase.

Note : les fichiers *QuizEleve* n'ont pas de mot de passe puisqu'ils doivent être accessibles aux élèves. En revanche le projet VBA doit être protégé comme vu page 19 de la partie Apprentissage. Vous pouvez n'installer cette protection que pour la version finale.

❷ LA PROCÉDURE GÉNÉRATION

Nous commençons par recopier depuis le Module 1 du classeur *QuizAuteur1.xls* : les déclarations (il s'en rajoutera), la fonction `Ouvert` et la procédure `Init`. Nous savons que nous allons en avoir besoin. Nous introduisons en outre les tableaux `DQuest(20)` (définition du questionnaire, c'est-à-dire les numéros de ligne tirés au hasard – 20=nombre maximum de questions) et `Pris(100)` (si `Pris(i)` est `True`, c'est que i est déjà pris, il faut en tirer un autre – nous supposons un max. de 100 lignes par thème) et Lmax, n° de ligne max. sur la feuille de thème. Il s'ajoute aussi le nom/prénom de l'élève NPrEl. D'où la déclaration :

```
Public DQuest(20) As Integer, Pris(100) As Integer, Lmax As Integer
Public NPrEl As String
```

Donc `Génération` a la structure : appel de `Init`, appel de la BDi `UF_DefQuest`, appel de `Tirage` et appel de `EcrFich` (qui écrit les fichiers) :

```
Sub Génération()
  Init
  UF_DefQuest.Show
  If Not Satisf Then Exit Sub
  Set ShQuest = WkQuest.Worksheets(Theme)
  Lmax = ShQuest.Range("A1").Value + 2
  Tirage
  EcrFich
End Sub
```

Les instructions `Set ShQuest` et `Lmax=` font double emploi avec des instructions dont on a besoin dans le module de la BDi. Vous pourriez donc les enlever ou les mettre en commentaires. Nous les laissons pour la clarté : elles ne gênent pas.

La routine **Init** reçoit en plus comme dernière instruction :

```
  WkQuest.Windows(1).WindowState = xlMinimized
```

Le but est que le classeur *Questionnaires.xls* n'apparaisse pas en arrière plan des BDi pendant que l'élève répond au questionnaire : cela pourrait le troubler. Donc on réduit en icône la fenêtre du classeur *Questionnaires.xls*.

❸ BDi UF_DEFQUEST

Vous pouvez la constituer en recopiant les contrôles de la BDi UF_Them de *QuizAuteur1.xls* avec leurs routines d'événements et en ajoutant la ComboBox de choix du nombre de questions et la TextBox d'entrée du nom/prénom. Il n'y a donc aucune difficulté à la construire, nous ne détaillons pas.

Définition Questionnaire

Nom Prénom ou définition Interro

Thème :

Nombre de questions
(vous pouvez aussi le taper) :

OK   Annuler

Dans le module associé, copiez tout le contenu du module associé à `UF_Them`. Il faut ajouter une routine de l'événement *Enter* de la ComboBox2 qui remplit la liste de choix de la ComboBox en tenant compte du nombre maximum de questions sur la feuille de thème.

L'instruction `Theme=…` passe de `B_OK_Click` à cette routine. `B_Ok_Click` récupère les données entrées, notamment `NbQ` le nombre de questions à tirer au hasard et vérifie qu'elles sont complètes, sinon on sort sans valider la BDi. On vérifie aussi que le nombre de questions est <= nombre de questions disponibles, sinon on le ramène à ce nombre. Bien sûr, ceci ne fonctionne convenablement que si l'on a créé un nombre suffisant de questions. Un questionnaire valable doit avoir au moins 15 ou 20 questions choisies parmi au moins 30. On peut à titre d'essai taper un nombre très petit, mais c'est uniquement à titre d'essai.

```
Private Sub B_Annul_Click()
  Satisf = False
  Unload Me
End Sub

Private Sub B_OK_Click()
  If (TextBox1.Text = "") Or (ComboBox1.Text = "") Or _
    (ComboBox2.Text = "") Then MsgBox "Incomplet": Exit Sub
  NPrEl = TextBox1.Text
  NbQ = CInt(ComboBox2.Text)
  If NbQ > Lmax - 2 Then
    NbQ = Lmax - 2
    MsgBox "Nb quest. ramené à " + CStr(Lmax - 2)
  End If
  Satisf = True
  Unload Me
End Sub

Private Sub ComboBox2_Enter()
  Theme = ComboBox1.Text
  If Theme = "" Then MsgBox "Il faut un thème": Exit Sub
  Set ShQuest = WkQuest.Worksheets(Theme)
  Lmax = ShQuest.Range("A1").Value + 2
  ComboBox2.Clear
  If Lmax >= 12 Then ComboBox2.AddItem "10"
  If Lmax >= 17 Then ComboBox2.AddItem "15"
  If Lmax >= 22 Then ComboBox2.AddItem "20"
End Sub

Private Sub UserForm_Activate()
  ComboBox1.Clear
  For Each sh In WkQuest.Worksheets
```

```
      ComboBox1.AddItem sh.Name
   Next
End Sub
```

---

❹ LA PROCÉDURE TIRAGE

```
Sub Tirage()
   Randomize
   For LigQ = 1 To 100
      Pris(LigQ) = False
   Next LigQ
   For NumQ = 1 To NbQ
      LigQ = Int((Lmax - 2) * Rnd + 3)
      While Pris(LigQ)
         LigQ = Int((Lmax - 2) * Rnd + 3)
      Wend
      Pris(LigQ) = True
      DQuest(NumQ) = LigQ
   Next NumQ
End Sub
```

Après l'appel de `Randomize`, on initialise le tableau pris. Ensuite on a une boucle de 1 à `NbQ` pour remplir le tableau `DQuest` : pour chaque élément, on tire un nombre au hasard entre 3 et `Lmax` (voir `Rnd` : Apprentissage page 105) ; tant qu'il est déjà pris, on retire.

---

❺ LA PROCÉDURE ECRFICH

Le premier problème est celui de la dénomination des fichiers. Les fichiers seront dans le répertoire du classeur programme, avec l'extension *.txt*. Le nom est formé de T ou N, puis les 3 premiers caractères du thème, les 5 premiers du nom/prénom et la date sous la forme 15-12-04. Le fichier N (les numéros) commence par le nombre de questions et le thème, le fichier T (texte) commence par le nom/prénom, le thème, le nombre de questions. Il est improbable que des fichiers de même nom existent déjà : les anciens seront écrasés à moins d'avoir été sauvegardés ailleurs.

```
Sub EcrFich()
   Open Chem + Ps + "N" + Left(Theme, 3) + Left(NPrEl, 5) + _
            Format(Date, "dd-mm-yy") + ".txt" For Output As #1
   Open Chem + Ps + "T" + Left(Theme, 3) + Left(NPrEl, 5) + _
            Format(Date, "dd-mm-yy") + ".txt" For Output As #2
   Print #1, Theme + vbCrLf;
   Print #1, CStr(NbQ) + vbCrLf;
   Print #2, NPrEl + " " + Theme + CStr(NbQ) + vbCrLf;
   For NumQ = 1 To NbQ
      LigQ = DQuest(NumQ)
      Print #1, CStr(LigQ) + vbCrLf;
      Quest = ShQuest.Cells(LigQ, 1).Value
      Print #2, Quest - vbCrLf;
      For ColR = 1 To 3
         Rep(ColR) = ShQuest.Cells(LigQ, ColR + 1).Value
         If Rep(ColR) <> "" Then Print #2, "    " + Rep(ColR) + vbCrLf;
      Next ColR
      Print #2, vbCrLf;
   Next NumQ
   Close 1
```

```
  Close 2
End Sub
```

La structure est très simple. On traite les deux fichiers en parallèle : après écriture des prologues, on entre dans la boucle `For  NumQ` sur les enregistrements. On termine par les fermetures.

Nous terminons les écritures par `vbCrLf` pour faciliter la visualisation par le bloc-notes. Vous pouvez les terminer par `vbCr`, mais alors il faut visualiser à l'aide de Wordpad.

Ceci constitue la forme finale de *QuizEleve1.xls*. Dans la version que nous vous proposons en téléchargement, nous avons ajouté les procédures vides `LitFich` et `Récupération` qui serviront pour la reprise, `Déroulement` et `Stat` qui serviront pour les phases ultérieures.

Vous pouvez maintenant essayer *QuizEleve1.xls* : cliquez sur le bouton $\boxed{\text{Génération seule}}$. L'intérêt de la fonctionnalité de création des fichiers est qu'ils permettent de vérifier le fonctionnement de la première phase.

Ensuite vous sauvegardez le classeur sous le nom *QuizEleve2.xls* : il constitue le point de départ pour la seconde phase.

---

❻ PHASE 2 : LA ROUTINE QUESTIONNAIRE

La routine `Questionnaire` est très simple : elle appelle `Init`, puis `Génération`, puis `Déroulement` et enfin `Stat`. La seule subtilité est qu'après l'appel de `Génération`, il faut tester `Satisf` pour le cas où l'utilisateur aurait cliqué sur $\boxed{\text{ Annuler }}$ dans la BDi `UF_DefQuest`.

```
Sub Questionnaire()
  Init
  Génération
  If Not Satisf Then Exit Sub
  Déroulement
  Stat
End Sub
```

Pour la routine **Déroulement**, nous avons besoin de données supplémentaires : les tableaux `Répondu` (vrai pour chaque question à laquelle l'élève a répondu), `Pts` (le points obtenus à chaque question), `Nrep` le nombre puis pourcentage de questions répondues, `SC` le score, `T0` le temps d'origine, `T` le temps passé, d'où les déclarations :

```
Public Répondu(20) As Boolean, Pts(20) As Integer
Public Nrep As Integer, SC As Integer, T0 As Single, T As Integer
```

On utilisera aussi les booléens `Satisf` mis à faux si l'élève clique sur $\boxed{\text{Passe}}$ (passer la question) et `Dernier` mis à vrai s'il clique sur $\boxed{\text{Abandon}}$ dans la BDi UF_Question.

```
Sub Déroulement()
  Nrep = 0
  For NumQ = 1 To 20
    Répondu(NumQ) = False
    Pts(NumQ) = 0
  Next NumQ
  Dernier = False
  T0 = Timer
  While (Nrep < NbQ) And Not Dernier
    For NumQ = 1 To NbQ
      If Not Répondu(NumQ) Then
```

```
          LigQ = DQuest(NumQ)
          UF_Question.Show
          If Dernier Then Exit For
          If Satisf Then
             Répondu(NumQ) = True
             Nrep = Nrep + 1
          End If
       End If
    Next NumQ
  Wend
  T = Int((Timer - T0) / NbQ)
  Nrep = Int(100 * Nrep / NbQ)
  SC = 0
  For NumQ = 1 To NbQ
     SC = SC + Pts(NumQ)
  Next NumQ
  SC = Int(20 * SC / NbQ)
  Debug.Print SC & " " & T & " " & Nrep
End Sub
```

On commence par l'initialisation de Nrep et des tableaux Répondu et Pts. Ensuite la structure est simple : elle assure qu'on repose les questions sur lesquelles l'élève a passé.

tant que les réponses sont incomplètes et qu'on n'a pas cliqué sur Abandon
| boucle sur les questions jusqu'à NbQ
| | si cette question n'est pas répondue
| | | poser la question par appel de
| | | UF_Question
| | | si Dernier (Abandon) sortir boucle
| | | si Satisf
| | | | prendre question en compte
| | | f si
| | f si
| f boucle
f tant que

Cette rédaction suppose qu'on obtient les points rapportés par chaque question dans le traitement de la BDi. Après la boucle tant que, on calcule le temps moyen par question (en secondes), le pourcentage de réponses (<100% en cas d'abandon), le score (qu'on ramène à une note sur 20). La dernière instruction écrit ces données dans la fenêtre d'exécution, ce qui permet de tester l'état actuel du programme.

❼ BDI UF_QUESTION

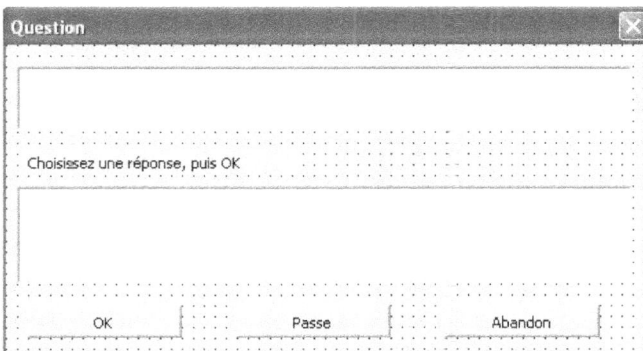

On installe une grande TextBox pour la question et une ListBox pour les propositions de réponses, plus trois boutons, *B_OK*, *B_Passe* et *B_Abandon*. Dans la fenêtre *Propriétés*, *TextBox1* doit avoir la propriété `MutiLine` vraie. *ListBox1* a `MultiSelect` 0 (single) et `ListStyle` 1 (avec des boutons radio).

Dans la figure ci-dessus, la BDi a pour largeur 356 et la ListBox 336, ce qui permet des propositions de réponses en une ligne de 75 caractères (ou un peu plus). C'est cette version que nous vous proposons dans le fichier téléchargé *QuizEleve2.xls*. Pour permettre des propositions de réponses de 120 caractères, vous pouvez porter la largeur de la BDi à 549 et la largeur de la ListBox à 525 : vous trouverez cette version dans le fichier téléchargé *QuizEleve3.xls*.

La routine **UserForm_Activate** indique le numéro de question dans le titre de la BDi, puis elle met la question dans *TextBox1* et les propositions de réponses dans *ListBox1*. Les routines des boutons *Passe* et *Abandon* sont simples : elles ne font que positionner les booléens. `B_OK_Click` prend en compte la réponse faite. Après avoir protesté s'il n'y a pas eu de réponse (clic sur OK par inadvertance), on sépare les deux parties du commentaire de part et d'autre de la barre | : les points à gauche et le message à droite.

```
Private Sub B_Abandon_Click()
  Satisf = False
  Dernier = True
  Unload Me
End Sub

Private Sub B_OK_Click()
  Dim msg As String, i As Integer
  i = ListBox1.ListIndex
  If i = -1 Then
    MsgBox "Il faut choisir une réponse"
    Exit Sub
  End If
  msg = ShQuest.Cells(LigQ, i + 2).Comment.Text
  Pts(NumQ) = CInt(Left(msg, 1))
  MsgBox Mid(msg, 3)
  Satisf = True
  Dernier = False
  Unload Me
End Sub

Private Sub B_Passe_Click()
  Satisf = False
  Dernier = False
  Unload Me
End Sub

Private Sub UserForm_Activate()
  Dim ch As String
  Caption = "Question " + CStr(NumQ) + " " + Theme
  TextBox1.Text = ShQuest.Cells(LigQ, 1).Value
  ListBox1.Clear
  For ColR = 1 To 3
    ch = ShQuest.Cells(LigQ, ColR + 1).Value
    If ch <> "" Then ListBox1.AddItem ch
  Next ColR
End Sub
```

Vous pouvez sauvegarder le classeur sous le nom *QuizEleve2.xls* et essayer des questionnaires. Vous vérifiez les calculs de performance dans la fenêtre *Exécution*. On peut passer à la troisième phase de cette étape

❽ PHASE 3 : LA REPRISE

Pendant de `Questionnaire`, `Reprise` appelle `Récupération` au lieu de `Génération` :

```
Sub Reprise()
   Init
   Récupération
   If Not Satisf Then Exit Sub
   Déroulement
   Stat
End Sub
```

Dans **Récupération**, on appelle une BDi quasi-identique à `UF_DefQuest` : seule la ComboBox2 (nombre de questions) est à remplacer par une TextBox donnant la date du fichier à récupérer. On pourrait modifier cette dernière pour qu'elle convienne dans les deux cas avec une variable *Mode* permettant de distinguer. Nous utiliserons cette technique dans d'autres études de cas. Ici, nous préférons développer une autre BDI, `UF_RepQuest`, dont, d'ailleurs, beaucoup d'éléments s'obtiennent par copie depuis `UF_DefQuest`.

Le titre de la BDi est à changer, ainsi que la légende du Label devant la TextBox2 qui devient "Date du quest. à reprendre". Ce label reçoit aussi un `ControlTipText` qui spécifie "Sous la forme 15-12-04". Il faut impérativement séparer par des tirets et bien donner deux chiffres : 07-01-05. De toutes façons, cette forme sera rectifiée par la routine. On introduit une variable `DD` pour la date, déclarée dans Module1 sur la même ligne que `NPrEl` :

```
Public NPrEl As String, DD As String
```

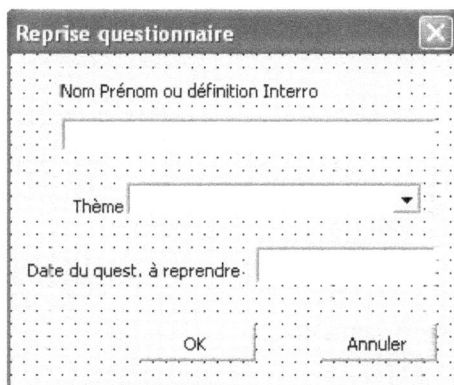

Le module associé n'a plus de routine `ComboBox2_Enter` et `B_OK_Click` est très légèrement adaptée : on ne récupère plus `NbQ`, mais `DD` :

```
Private Sub B_Annul_Click()
   Satisf = False
   Unload Me
End Sub
```

```
Private Sub B_OK_Click()
  If (TextBox1.Text = "") Or (ComboBox1.Text = "") Or _
   (TextBox2.Text = "") Then MsgBox "Incomplet": Exit Sub
  NPrEl = TextBox1.Text
  Theme = ComboBox1.Text
  DD = TextBox2.Text
  If IsDate(DD) Then
    DD = Format(CDate(DD), "dd-mm-yy")
    Satisf = True
    Unload Me
  Else
    MsgBox "Date incorrecte : il faut jj/mm/aa ou jj-mm-aa"
    Exit Sub
  End If
End Sub

Private Sub UserForm_Activate()
  ComboBox1.Clear
  For Each sh In WkQuest.Worksheets
    ComboBox1.AddItem sh.Name
  Next
End Sub
```

La routine B_OK_Click vérifie que c'est bien une date qu'on entre et, si oui, force la forme voulue dans le nom du fichier. Il faut de plus assurer que c'est la bonne date, mais seul l'utilisateur le peut.

Récupération appelle LitFich au lieu de Tirage et EcrFich :

```
'-------------------------------------------------------Récupération-
Sub Récupération()
  Init
  UF_RepQuest.Show
  If Not Satisf Then Exit Sub
  Set ShQuest = WkQuest.Worksheets(Theme)
  LitFich
End Sub

'------------------------------------------------------------LitFich-
Sub LitFich()
  Dim a As String
  On Error GoTo Erop
  Open Chem + Ps + "N" + Left(Theme, 3) + Left(NPrEl, 5) + _
                        DD + ".txt" For Input As #1
  On Error GoTo 0
  Line Input #1, a
  Line Input #1, a
  NbQ = CInt(a)
  For NumQ = 1 To NbQ
    Line Input #1, a
    DQuest(NumQ) = CInt(a)
  Next NumQ
  Close 1
  Satisf = True
  Exit Sub
Erop:
  MsgBox "Impossible d'ouvrir " + Chem + Ps + "N" + _
```

```
                 Left(Theme, 3) + Left(NPrEl, 5) + DD + ".txt"
    Satisf = False
End Sub
```

On remarquera dans `LitFich` l'installation d'une récupération d'erreur possible si on n'arrivait pas à ouvrir le fichier N*xxx* (suite à une erreur sur le nom ou la date). Le booléen Satisf est géré pour empêcher le déroulement du questionnaire si la lecture n'a pas réussi. Sinon, la lecture est très simple puisque `NbQ` donne le nombre de lignes à lire. La première ligne lue est passée : elle donne le thème, mais on l'a déjà. Un programmeur "puriste" mettrait un test pour comparer les deux valeurs.

Vous sauvegardez maintenant *QuizEleve2.xls* dans son état final et vous pouvez tester la fonctionnalité de reprise. Sauvegardez-le aussi sous le nom *QuizEleve3 xls* pour servir de point de départ pour la 3e étape. La version téléchargée a la BDi `UF_Question` élargie.

Nous arrivons à la routine `Stat`. Voici l'aspect de ses trois feuilles :

Comme dans les trois feuilles du classeur *QuizStat.xls*, des données identiques sont dans des colonnes différentes, nous installons des constantes kR..., kE... et kT... pour les manipuler. Il nous faut les variables `WkStat`, `ShRes`, `ShElev` et `ShThem` pour désigner le classeur et les feuilles. Par ailleurs, nous créons un classeur `WkRes` qui renfermera les résultats du questionnaire. Son nom sera R suivi des 3 premiers caractères du thème, des 5 premiers du nom/prénom et de la date sous la forme 15-12-04. L'élève pourra demander son impression.

Les autres variables qui apparaissent sont `LigR`, `LigE`, `LigT` : numéros de ligne dans les feuilles de *QuizStat*, `EMNot`, `EMTq`, `EMRep` : moyennes pour un élève de sa note, du temps et % réponse, `NE` nombre de questionnaires de cet élève et `TMNot`, `TMTq`, `TMRep`, `NT` mêmes données mais par thème. D'où les déclarations ajoutées :

```
Public WkStat As Workbook, WkRes As Workbook
Public ShRes As Worksheet, ShElev As Worksheet, ShThem As Worksheet
Public LigR As Integer, LigE As Integer, LigT As Integer
Public EMNot As Single,EMTq As Single, EMRep As Single,NE As Integer
Public TMNot As Single,TMTq As Single, TMRep As Single,NT As Integer

Const kRD = 1, kRThem = 2, kRNel = 3, kRNot = 4, kRTq = 5, kRRep = 6
Const kENel = 1, kEThem = 2, kENot = 3, kETq = 4, kERep = 5, kED = 6
Const kEMNot = 7, kEMTq = 8, kEMRep = 9
Const kTThem = 1, kTN = 2, kTMNot = 3, kTMTq = 4, kTMRep = 5
```

La procédure `Stat` est très simple : elle ferme le classeur *Questionnaires* (on n'en a plus besoin) et elle ouvre *QuizStat*. On ne teste pas `Ouvert` car lui, on le ferme toujours. Ensuite on initialise les désignations de feuilles et on appelle `PrLv` pour avoir les numéros de première ligne vide dans les trois feuilles. Le travail proprement dit se fait en appelant les procédures `ResuStat`, `ElevStat` et `ThemStat`, d'où la simplicité de **Stat** :

```
Sub Stat()
  WkQuest.Close
```

```
      Set WkStat = Workbooks.Open(Filename:=Chem + Ps + _
          "QuizStat.xls", Password:="tsoft", WriteResPassword:="tsoft")
      Set ShRes = WkStat.Worksheets("RESUME")
      Set ShElev = WkStat.Worksheets("PAR ELEVES")
      Set ShThem = WkStat.Worksheets("PAR THEMES")
      LigR = PrLv(ShRes)
      LigE = PrLv(ShElev)
      LigT = PrLv(ShThem)
      ResuStat
      ElevStat
      ThemStat
      WkStat.Close
End Sub
```

PrLv suit exactement la structure expliquée page 145 de la partie Apprentissage :

```
Public Function PrLv(Sht As Worksheet) As Integer
  Dim L As Integer
  For L = 1 To 500
    If IsEmpty(Sht.Cells(L, 1)) Then Exit For
  Next L
  PrLv = L
End Function
```

ResuStat gère la feuille RESUME : après avoir installé les données ligne LigR (qui devient la dernière ligne occupée), on appelle la procédure MoyStat qui calcule les moyennes des notes, temps et % réponse pour un critère ; les arguments en k sont les colonnes des arguments qui suivent.

```
Sub ResuStat()
  ShRes.Cells(LigR, kRD).FormulaLocal = Date
  ShRes.Cells(LigR, kRThem).Value = Theme
  ShRes.Cells(LigR, kRNel).Value = NPrEl
  ShRes.Cells(LigR, kRNot).Value = SC
  ShRes.Cells(LigR, kRTq).Value = T
  ShRes.Cells(LigR, kRRep).Value = Nrep
  MoyStat kRNel, NPrEl, kRNot, EMNot, kRTq, EMTq, kRRep, EMRep, NE
  MoyStat kRThem, Theme, kRNot, TMNot, kRTq, TMTq, kRRep, TMRep, NT
  WkStat.Save
End Sub

Sub MoyStat(K As Integer, Crit As String, k1 As Integer, _
    v1 As Single, k2 As Integer, v2 As Single, k3 As Integer, _
    v3 As Single, N As Integer)
  Dim i As Integer
  N = 0
  v1 = 0
  v2 = 0
  v3 = 0
  For i = 2 To LigR
    If ShRes.Cells(i, K).Value = Crit Then
      N = N + 1
      v1 = v1 + ShRes.Cells(i, k1).Value
      v2 = v2 + ShRes.Cells(i, k2).Value
      v3 = v3 + ShRes.Cells(i, k3).Value
    End If
  Next i
```

```
    v1 = CSng(Format(v1 / N, "0.0"))
    v2 = CSng(Format(v2 / N, "0.0"))
    v3 = CSng(Format(v3 / N, "0.0"))
End Sub
```

La structure est évidente : les variables v sont d'abord la somme, qu'on divise par le nombre d'éléments pour avoir la moyenne. Les trois dernières instructions arrondissent à une décimale, c'est bien suffisant.

ElevStat gère le cas de l'élève. Là aussi, LigE devient la dernière ligne occupée où on installe les données. Ensuite, ❷ on effectue un tri en majeur sur les élèves, en mineur sur les thèmes, exactement comme au chapitre précédent page 168. Le tri exige que la feuille concernée soit la feuille active, d'où l'instruction ❶. Enfin, on appelle RapportStat qui permet d'imprimer les résultats du dernier questionnaire pour que l'élève puisse avoir une trace de ses performances.

```
Sub ElevStat()
  ShElev.Activate                    ❶
  ShElev.Cells(LigE, kED).FormulaLocal = Date
  ShElev.Cells(LigE, kEThem).Value = Theme
  ShElev.Cells(LigE, kENel).Value = NPrEl
  ShElev.Cells(LigE, kENot).Value = SC
  ShElev.Cells(LigE, kETq).Value = T
  ShElev.Cells(LigE, kERep).Value = Nrep
  ShElev.Cells(LigE, kEMNot).Value = EMNot
  ShElev.Cells(LigE, kEMTq).Value = EMTq
  ShElev.Cells(LigE, kEMRep).Value = EMRep
  Range(Cells(2, 1), Cells(LigE, kEMRep)).Select
  Selection.Sort Key1:=Cells(2, kENel), Order1:=xlAscending, _
    Key2:=Cells(2, kEThem), Order2:=xlAscending, Header:=xlGuess    ❷
  WkStat.Save
  RapportStat
End Sub
```

RapportStat crée un classeur et y met les résultats du dernier questionnaire. L'instruction ❶ ajuste la largeur de la colonne A au titre le plus large. Ensuite on demande si l'utilisateur veut imprimer et le classeur est sauvegardé et fermé :

```
Sub RapportStat()
  Dim re, NFRap As String, e As Boolean
  Set WkRes = Workbooks.Add
  WkRes.Sheets(1).Activate
  Range("B1").Value = "Rapport de questionnaire"
  Range("B1").Font.Bold = True
  Range("A3").Value = "Nom"
  Range("B3").Value = NPrEl
  Range("A4").Value = "Date"
  Range("B4").FormulaLocal = Date
  Range("A5").Value = "Thème"
  Range("B5").Value = Theme
  Range("A6").Value = "Note"
  Range("B6").Value = SC
  Range("A7").Value = "Temps par quest"
  Range("B7").Value = T
  Range("A8").Value = "% réponses"
  Range("B8").Value = Nrep
```

```
    Range("A9").Value = "Moyenne notes"
    Range("B9").Value = EMNot
    Range("A10").Value = "Moyenne temps"
    Range("B10").Value = EMTq
    Range("A11").Value = "Moyenne % rep"
    Range("B11").Value = EMRep
    Range("A3:A11").Select
    Selection.Columns.AutoFit    ❶
    NFRap = Chem + Ps + "R" + Left(Theme, 3) _
        + Left(NPrEl, 5) + Format(Date, "dd-mm-yy")
    If Len(Dir(NFRap + ".xls")) > 0 Then ❷
        re = MsgBox("Le fichier existe déjà. Acceptez-vous de " _
            + " l'écraser ? ", vbQuestion + vbYesNo, "Sauvegarde") ❸
        If re = vbYes Then
            e = True
            Application.DisplayAlerts = False ❹
        Else
            e = False
        End If
    Else
        WkRes.SaveAs Filename:=NFRap + ".xls"
        Application.DisplayAlerts = True    ❹
    End If
    re = MsgBox("Voulez-vous imprimer le rapport ? ", vbQuestion + _
        vbYesNo, "Rapport questionnaire")
    If re = vbYes Then ActiveSheet.PrintOut
    MsgBox "Lorsque vous aurez fini d'examiner le rapport, cliquez" _
        + "sur OK"  ❺
    WkRes.Close
End Sub
```

La sauvegarde du classeur rapport peut poser problème si le même élève passe deux fois le
même jour un quiz sur le même thème : il existe déjà un classeur de même nom, et, donc le
système vous demande l'autorisation d'écraser le précédent. Il faut ici impérativement
répondre OUI, sinon on part en erreur. Pour éviter ce risque, nous avons implanté la solution
suivante. D'abord, on prend les devants en décelant l'existence du fichier de même nom
(repère ❷). Ensuite, nous posons nous-mêmes la question à l'utilisateur (repère ❸). S'il
répond oui, on inhibe le message système à l'aide de la propriété DisplayAlerts (❹) : il y
aura donc écrasement de l'ancien fichier ; s'il répond non, on ne sauvegarde pas le nouveau
rapport. Notez qu'on pense bien à remettre la propriété à True.

La fin demande si l'utilisateur veut imprimer le rapport et si oui, imprime. Ensuite, pour
permettre à l'utilisateur d'examiner le rapport, on attend qu'il ait cliqué sur OK pour fermer le
classeur (❺).

La procédure **ThemStat** gère la statistique par thèmes. Elle installe les données sur la ligne
ligne. La boucle du début calcule ce n° de ligne en combinant comme dans l'exemple
commençant page 164 (❸ ❹) les structures *Insérer un élément à sa place* et *Regroupement
des données* (Apprentissage : page 146).

```
Sub ThemStat()
    Dim ligne As Integer
    ShThem.Activate
    If LigT = 2 Then
        ligne = LigT
    Else
        For ligne = 2 To LigT - 1
```

```
      If Theme = ShThem.Cells(ligne, kTThem).Value Then Exit For
      If Theme < ShThem.Cells(ligne, kTThem).Value Then
        ShThem.Cells(ligne, kTThem).EntireRow.Insert
      End If
    Next ligne
  End If
  ShThem.Cells(ligne, kTThem).Value = Theme
  ShThem.Cells(ligne, kTN).Value = NT
  ShThem.Cells(ligne, kTMNot).Value = TMNot
  ShThem.Cells(ligne, kTMTq).Value = TMTq
  ShThem.Cells(ligne, kTMRep).Value = TMRep
  ShThem.Rows(ligne).Font.Bold = False
  WkStat.Save
End Sub
```

L'avant-dernière instruction enlève les caractères gras de la ligne : en effet si celle-ci est insérée juste en dessous de la ligne de titre, elle se retrouve en gras comme les titres.

Nous sommes maintenant arrivés au terme de l'étape 3 : vous sauvegardez le classeur sous le nom *QuizEleve3.xls*. Pour vos essais, pour examiner le classeur *QuizStat.xls* vous devrez le rouvrir (rappel : le mot de passe est `tsoft`).

C'est d'ailleurs aussi le moment de protéger le projet VBA si vous confiez le classeur à des élèves. Vous ne pouvez pas protéger le classeur lui-même puisqu'il doit rester accessible aux élèves, mais il est bon de protéger le programme. C'est le cas du classeur *QuizEleve3.xls* téléchargé. Bien que déjà vue, nous résumons la marche à suivre depuis l'Editeur VBA :

- *Outils-Propriétés de VBAProject*, onglet *Protection*
- ☑ Verrouiller le projet pour l'affichage et fournir le mot de passe deux fois.

QUELQUES PERFECTIONNEMENTS

Voici quelques perfectionnements que l'on pourrait proposer.

Gérer une liste des élèves

Lorsque l'élève fournit son nom et son prénom, nous avons dit que cette information doit toujours être tapée avec la même orthographe, sinon, le programme "croira" qu'il s'agit d'un nouvel élève et donc sera trompé pour le calcul de la moyenne. On pourrait gérer une liste des élèves (choisissez ou créez le classeur où elle sera conservée) et l'élève n'aura plus qu'à choisir son nom dans une liste déroulante.

La liste peut être remplie, soit par une fonctionnalité simulant une inscription des élèves, soit, plus simplement, si on tape un nom-prénom qui n'est pas dans la liste, il est ajouté à celle-ci : voir l'exemple en fin de paragraphe *ComboBox*, page 97 de la partie Apprentissage.

Ceci ouvre des possibilités intéressantes :

- On peut vérifier qu'un élève est bien inscrit avant de l'autoriser à répondre à un questionnaire.
- Dans le cas où les thèmes sont modulés par niveaux, on peut n'autoriser un élève à ne prendre que des thèmes du niveau qui lui correspond (il suffit que ce niveau soit une donnée de la base des inscrits).
- On peut n'autoriser un élève qu'à passer un nombre limité de questionnaires dans une certaine période : par exemple, pour la semaine des examens, on n'autorise qu'un questionnaire et un rattrapage. En liaison avec le point suivant, cela implique de calculer des moyennes indexées sur le temps.

Gérer des moyennes plus fines

Dans les statistiques, on calcule la moyenne par élève sur tous les questionnaires répondus. On pourrait gérer une moyenne par élève et par thème. Pour cela, chacune des moyennes devra être remplacée par un tableau indicé sur le thème.

Message d'avertissement

(très simple) En cas d'abandon de questionnaire, avertir l'élève que son score sera faible et que c'est mauvais pour sa moyenne. Il suffit d'une simple instruction MsgBox, mais vous devez décider du module où elle sera implantée.

Gérer la longueur des textes de réponse

Gérer la longueur des réponses proposées, en imposant une limite. Rappelons que les éléments d'une ListBox ne peuvent être sur plusieurs lignes : si vous tapez Maj+Entrée ou Ctrl+Entrée, il apparaîtra un signe ¶ dans la proposition. En revanche, vous pouvez le faire dans la réaction à la réponse : le texte affiché sera sur plusieurs lignes. C'est dans le module de gestion de la BDi UF_EntréeQuestion de *QuizAuteur1.xls* que vous devez agir : nous vous suggérons d'implanter des routines pour les événements Exit des TextBox d'entrée des propositions de réponses. Dans ces routines, un message avertira l'utilisateur que la chaîne de caractères est trop longue et donnera l'occasion de la modifier.

Mémorisation de la liste des dates des quiz effectués

En reprise de questionnaire, l'élève doit se souvenir de la date du questionnaire à reprendre puisqu'elle intervient dans le nom de fichier à récupérer. Proposez dans une liste déroulante les différentes dates de questionnaires correspondant à l'élève concerné. Ceci implique d'explorer les noms de fichiers du répertoire, donc utilisez Dir (Apprentissage page 112) ou FileSearch (page 116) ou l'objet Scripting.FileSystemObject (page 121).

Gérer le risque d'écrasement de fichier

Pour la sauvegarde du classeur rapport (étape 3), le système peut demander l'autorisation d'écraser un fichier précédent. Cela n'arrive que de façon rarissime : il faut que le même élève repasse un questionnaire de même thème le même jour. Si on n'autorise pas l'écrasement, le programme part en erreur. Nous avons évité ce risque en vérifiant au préalable l'existence d'un fichier de même nom et en demandant ce que l'utilisateur veut faire. Notre solution n'est pas satisfaisante : elle évite l'écrasement, mais, dans ce cas, le nouveau fichier n'est pas sauvegardé. Il serait préférable de changer le nom qu'on s'apprête à attribuer.

Mais si le nouveau nom existe déjà ? Si comme nouveau nom vous proposez : `NFRap = NFRap + CStr(Timer)`, il y a vraiment très peu de risque que ce nom existe déjà. Mais vous pouvez tester ce fait et faire la concaténation une nouvelle fois.

Une autre solution est de ne pas effectuer le test préalable, mais de fournir une routine de récupération d'erreur ; elle sera déclenchée si le fichier existe déjà et que l'utilisateur a refusé l'écrasement. La routine modifiera le nom par `NFRap = NFRap + "b"` et se terminera par `Resume` pour retenter la sauvegarde. Si le fichier modifié existe aussi, et que l'utilisateur refuse l'écrasement, la routine sera redéclenchée et un nouveau "b" concaténé au nom. Comme il est impossible que le même élève ait passé plus de n questionnaires de même thème le même jour, le processus se terminera au bout de n essais.

Implanter une Aide

Implanter un système d'aide : ce projet est assez complexe, ce qui justifie encore plus une aide aux utilisateurs.

© Tsoft/Eyrolles – Excel 2003 – Programmation VBA

Gestion
d'une association

13

Étape 1 - Fichier HTM

Étape 2 - Nouveau membre

Étape 3 - Modification/Suppression

Pour aller plus loin

❶ LE PROBLÈME

Nous allons gérer l'association des Amis des Animaux, c'est-à-dire inscrire les nouveaux membres, modifier leurs données, en supprimer etc. Comme utilisation, nous allons créer la page WEB qui affichera le tableau des membres. D'autres utilisations sont envisageables, comme comptabiliser les cotisations etc., nous les laissons de côté.

Deux classeurs sont en jeu, conformément au principe de séparation programme-données introduit au chapitre 10 : la base de données, feuille *Membres* du classeur *AmisAnimaux.xls* et le classeur *programme*. Dans la première étape, nous produisons le fichier .htm à partir de la BD telle qu'elle est. Les étapes suivantes feront évoluer la base.

Voici les premières lignes de la BD :

La rubrique <Cotis. à jour> est prévue, mais elle ne sera pas gérée ici.

Le classeur programme *GestionAssoc0.xls* contient une seule feuille nommée *Menu*, qui propose un bouton par fonctionnalité comme suggéré au chapitre 10 :

On voit sur la figure que le classeur est nommé au départ *GestionAssoc0.xls* : le 0 est le numéro d'étape, il est rappelé en cellule A15 : n° de version et date. Après l'explication succincte à côté de chaque bouton, figure le nom de la procédure associée. Dans le classeur *GestionAssoc0.xls* , ces procédures sont toutes vides.

---

❷ ROUTINE D'INITIALISATION

Nous commençons par l'introduction de quelques variables et d'une routine d'initialisation *Init* : *InitFait* (l'Init a été exécuté), *Repert* (le répertoire des fichiers), *Sep* (le séparateur \ ou :), *NomFichMemb* (le nom du fichier des membres), *Rdatex* (emplacement où on écrira la date d'exécution devant chaque bouton), *WkMemb* (classeur BD), *ShMemb* (feuille BD), *LdMemb* (ligne de début des membres : 3), *NbRub* (nombre de rubriques traitées 8, car on ne s'occupe pas de la cotisation) et le tableau libre *NomsRub* (les noms de rubriques).

Les routines qui suivent doivent être saisies dans le module *Module 1*. Si vous avez oublié comment on accède à un module voir Apprentissage : pages 9 et 11 : ici, ayant ouvert le classeur *GestionAssoc0*.xls, appelez l'Éditeur VBA par Alt+F11 ; le classeur possède un module *Module 1*, donc vous n'avez pas à le créer (il faudrait utiliser *Insertion – Module*).

La routine *Init* initialise ces variables, note la date du jour à côté du bouton appelé et ouvre le fichier des membres ; pour cela, on récupère la fonction *Ouvert* (Apprentissage : page 148) afin de ne pas avoir de message d'erreur si le fichier des membres est déjà ouvert. Voici la routine *Init* et le début des autres procédures (remarquez les lignes de commentaires séparatrices) :

```
Public InitFait As Boolean, Rdatex As String, Sep As String
Public Repert As String, NomFichMemb As String, WkMemb As Workbook
Public ShMemb As Worksheet, LdMemb As Integer, NbRub As Integer
Public NomsRub()

'-------------------------------------------------------------Init
Sub Init()
  InitFait = True
  Range(Rdatex).FormulaLocal = Date
  ThisWorkbook.Save
  Repert = ThisWorkbook.Path
  Sep = Application.PathSeparator
  NomFichMemb = "AmisAnimaux.xls"
  If Not Ouvert(NomFichMemb) Then _
    Workbooks.Open Filename:=Repert + Sep + NomFichMemb
  Set WkMemb = Workbooks(NomFichMemb)
  WkMemb.Activate
  Set ShMemb = WkMemb.Sheets("Membres")
  LdMemb = 3
  NbRub = 8
  NomsRub = Array("Nom", "Prénom", "Adresse 1", "Adresse 2", "CP", _
    "Ville", "Tel", "eMail")
End Sub

'--------------------------------------------------------GenerHTM
Sub GenerHTM()
  Rdatex = "A4"
  If Not InitFait Then Init

End Sub

'-------------------------------------------------------NouvMembre
Sub NouvMembre()
  Rdatex = "A8"
```

```
      If Not InitFait Then Init

End Sub

'------------------------------------------------------------ModifMembre
Sub ModifMembre()
   Rdatex = "A12"
   If Not InitFait Then Init

End Sub
```

N'oubliez pas de recopier la fonction *Ouvert* dans le module. Nous avons mis les variables en `Public` car il y aura plusieurs modules dans les étapes suivantes.

Nous sommes prêts maintenant à passer à la construction proprement dite de notre page Web.

---

❸ CONSTRUCTION DU FICHIER .HTM

La structure est très simple : début de la page Web, tableau des membres, fin de la page. Le tableau a lui-même un début et une fin entourant une double structure répétitive pour les lignes (les membres) et les colonnes (les rubriques). Voici le texte HTML représentant le tableau à afficher :

`<html><head>`	début de la page
`<title>Les Amis des Animaux</title>`	|
`</head><body><center>`	|
`<h2>Membres de l'Association</h2>`	|
`<h2>Les Amis des Animaux</h2></center>`	|
`<table border width=95%>`	début du tableau
`<tr><td>nom de rubrique …</tr>`	|
`<tr>`	chaque ligne
`<td>rubrique`	chaque rubrique |
`<td>rubrique`	|
`</tr>`	|
`</table>`	fin du tableau
`</body></html>`	fin de la page

<table>
<tr><td colspan="8" align="center">Membres de l'Association</td></tr>
<tr><td colspan="8" align="center">Les Amis des Animaux</td></tr>
</table>

Nom	Prénom	Adresse 1	Adresse 2	CP	Ville	Tel	eMail
DUCK	Donald	Le bois Sacré	1 rue du Débarquement	14000	Caen	02 20 10 05 02	
DUPONT	Georges	Ker Mag	20 Av Joffre	44500	La Baule	02 40 60 20 00	Mèl
DURAND	Charles	12 rue de la Lune		75003	Paris	06 03 89 78 81	Mèl
GUIGNOL	Albert	13 Traboule de la Primatiale		69000	Lyon	04 78 25 00 00	
MOUSE	Mickey	Impasse du Fromage		38000	Grenoble		Mèl

Dans le programme, chaque ligne d'écriture html se fait par un print # de la chaîne de caractères voulue ; on termine par vbCr et ; pour avoir un parfait contrôle des lignes.
Si la rubrique est vide, on met " " (l'espace en HTML) pour assurer la continuité de la bordure.

Pour la rubrique eMail, la chaîne est : `"<a href=""mailto:adresse"">Mèl</a>"` :
remarquez les doubles guillemets pour incorporer un guillemet.

On introduit les variables locales *Lig* (numéro de ligne), *Col* (numéro de rubrique/colonne) et
Rub (le texte de la rubrique). On a ajouté en tête de module la directive `Option Base 1`. Le
`<b> </b>` entourant l'écriture de chaque nom de rubrique, le met en gras.

Voici le fichier *Membres.htm* : obtenu à partir des données page 198 grâce à la procédure
GenerHTM suivante, que vous implantez en tapant le texte en complément des instructions
déjà présentes dans la procédure (quasi vide au départ).

```
' ---------------------------------------------------------------GenerHTM
Sub GenerHTM()
  Dim Lig As Integer, Col As Integer, Rub As String
  Rdatex = "A4"
  If Not InitFait Then Init
  Open Repert + Sep + "Membres.htm" For Output As #1
  Print #1, "<html><head>" + vbCr;  ' Début page
  Print #1, "<title>Les Amis des Animaux</title>" + vbCr;
  Print #1, "</head><body><center>" + vbCr;
  Print #1, "<h2>Membres de l'Association</h2>" + vbCr;
  Print #1, "<h2>Les Amis des Animaux</h2></center>" + vbCr;
  Print #1, "<table border width=95%>" + vbCr; ' Début tableau
  Print #1, "<tr>" + vbCr;
  For Col = 1 To NbRub                    ' Noms de rubriques
    Print #1, "<td><b>" + NomsRub(Col) + "</b>" + vbCr;
  Next Col
  Print #1, "</tr>" + vbCr;
  For Lig = LdMemb To 1000                ' Les membres
    If IsEmpty(ShMemb.Cells(Lig, 1)) Then Exit For
    Print #1, "<tr>" + vbCr;
    For Col = 1 To NbRub - 1              'Les rubriques
      Rub = CStr(ShMemb.Cells(Lig, Col).Value)
      If Rub = "" Then Rub = " "
      Print #1, "<td>" + Rub + vbCr;
    Next Col
    Rub = CStr(ShMemb.Cells(Lig, NbRub).Value)
    If Rub = "" Then Rub = " " Else _
        Rub = "<a href=""mailto:" + Rub + """>Mèl</a>"
    Print #1, "<td>" + Rub + vbCr;
    Print #1, "</tr>" + vbCr;
  Next Lig
  Print #1, "</table>" + vbCr;
  Print #1, "</body></html>" + vbCr;
  Close 1
End Sub
```

Le nom du fichier Web produit est fixé à *Membres.htm* dans l'instruction `Open`. Une telle
chose est en principe à éviter : on doit paramétrer au maximum. Dans notre exemple, on
pourrait introduire une variable *NomFichWeb* obtenue par une InputBox :

`NomFichWeb=InputBox("Nom du fichier Web à créer ? ",,"Membres.htm")`

Nous vous laissons l'implantation complète à titre d'exercice complémentaire.

Après l'ouverture du fichier, une batterie de `Print #` écrit les lignes de début du fichier .htm
tel qu'esquissé page 200. On implante la balise de début de tableau et la boucle `For Col....`
remplit la 1re ligne avec les noms de rubrique.

On reconnaît dans la boucle `For Lig = ...` le test `If IsEmpty` ... du parcours de la partie utile d'une feuille de calculs. Pour une ligne renfermant un membre de l'association, il y aura une ligne du tableau, donc on implante la balise `<tr>` de début de ligne. On a ensuite la boucle sur les rubriques. On termine par la balise `</tr>` de fin de ligne.

Les rubriques sont traitées en deux temps : les *NbRub-1* premières rubriques sont traitées dans la boucle `For Col`... Le contenu trouvé sur la feuille est converti en chaîne. Sil est vide, on inscrira ` ` qui figure un espace : si on ne le faisait pas, on aurait une case vide dans le tableau et la bordure aurait une discontinuité inesthétique (ceci est un problème HTML qui sort du sujet de ce livre). Bien sûr, chaque rubrique est annoncée par la balise `<tr>`.

La dernière rubrique est traitée à part car il n'y a pas qu'à recopier l'adresse eMail, il faut construire le lien en insérant le contenu lu sur la feuille des membres entre les balises `<a>` et `</a>`.

Le programme se termine par les balises de fin de tableau et de fin d'HTML et, surtout, par la fermeture du fichier à ne pas oublier sous peine d'écriture incomplète.

Une fois la frappe finie, faites *Débogage – Compiler VBAProject*. Un certain nombre d'erreurs peuvent vous être signalées : comparez avec le listing ci-dessus et corrigez. Sauvegardez le classeur sous le nom *GestionAssoc1.xls*.

Attention, vous ne devez pas écraser le classeur de même nom téléchargé. Vous devez avoir conservé une copie des classeurs originaux téléchargés dans un autre dossier.

Il vous reste à tester l'exécution, ce qui s'obtient en cliquant sur le bouton Génère HTM de la feuille *Menu*. Si vous n'avez pas fait d'erreur, vous devriez obtenir un fichier *Membres.htm* et la visualisation par votre navigateur doit avoir l'aspect de la figure de la page 200.

ÉTAPE 2 - NOUVEAU MEMBRE

❶ CRÉER UNE BDI

Nous passons à la gestion de la base de données, et, d'abord, à l'entrée d'un nouveau membre. Il nous faut donc une BDi pour entrer ses données.

- Faites *Insertion – UserForm*
- Augmentez un peu la taille et renommez-la *UF_Membre*. Mettez la `Caption` = *Nouveau membre*
- Créez un Label et une TextBox à côté ; sélectionnez les deux et faites *Copier*.
- Faites Coller 7 fois : vous avez 8 couples (on gère 8 rubriques)
- Sélectionnez les 8 labels et donnez la valeur 3 (droite) à `TextAlign`
- Donnez aux labels les `Captions` respectives *Nom*, *Prénom* .... (les noms de rubriques)
- Créez 5 boutons, les 4 premiers en bas, le 5è à côté du prénom. Donnez les `Name` (et `Caption`) respectifs *B_OK (OK)*, *B_OKDern (OK-Dernier)*, *B_Annul (Annuler)*, *B_Quit (Quitter)* et *B-Ver (Vérifier)*.
- Créez un Label en haut avec `Visible = False` et la `Caption` = *UF_Membre V2 date F date* : ce label apparaîtra au listing alors que le titre de la BDi n'apparaît pas. La BDi doit avoir l'aspect :

Le bouton Vérifier devra être cliqué après avoir entré nom et prénom : le système préviendra si nom et prénom identiques se trouvent déjà dans la base. Les boutons de validation ne seront activés qu'après cette vérification. La dualité OK, Annuler /OK Dernier, Quitter permet d'entrer une série de membres : pour le dernier, on valide par OK-Dernier .

Cette gestion utilise deux booléens `Satisf` et `Dernier` : `Satisf` est vrai si on a validé les données d'un membre, `Dernier` si c'est le dernier de la série. On a en plus une variable `Mode` qui distinguera le cas Nouveau membre du cas Modification, car, par économie, nous utiliserons la même BDi, à peine modifiée.

Ces variables sont publiques, ainsi que `Ligne` (numéro de ligne où s'insèrera le nouveau membre), et le tableau `DonMemb` des données du membre. `Col`, le numéro de rubrique est local aux procédures qui l'emploient.

En résumé, il s'ajoute en tête du module 1 les déclarations :

```
Public Mode As Integer, Satisf As Boolean, Dernier As Boolean
Public Ligne As Integer, DonMemb(8) As String
```

❷ PROCÉDURES DE L'USERFORM

Rappelons (Apprentissage : page 93) que, pour ouvrir la fenêtre de code du module de l'UserForm, vous tapez F7 (en supposant active la fenêtre objet de l'UserForm). Sinon, vous pouvez toujours utiliser le menu *Fenêtre*. Ce module est essentiellement formé des procédures événements des contrôles de la BDi, mais il peut s'ajouter d'autres procédures si, comme ce sera le cas ici, une même opération est à effectuer à partir de plusieurs contrôles.

Pour implanter une procédure événement, vous pouvez taper
`Sub <nomcontrôle>_<événement>`. Mais vous pouvez aussi sélectionner le contrôle dans la liste déroulante à gauche de la fenêtre de code, puis l'événement dans la liste déroulante à droite : `Sub` et `End Sub` sont alors implantées automatiquement sans risque de faute d'orthographe (et avec `Private` en prime). Il s'implante souvent inopinément des routines _Click, laissées vides : pensez à les supprimer.

Nous avons d'abord la routine **UserForm_Activate** où nous n'implantons que la branche Mode=0 : on ne fait que fixer le titre de la BDi et la légende du bouton « Vérifier ».

Lorsqu'on a entré un nom et/ou un prénom, on désactive les boutons « OK », car on doit effectuer la vérification, d'où les deux routines **TextBox1_Exit** et **TextBox2_Exit**.

Les quatre routines des boutons de validation **B_Annul_Click**, **B_OK_Click**, **B_OKDern_Click** et **B_Quit_Click** sont très semblables : avant de fermer la BDi elles fixent en conséquence les booléens sur lesquels est basée la gestion : `Dernier` est mis à vrai pour les boutons qui terminent une série B_OKDern et B_Quitter. `Satisf` est mis à faux par les boutons d'annulation et à vrai par les boutons OK.

Les boutons « OK » appellent la procédure **CaptureDon** qui transfère les données des contrôles dans le tableau `DonMemb`. En effet, si on clique sur « OK », c'est que les données entrées dans les contrôles sont correctes. Le tableau `DonMemb` sert à les mémoriser pour récupération dans Module 1 qui utilisera la procédure réciproque `EcritDon`. Cette routine ne correspondant pas à un événement, elle doit être tapée entièrement.

La routine **B_Ver_Click** est la plus délicate. Pour le moment, nous n'implantons que la branche Mode=0. On commence par exiger que le nom et le prénom aient été fournis, sinon, on ne pourrait rien vérifier. Ensuite, on parcourt toute la partie utile du classeur des membres et, si le nom et prénom de la BDi sont déjà présents, on positionne le booléen `Tr` à vrai.

Si `Tr` est faux, on active les boutons « OK ». Si `Tr` est vrai, on demande à l'utilisateur s'il veut tout de même entrer ce membre (deux membres peuvent avoir mêmes nom et prénom ; espérons qu'ils n'ont pas la même adresse !) et alors on active aussi les boutons OK. Si la réponse est non, l'utilisateur doit changer le nom et/ou le prénom ou bien annuler.

```
Sub CaptureDon()
  Dim Col As Integer
  For Col = 1 To NbRub
    DonMemb(Col) = Controls("TextBox" + CStr(Col)).Text
  Next Col
End Sub

Private Sub B_Annul_Click()
```

```vba
    Dernier = False
    Satisf = False
    Unload Me
End Sub

Private Sub B_OK_Click()
  CaptureDon
  Dernier = False
  Satisf = True
  Unload Me
End Sub

Private Sub B_OKDern_Click()
  CaptureDon
  Dernier = True
  Satisf = True
  Unload Me
End Sub

Private Sub B_Quit_Click()
  Dernier = True
  Satisf = False
  Unload Me
End Sub

Private Sub B_Ver_Click()
  Dim Tr As Boolean, Rep
  If Mode = 0 Then
    If (TextBox1.Text = "") Or (TextBox2.Text = "") Then
      MsgBox "Il faut au moins le nom et le prénom"
      Exit Sub
    End If
    Tr = False
    For Ligne = LdMemb To 1000
      If IsEmpty(ShMemb.Cells(Ligne, 1)) Then Exit For
      If (ShMemb.Cells(Ligne, 1).Value = TextBox1.Text) And _
        (ShMemb.Cells(Ligne, 2).Value = TextBox2.Text) Then _
          Tr = True: Exit For
    Next Ligne
    If Tr Then
      Rep = MsgBox("Ce nom et prénom sont déjà présents" + vbCr + _
        "voulez-vous tout de même entrer ce membre", vbYesNo + _
        vbExclamation)
      If Rep = vbYes Then B_OK.Enabled= True: B_OKDern.Enabled= True
    Else
      B_OK.Enabled = True: B_OKDern.Enabled = True
    End If
  Else
    laissé vide pour le moment
  End If
End Sub
Private Sub TextBox1_Exit(ByVal Cancel As MSForms.ReturnBoolean)
  B_OK.Enabled = False
  B_OKDern.Enabled = False
End Sub

Private Sub TextBox2_Exit(ByVal Cancel As MSForms.ReturnBoolean)
  B_OK.Enabled = False
```

```
  B_OKDern.Enabled = False
End Sub

Private Sub UserForm_Activate()
  If Mode = 0 Then
    Me.Caption = "Nouveau membre"
    B_Ver.Caption = "Vérifier"
  Else
  ' laissé vide pour le moment
  End If
End Sub
```

❸ PROCÉDURES DE MODULE 1

```
'-------------------------------------------------------------EcritDon
Sub EcritDon()
  Dim Col As Integer
  For Col = 1 To NbRub
    ShMemb.Cells(Ligne, Col).Value = DonMemb(Col)
  Next Col
End Sub


'-------------------------------------------------------------NouvMembre
Sub NouvMembre()
  Rdatex = "A8"
  If Not InitFait Then Init
  Dernier = False
  While Not Dernier
    Satisf = False
    Mode=0
    UF_Membre.Show
    If Satisf Then
      For Ligne = LdMemb To 1000
        If IsEmpty(ShMemb.Cells(Ligne, 1)) Then Exit For
        If DonMemb(1)+ DonMemb(2) < ShMemb.Cells(Ligne, 1).Value + _
            ShMemb.Cells(Ligne, 2).Value Then
          ShMemb.Activate
          ShMemb.Cells(Ligne, 1).EntireRow.Insert
          Exit For
        End If
      Next Ligne
      EcritDon
    End If
  Wend
  WkMemb.Save
End Sub
```

La structure de *NouvMemb* est en fait simple :

```
While Not Dernier    ' Tant qu'on n'a pas entré le dernier de la série
|    UF_Membre.Show  ' afficher la BDi
|    If Satisf Then       ' si on a obtenu une donnée correcte
|    |    For Ligne       ' chercher où l'insérer
|    |    '...
|    |    Next
|    |    EcritDon        ' insérer la donnée
|    End If
Wend
```

La boucle `For Ligne` suit exactement le schéma de routine que vous trouverez dans la partie Apprentissage : page 146. En effet, on conserve toujours l'ordre alphabétique des membres pour que la génération du fichier .htm qui doit respecter cet ordre soit facile.

Remarquez aussi la sauvegarde du classeur liste des membres. Il n'y en avait pas besoin pour l'étape 1, mais il la faut pour cette étape et la suivante.

La procédure `EcritDon` transfère dans la liste des membres à la ligne voulue par l'ordre alphabétique les données saisies par la BDi et transmises par le tableau *DonMemb*.

Sauvegardez le classeur sous le nom *GestionAssoc2.xls* avec toujours la même précaution d'avoir conservé une copie intacte des classeurs originaux téléchargés. Vous devez aussi avoir une copie à l'abri du classeur *Membres.xls* car les essais que vous devez effectuer maintenant vont l'altérer.

Pour tester le programme à l'étape 2, vous cliquez sur le bouton « Nouveau membre », vous entrez une série de nouveaux membres (clic sur [OK] après chaque et sur [OK-Dernier] après le dernier) : vous devez vérifier que les données des membres sont bien entrées et sont bien à leur place d'après l'ordre alphabétique.

ÉTAPE 3 - MODIFICATION/SUPPRESSION

❶ CONSTRUIRE LA BDI

Pour la modification, le problème est de trouver l'enregistrement à modifier. On fait la recherche sur le nom : lorsqu'on a trouvé une concordance, on affiche l'ensemble des données de l'enregistrement et l'utilisateur doit cliquer sur Correct si c'est l'enregistrement cherché. Sinon, il doit cliquer sur Chercher/Suivant car il peut y avoir plusieurs membres de même nom. Le libellé "Chercher/Suivant" remplace le libellé "Vérifier" ; les deux boutons supplémentaires sont visibles et actifs seulement si Mode=1. Dans ce cas, on change aussi le titre de la BDi dans la routine *Activate*. Voici le nouvel aspect de la BDi :

❷ PROCÉDURES DE L'USERFORM

Dans la fenêtre de code associée à la BDi, vous avez un certain nombre de routines à modifier, et il s'ajoute les routines de clic des deux boutons supplémentaires, donc, rappelons-le, choix du bouton dans la liste déroulante de gauche et choix de l'événement clic dans la liste de droite. Comme il s'agit d'événements clic, une autre manière d'obtenir l'ouverture de la routine serait de double-cliquer sur le bouton dans la BDi en cours de création/modification.

Le module de l'UserForm a une nouvelle variable, Ldebut, numéro de ligne où reprend la recherche si on a plusieurs enregistrements de même nom ; sa déclaration doit être tapée telle quelle.

Les routines des quatre boutons de validation et CaptureDon sont inchangées ainsi que les deux routines d'Exit des deux TextBox.

La procédure **UserForm_Activate** a maintenant aussi la branche pour Mode=1 (sous le Else). Même la branche Mode =0 est à modifier puisqu'il s'ajoute la gestion des activations et visibilité des boutons supplémentaires *B_Correct* et *B_Suppr*. Dans la branche Mode=1 on initialise Ldebut à LdMemb, n° de 1re ligne utile dans la liste des membres.

La routine **B_Correct_Click** active le bouton [Supprimer] et les deux « OK » puisque le membre sur lequel on veut agir est maintenant trouvé.

B_Suppr_Click demande une confirmation et, si oui, effectue la suppression. La variable Ligne contient bien le numéro de ligne concernée. Remarquez que, après la suppression de l'enregistrement, on appelle B_Annul_Click : en effet, au retour dans le programme appelant, tout doit se passer comme si on avait annulé car la modification du classeur *Membres.xls* a été effectuée.

C'est la routine **B_Ver_Click** qui subit les plus importantes modifications. La branche Mode=0 est inchangée, ce qui prouve la solidité de notre programmation. La branche Else commence par protester si le nom n'est pas fourni et on quitte la routine sans quitter la BDi pour permettre à l'utilisateur de le fournir.

Ensuite, démarre la boucle For Ligne... pour chercher un membre de ce nom. On interrompt la boucle soit lorsque le nom est trouvé, soit si le parcours de la partie utile de la feuille est terminé. Si le nom est trouvé, on appelle la routine LitDon pour afficher les données du membre : l'utilisateur pourra donc décider de cliquer sur [Correct] ou sur [Chercher/Suivant]. C'est en vue de cette possibilité de chercher plus loin que l'instruction Ldebut=Ligne+1 fait que la prochaine recherche démarrera au membre suivant celui où on vient de s'arrêter. Si le nom n'est pas trouvé, un message en avertit l'utilisateur.

La routine **LitDon** écrit dans les contrôles de la BDi les données du membre dont le nom correspond au nom cherché. Si on clique sur [Correct], ces valeurs pourront être modifiées et les valeurs modifiées validées puisque les boutons de validation auront été activés par B_Correct_Click.

```
Dim Ldebut As Integer
Sub CaptureDon()
  Dim Col As Integer
  For Col = 1 To NbRub
    DonMemb(Col) = Controls('TextBox" + CStr(Col)).Text
  Next Col
End Sub

Sub LitDon()
  Dim Col As Integer
  For Col = 2 To NbRub
    Controls("TextBox" + CStr(Col)).Text = ShMemb.Cells(Ligne, Col)
  Next Col
End Sub

Private Sub B_Annul_Click()
  Dernier = False
  Satisf = False
  Unload Me
End Sub
Private Sub B_Correct_Click()
  E_Suppr.Enabled = True
  B_OK.Enabled = True
  B_OKDern.Enabled = True
End Sub

Private Sub B_OK_Click()
  CaptureDon
  Dernier = False
  Satisf = True
  Unload Me
End Sub
```

```vba
Private Sub B_OKDern_Click()
  CaptureDon
  Dernier = True
  Satisf = True
  Unload Me
End Sub

Private Sub B_Quit_Click()
  Dernier = True
  Satisf = False
  Unload Me
End Sub

Private Sub B_Suppr_Click()
  Dim Rep
  Rep = MsgBox("Etes-vous sûr de vouloir supprimer ce membre ? ", _
    vbYesNo + vbQuestion)
  If Rep = vbYes Then
    ShMemb.Activate
    ShMemb.Cells(Ligne, 1).EntireRow.Delete
    B_Annul_Click
  End If
End Sub

Private Sub B_Ver_Click()
  Dim Tr As Boolean, Rep
  If Mode = 0 Then
    If (TextBox1.Text = "") And (TextBox2.Text = "") Then
      MsgBox "Il faut au moins le nom et le prénom"
      Exit Sub
    End If
    Tr = False
    For Ligne = LdMemb To 1000
      If IsEmpty(ShMemb.Cells(Ligne, 1)) Then Exit For
      If (ShMemb.Cells(Ligne, 1).Value = TextBox1.Text) And _
        (ShMemb.Cells(Ligne, 2).Value = TextBox2.Text) Then _
          Tr = True: Exit For
    Next Ligne
    If Tr Then
      Rep = MsgBox("Ce nom et prénom sont déjà présents" + vbCr + _
        "voulez-vous tout de même entrer ce membre", vbYesNo + _
        vbExclamation)
      If Rep = vbYes Then B_OK.Enabled= True: B_OKDern.Enabled= True
    Else
      B_OK.Enabled = True: B_OKDern.Enabled = True
    End If
  Else
    If (TextBox1.Text = "") Then
      MsgBox "Il faut fournir le nom"
      Exit Sub
    End If
    Tr = False
    For Ligne = Ldebut To 1000
      If IsEmpty(ShMemb.Cells(Ligne, 1)) Then Exit For
      If (ShMemb.Cells(Ligne, 1).Value = TextBox1.Text) Then _
        Tr = True: Exit For
```

```vba
      Next Ligne
      If Tr Then
        LitDon
        Ldebut = Ligne + 1
      Else
        MsgBox "Nom non trouvé"
      End If
    End If
End Sub

Private Sub TextBox1_Exit(ByVal Cancel As MSForms.ReturnBoolean)
  B_OK.Enabled = False
  B_OKDern.Enabled = False
End Sub

Private Sub TextBox2_Exit(ByVal Cancel As MSForms.ReturnBoolean)
  B_OK.Enabled = False
  B_OKDern.Enabled = False
End Sub

Private Sub UserForm_Activate()
  If Mode = 0 Then
    Me.Caption = "Nouveau membre"
    B_Ver.Caption = "Vérifier"
    B_Correct.Enabled = False
    B_Correct.Visible = False
    B_Suppr.Enabled = False
    B_Suppr.Visible = False
  Else
    Me.Caption = "Modification/Suppression membre"
    B_Ver.Caption = "Chercher/Suivant"
    B_Correct.Enabled = True
    B_Correct.Visible = True
    B_Suppr.Enabled = False
    B_Suppr.Visible = True
    Ldebut = LdMemb
  End If
End Sub
```

❸ PROCÉDURE MODIFMEMBRE

```vba
'--------------------------------------------------------------ModifMembre
Sub ModifMembre()
  Rdatex = "A12"
  If Not InitFait Then Init
  Dernier = False
  While Not Dernier
    Satisf = False
    Mode = 1
    UF_Membre.Show
    If Satisf Then
      EcritDon
    End If
  Wend
  WkMemb.Save
End Sub
```

La structure est encore plus simple que `NouvMemb` car on n'a pas à chercher dans quelle ligne insérer les données, puisque le numéro de ligne concerné est trouvé lors de la recherche du nom et conservé dans la variable Ligne. La différence importante est la valeur donnée à la variable `Mode` : une erreur ou l'oubli de cette instruction empêcherait le fonctionnement correct.

Vous devez sauvegarder le classeur auquel nous sommes parvenus sous le nom *GestionAssoc3.xls* avec les mêmes précautions de conservation d'une copie intacte des originaux des classeurs téléchargés. Ensuite, vous cliquez sur le bouton et modifiez quelques données, puis vous examinez *Membres.xls* pour vérifier que les modifications sont bien entrées et sont à la bonne place.

POUR ALLER PLUS LOIN

Voici quelques directions de possibles améliorations :

Offrir un système d'Aide

Offrir un système d'aide. Il faut bien sûr créer les fichiers .htm voulus ; ce n'est pas le sujet de ce livre. Ensuite, il faut fournir au mo ns un bouton dans la feuille Menu du classeur programme et un bouton dans la BDi *UF_Membre*. Nous avons vu (Apprentissage : page 152) comment écrire les routines de clic de ces boutons.

Gérer des rubriques supplémentaires

C'est simple en s'inspirant ces routines écrites pour les rubriques en place.

Ajouter des fonctionnalités

Par exemple faire un système de relance des adhérents en retard de cotisation ; il faudrait ajouter la rubrique date de dernière cotisation…. C'est utile pour toutes les associations.

Dictionnaire de données

(Ceci plutôt à titre d'exercices de programmation) gérer les placements des entrées de BDi par les Tags des contrôles et introduire dans les BD une feuille dictionnaire de données pour avoir une gestion capable de s'adapter à un déplacement des rubriques dans leur classeur.

Améliorer l'ergonomie

Si on clique sur Chercher/Suivant une fois de trop, le nom ne sera pas trouvé et il faudra reprendre la recherche au début. Il serait plus ergonomique d'implanter un bouton Précédent permettant des allers et retours.

Maintenant, quelques leçons à retenir de cette étude de cas (et de toutes) :

1- Complémentarité de tous les éléments d'un projet : les instructions sont écrites en fonction de la structure des données dans les classeurs BD ; les procédures événements liés aux contrôles de BDi et les appels des BDi sont écrits en fonction les uns des autres et les transmissions de données doivent être prévues… Autre comportement de la BDi, autre façon de l'utiliser.

2- Confirmation de l'intérêt du principe de séparation programme-données. On pourrait protéger les classeurs BD par mot de passe et faire qu'on ne puisse y accéder que par le programme (dont le texte devra être interdit de consultation, sinon, on pourrait lire les mots de passe : cela s'obtient par *Outils – Propriétés de projet*, onglet *Général* et ☑ *Verrouiller le projet pour l'affichage* (Apprentissage : page 19).

3- Par ailleurs, un avantage du fait que nos BD soient des classeurs Excel est que l'on dispose d'un moyen indépendant de notre programme de les examiner et donc de vérifier ce que fait notre programme : ce sont les simples commandes d'Excel. Bien sûr, cet accès joue pendant la phase de mise au point, quand les classeurs ne sont pas encore protégés.

Facturation

14

Étape 1 - Facturation

Étape 2 – Gestion de la base clients

Étape 3 – Gestion de la base produits

Pour aller plus loin

ÉTAPE 1 - FACTURATION

Nous partons du classeur programme *Facturation0.xls*, dont la feuille *Menu* porte les mêmes boutons que décrit Apprentissage : page 151, associés pour le moment aux procédures vides respectivement *NouvCli*, *ModCli*, *CréeFact*, *ReprFact*, *NouvProd* et *ModProd*. La seule différence est que en A28, nous mettons V0 et la date.

❶ LE MODÈLE DE FACTURE

Nous devons maintenant créer le classeur *ModeleFacture.xls*. Il a une seule feuille Facture qui a l'aspect :

En cellule B8, viendra le nom du client, son adresse en B9, CP Ville en B10. Le numéro de facture viendra en E6. S'il n'y a qu'une ligne détail, ce sera la ligne 14, s'il y en a plus, on fera des insertions.

Les éléments qui n'apparaissent pas sur la figure sont le formatage en monétaire 2 décimales des colonnes D et F et les formules :

- en F6 : =AUJOURDHUI, format personnalisé : "du "jj/mm/aaaa,
- en F16 : =SOMME(F13:F15) (lorsqu'on insèrera des lignes détail en 14, on calculera toujours la somme puisque l'expression sera recopiée ; les lignes extrêmes 13 et la remplaçante de 15 resteront toujours vides),
- en F14 : =D14*E14,
-en F17 : =E17*F16 et en F18 : =F16+F17.Le format de E6 est personnalisé "n° "@ .

En haut à gauche, comme logo de l'entreprise, nous avons inséré l'image *bike.jpg* par *Insertion-Image-A partir du fichier*...et avons ajusté sa taille.

❷ BDI UF_CLIENTS

Pour cette étape, nous ne gérons pas du tout le fichier *clients* et ne l'appelons même pas : les données du client seront entrées directement grâce à une BDi qui sera utilisée modifiée dans l'étape 2. Elle est régie par les mêmes variables Mode, Satisf et Dernier que nous avons vues dans le cas précédent, mais `Mode` peut prendre en plus la valeur 2 qui est justement le cas de cette 1re étape. Il y a les six mêmes boutons, mais, dans cette étape, seuls sont visibles et activés *B_OK* et *B_Annul*. De même le numéro client n'est pas géré.

Pour créer cette BDi, nous rappelons (*Apprentissage* : page 91) qu'après *Insertion-UserForm*, vous réglez la taille et implantez les contrôles soit six couples *Label/TextBox* que vous pouvez créer par copie du premier, puis vous les déplacez et ajustez certaines tailles. Il y a le label supplémentaire UF_Client... qui gère les dates de version et a la propriété `Visible = False`. Le TextBox du numéro client a `Enabled = False` pour cette étape. Les six boutons se créent sans difficulté. On a prévu un ComboBox pour spécifier si le client est M. Mme ou Mle.

Avec les déclarations publiques de *Module 1* suivantes :

```
Option Base 1
Public Mode As Integer, Satisf As Boolean, Dernier As Boolean
Public Repert As String, Sep As String, Rdatex As String
Public InitFait As Boolean, WkNum As Workbook, ShNum As Worksheet
Public WkFact As Workbook, WkCli As Workbook, WkPro As Workbook
Public ShFact As Worksheet, ShCli As Worksheet, ShPro As Worksheet
Public DonCli(8) As String, NbDCli As Integer
Public NumSeqFact As Integer, NumFact As String, _
                                      NomFichFact As String
```

Voici le premier état du module de l'UserForm :

```
Sub RecDonCli()
  Dim i As Integer
  DonCli(1) = ComboBox1.Text
  For i = 1 To NbDCli-1
    DonCli(1 + i) = Controls("TextBox" + CStr(i)).Text
  Next i
End Sub

Private Sub B_Annul_Click()
  Dernier = False
  Satisf = False
  Unload Me
End Sub
Private Sub B_Correct_Click()
```

```
End Sub

Private Sub B_OK_Click()
  RecDonCli
  Dernier = False
  Satisf = True
  Unload Me
End Sub

Private Sub B_OKDern_Click()
  RecDonCli
  Dernier = True
  Satisf = True
  Unload Me
End Sub

Private Sub B_Quit_Click()
  Dernier = True
  Satisf = False
  Unload Me
End Sub

Private Sub B_Ver_Click()

End Sub

Private Sub UserForm_Activate()
  ComboBox1.Clear
  ComboBox1.AddItem "M."
  ComboBox1.AddItem "Mme"
  ComboBox1.AddItem "Mle"
  Select Case Mode
    Case 0

    Case 1

    Case 2
      B_OK.Enabled = True
      B_OK.Visible = True
      B_OKDern.Enabled = False
      B_OKDern.Visible = False
      B_Annul.Enabled = True
      B_Annul.Visible = True
      B_Quit.Enabled = True
      B_Quit.Visible = True
      B_Ver.Enabled = False
      B_Ver.Visible = False
      B_Correct.Enabled = False
      B_Correct.Visible = False
  End Select
End Sub
```

Les routines d'événement sont tapées dans le module associé à la BDi. On ouvre cette
fenêtre par F7 à partir de la BDi. Pour associer une procédure événement à un contrôle, on
choisit le contrôle dans la liste déroulante de gauche et l'événement dans la liste de droite.

Routine **UserFom_Activate** : On commence par remplir la liste du ComboBox. Ensuite on distingue les trois valeurs possibles de *Mode* par un `Select Case` ; on remplit seulement le cas 2 pour cette étape : on rend inactifs et invisibles les boutons qui ne servent pas.

On laisse vides les routines **B_Correct_Click** et **B_Ver_Click** pour cette étape. On aurait pu faire de même pour **B_OKDern_Click** et **B_Quit_Click**, mais comme ces routines sont des copies à peine modifiées de `B_OK_Click` et `B_Annul_Click`, nous les avons implantées.

B_OK_Click et **B_Annul_Click** etc. sont très semblables : avant de fermer la BDi elles fixent en conséquence les booléens sur lesquels est basée la gestion : `Dernier` est mis à vrai pour les boutons qui terminent une série *B_OKDern* et *B_Quitter* (en fait, il ne sert pas à cette étape). `Satisf` est mis à faux par les boutons d'annulation et à vrai par les boutons OK. `B_OK_Click` appelle la procédure **RecDonCli** qui transfère les contenus des contrôles d'entrée dans le tableau `DonCli` d'où elles seront récupérées dans *Module 1*.

---

❸ LA NUMÉROTATION

La législation exige que les factures soient numérotées en séquence, et, en principe, automatiquement. Cela n'empêche pas les fausses factures, mais, en tous cas, il n'y a aucun moyen de le réaliser sans macros. Donc ce livre est justifié.

Pour le réaliser, nous consacrons un classeur ad hoc, qui pourra être protégé par mot de passe. Nous avons en face de chaque année, le dernier numéro attribué Le numéro est en fait année-numéro de séquence et le nom de fichier est constitué de F-, suivi des 4 premières lettres du nom de client, suivi du numéro de facture.

Cela étant, voici l'état intermédiaire où nous sommes arrivés. Il permet de tester le début de facture. La routine **CréeFact** est décomposée en petites procédures accomplissant un petit rôle bien délimité, dans l'ordre : obtenir et renvoyer un numéro, obtenir le client, et remplir le début de la facture. On a aussi créé le début des routines des autres fonctionnalités.

```
'-----------------------------------------------------------NouvCli
Sub NouvCli()
  Rdatex = "D5"
  If Not InitFait Then Init

End Sub
'-----------------------------------------------------------ModCli
Sub ModCli()
  Rdatex = "D9"
  If Not InitFait Then Init

End Sub


'-----------------------------------------------------------CréeFact
```

```
Sub CréeFact()
  Rdatex = "D13"
  If Not InitFait Then Init
  LitNum
  AcquiertCli
  If Not Satisf Then Exit Sub
  DebFact
' Etat intermédiaire pour tester le début de facture et la BDi
  MajNum
  WkFact.Save
  WkFact.Close
End Sub
```

La routine **Init** place dans le classeur la date de dernière exécution de la fonctionnalité, ce qui permet un traçage des versions puis initialise les variables Repert et Sep (composantes des noms de classeur : notre programmation de Sep rend le programme compatible MAC). NbDCli est le nombre de données client.

```
'------------------------------------------------------------Init
Sub Init()
  InitFait = True
  Range(Rdatex).FormulaLocal = Date
  ThisWorkbook.Save
  NbDCli = 8
  Repert = ThisWorkbook.Path
  Sep = Application.PathSeparator

End Sub
```

La routine **LitNum** obtient le numéro séquentiel de facture à appliquer. Elle ouvre (et referme) le classeur *Num.xls*, prend le n° sur la ligne correspondant à l'année puis construit la chaîne de caractères qui forme le numéro formaté : année-numéro sur 5 chiffres.

```
'----------------------------------------------------------LitNum
Sub LitNum()
  Dim L As Integer
  L = CInt(Right(CStr(Year(Date)), 2)) - 2
  Set WkNum = Workbooks.Open(Filename:=Repert + Sep + "Num.xls")
  Set ShNum = WkNum.Sheets("Numéros")
  NumSeqFact = ShNum.Cells(L, 2).Value + 1
  NumFact = Format(L + 2, "00") + "-" + Format(NumSeqFact, "00000")
  WkNum.Close
End Sub
```

On a décomposé la gestion en deux procédures, car il faut inscrire le nouveau numéro dans le classeur *Num* seulement à la fin pour savoir si la facture aura été réellement faite. D'où la procédure **MajNum** exact pendant de LitNum.

```
'----------------------------------------------------------MajNum
Sub MajNum()
  Dim L As Integer
  L = CInt(Right(CStr(Year(Date)), 2)) - 2
  Set WkNum = Workbooks.Open(Filename:=Repert + Sep + "Num.xls")
  Set ShNum = WkNum.Sheets("Numéros")
  ShNum.Cells(L, 2).Value = NumSeqFact
  WkNum.Save
  WkNum.Close
End Sub
```

   © Tsoft/Eyrolles – Excel 2003 – Programmation VBA

```
'----------------------------------------------------------AcquiertCli
Sub AcquiertCli()
  Satisf = False
  Mode = 2
  UF_Client.Show
End Sub


'-------------------------------------------------------------DebFact
Sub DebFact()
  NomFichFact = "F-" + Left(DonCli(2), 4) + NumFact + ".xls"
  Set WkFact = Workbooks.Open(Repert + Sep + "ModeleFacture.xls")
  WkFact.SaveAs Repert + Sep - NomFichFact
  Set ShFact = WkFact.Sheets("Facture")
  ShFact.Range("E6").Value = NumFact
  ShFact.Range("A8").Value = DonCli(8)
  ShFact.Range("B8").Value = DonCli(1) + " " + DonCli(2) + " " + _
      DonCli(3)
  ShFact.Range("B9").Value = DonCli(4) + " " + DonCli(5)
  ShFact.Range("B10").Value = DonCli(6) + " " + DonCli(7)
End Sub
```

AcquiertCli ne fait qu'appeler la BDi et obtenir les données du client. On voit dans CréeFact que, à l'issue de cela, si Satisf est faux, donc si on n'a pas obtenu de client, on quitte la procédure et ni la facture, ni le classeur facture ne sont créés. Donc le numéro n'a pas à être mis à jour dans *Num.xls*.

DebFact commence par construire le nom du fichier facture NomFichFact = F- puis les 4 premières lettres du nom du client puis le n° formaté. Ensuite elle charge le modèle de facture et le sauvegarde aussitôt sous le nom définitif. Ensuite, elle implante les données du client dans la facture. A cette étape, la cellule A8 reste vide puisqu'on ne gère pas le numéro de client.

Vous pouvez maintenant sauvegarder le classeur programme sous le nom *Facturation1.xls*. Rappelons la consigne : vous ne devez avoir mis de côté une copie des fichiers originaux téléchargés. En cas de problème sur un classeur de travail, vous devez pouvoir recopier un exemplaire du classeur original de chaque étape.

Ici, nous avons même organisé une étape intermédiaire : dans l'état actuel du programme, vous pouvez appeler la facturation ; vous pourrez entrer les données de clients et vérifier que les numéros de facture obéissent bien à la séquence convenable (aussi d'après les noms de fichiers créés) et que les données client sont bien installées dans la facture.

---

❹ LES LIGNES DÉTAIL

Il reste à remplir la facture avec les lignes détail. Pour chacune, une BDi permettra de choisir le produit dans un ComboBox et de spécifier la quantité ; si celle-ci dépasse le stock, l'utilisateur doit la réduire. Pour cette étape, nous utilisons un classeur *Produits.xls* tout fait. Nous avons introduit une rubrique <Stock d'alerte> qui ne sera pas du tout utilisée pour le moment.

Nous ajoutons les déclarations publiques :

```
Public LDF As Integer, DonProLdf(4) As String, NbDpLd As Integer
```

respectivement numéro (sur la feuille facture) de la ligne détail, données du produit et nombre de données qui vont sur la ligne détail, et il faut créer la BDi d'entrée de la ligne détail.

---

❺ LA BDI UF_LIGDETFACT

La gestion ne fait intervenir que des éléments déjà vus. Le label sous le titre est invisible à l'exécution. Les TextBox *Stock* et *PU* sont désactivées : elles affichent la valeur trouvée dans la BD *Produits*, et l'utilisateur ne peut les changer. Pour choisir le produit, nous implantons une ComboBox qui affichera référence et désignation des produits trouvés dans *Produits.xls*. Les boutons de validation sont semblables à ce que nous avons déjà vu, sauf qu'il n'y a pas de ▢ Quitter ▢ et le libellé de *B_OK_Dern* est ajusté puisque nous avons des lignes-détail.

La gestion repose sur les booléens `Satisf` et `Dernier` (dernière ligne détail), d'où le module de l'UserForm :

```
Dim lp As Integer, Ref As String, Des As String, Stock As Integer

Sub RecDonPro()
  DonProLdf(1) = Ref
```

```vba
    DonProLdf(2) = Des
    DonProLdf(3) = TextBox2.Text
    DonProLdf(4) = TextBox3.Text
End Sub

Private Sub B_Annul_Click()
    Dernier = False
    Satisf = False
    WkPro.Close
    Unload Me
End Sub

Private Sub B_OK_Click()
    RecDonPro
    Dernier = False
    Satisf = True
    WkPro.Close
    Unload Me
End Sub

Private Sub B_OKDern_Click()
    RecDonPro
    Dernier = True
    Satisf = True
    WkPro.Close
    Unload Me
End Sub

Private Sub ComboBox1_Exit(ByVal Cancel As MSForms.ReturnBoolean)
    Dim p As Integer, c As String
    c = ComboBox1.Text
    p = InStr(c, "-")
    Ref = Left(c, p - 1)
    Des = Mid(c, p + 1)
    For lp = 2 To 1000
        If IsEmpty(ShPro.Cells(lp, 1)) Then Exit For
        If ShPro.Cells(lp, 1).Value = Ref Then Exit For
    Next lp
    Stock = ShPro.Cells(lp, 4).Value
    TextBox1.Text = CStr(Stock)
    TextBox2.Text = CStr(ShPro.Cells(lp, 3).Value)
End Sub
Private Sub TextBox3_Exit(ByVal Cancel As MSForms.ReturnBoolean)
    If CInt(TextBox3.Text) > Stock Then
        MsgBox "QTE trop grande"
        Cancel = True
    End If
End Sub

Private Sub UserForm_Activate()
    ComboBox1.Clear
    Set WkPro = Workbooks.Open(Repert + Sep + "Produits.xls")
    Set ShPro = WkPro.Sheets("Liste")
    For lp = 2 To 1000
        If IsEmpty(ShPro.Cells(lp, 1)) Then Exit For
        ComboBox1.AddItem ShPro.Cells(lp, 1).Value + "-" + _
                        ShPro.Cells(lp, 2).Value
    Next lp
End Sub
```

On a introduit les variables (pas publiques, mais globales pour le module associé à la BDi) : `lp` (ligne du produit dans on classeur), `Ref` (référence), `Des` (désignation) et `Stock`.

La routine **UserForm_Activate** se charge d'ouvrir le classeur produits : il restera actif jusqu'à fermeture de la BDi puis elle remplit la liste déroulante de la ComboBox avec <référence> <tiret> <désignation> de tous les produits qu'on a sur la BD.

Nous ne détaillons pas les routines de clic des boutons, c'est du déjà vu. Élément nouveau, chaque routine ferme le classeur *Produits*. Les deux routines *OK* font appel à la procédure **RecDonPro** qui transfère les données de la BDi dans le tableau `DonProLdf` qui permet au *Module 1* de récupérer ces données pour les installer sur la facture.

ComboBox1_Exit est appelée lorsqu'on quitte la ComboBox après avoir choisi le produit : la référence et la désignation du produit forment la chaîne `c` qu'on décompose en `Ref` (portion avant le tiret) et `Des` (portion après le tiret). Ensuite, la boucle `For lp` ... cherche (en se basant sur la référence) la ligne où se trouve ce produit sur la feuille du classeur *Produits*. Ayant cette ligne, on trouve le stock actuel et le prix unitaire du produit et on les affiche dans les contrôles correspondants. Rappelons que ces TextBox sont désactivées : l'utilisateur ne peut changer ces données.

TextBox3_Exit est appelée en sortie de la fourniture de la quantité : on vérifie que le stock est suffisant et on ne quitte pas la zone d'entrée tant que la quantité ne convient pas, c'est dire que la seule chose que l'utilisateur peut faire est de taper une quantité inférieure au stock. Un tel problème ne se pose pas dans un libre service où le client se présente à la caisse avec son achat : puisqu'il l'a pris sur le rayon, c'est qu'il était en stock.

❻ LE MODULE MODULE 1 À L'ÉTAPE 1

La routine **Init** reçoit l'instruction supplémentaire :

```
NbDpLd = 4
```

et la procédure `CréeFact` est maintenant :

```
Sub CréeFact()
  Dim k As Integer, Rep
  Rdatex = "D13"
  If Not InitFait Then Init
  LitNum
  AcquiertCli
  If Not Satisf Then Exit Sub
  DebFact
  LDF = 13
  Dernier = False
  While Not Dernier
    Satisf = False
    UF_LigDetFact.Show
    If Satisf Then
      LDF = LDF + 1
      ShFact.Cells(LDF, 1).Select
      If LDF > 14 Then
        Selection.EntireRow.Insert
        ShFact.Cells(LDF, 6).FormulaR1C1 = _
            ShFact.Cells(LDF - 1, 6).FormulaR1C1
      End If
      For k = 1 To NbDpLd
        ShFact.Cells(LDF, k + 1).Value = DonProLdf(k)
      Next k
    End If
  Wend
  Rep = MsgBox("Voulez-vous imprimer maintenant ?", _
```

```
      vbQuestion + vbYesNo, "Facturation")
   If Rep = vbYes Then ShFact.PrintOut
   MajNum
   WkFact.Save
   WkFact.Close
End Sub
```

Les changements sont implantés entre les appels à `Debfact` et à `MajNum`. La variable `LDF` est le numéro de ligne sur la feuille *Facture* où sera implantée la ligne détail en cours. La variable `Satisf` qui a servi pour la BDi client sert maintenant pour la BDi Ligne détail. Si on a bien obtenu une ligne détail, si c'est la ligne 14, on y met les données, si c'est une ligne supplémentaire, on insère une ligne vide et on y copie l'expression de calcul du montant. A ce moment, on transfère les données sur la facture. Par recalcul automatique le montant et le pied de facture provisoire se mettent à jour.

La boucle `While… Wend` continue tant qu'on n'a pas obtenu la dernière ligne détail. Dès que c'est le cas, la facture est prête. On demande si l'utilisateur veut l'imprimer tout de suite. A la fin, on met à jour *Num.xls* et on ferme le classeur facture après l'avoir sauvegardé.

Vous pouvez maintenant sauvegarder *Facturation1.xls* (avec les précautions que nous ne répéterons plus) et essayer d'obtenir des factures complètes.

Les opérations *Nouveau client* et *Modification client* seront inspirées de ce que nous avons vu au chapitre 13. C'est pour l'obtention du client pour une facture que les nouveautés apparaissent : la recherche du client s'apparente à la recherche pour une modification, mais si le client n'est pas trouvé, on passe à l'entrée manuelle (vue à l'étape 1) avec une diffé-rence : on peut vouloir ajouter ce client à la base. Il s'ajoute aussi la gestion des numéros de clients : ici, un simple numéro de séquence lié au numéro de ligne sur la feuille BD et il n'y a aucun classement alphabétique.

Voici les déclarations publiques qui s'ajoutent :

```
Public LigCli As Integer, LdCli As Integer, EntMan As Boolean
```

`LigCli` est le numéro de ligne sur la feuille BD clients, `LdCli` le numéro de première ligne utile (2) et `EntMan` est `True` si on passe en mode entrée manuelle lorsqu'on ne trouve pas le client dans la base.

La Bdi UF_Client n'a que le bouton Suppression en plus, et le label et la TextBox du numéro de client sont maintenant visibles.

---

❶ LE MODULE DE LA BDI UF_CLIENT

```vba
Dim Ldebut As Integer
Sub LitDonCli()
  Dim i As Integer
  ComboBox1.Text = ShCli.Cells(LigCli, 1)
  For i = 1 To NbDCli-1
    Controls("TextBox" + CStr(i)).Text = ShCli.Cells(LigCli, i + 1)
  Next i
End Sub

Sub RecDonCli()
  Dim i As Integer
  DonCli(1) = ComboBox1.Text
  For i = 1 To NbDCli-1
    DonCli(1 + i) = Controls("TextBox" + CStr(i)).Text
  Next i
End Sub

Private Sub B_Annul_Click()
  Dernier = False
  Satisf = False
  Unload Me
End Sub

Private Sub B_Correct_Click()
  B_Suppr.Enabled = True
  B_OK.Enabled = True
  B_OKDern.Enabled = True
End Sub

Private Sub B_OK_Click()
  RecDonCli
  Dernier = False
  Satisf = True
  Unload Me
```

```
End Sub
Private Sub B_OKDern_Click()
  RecDonCli
  Dernier = True
  Satisf = True
  Unload Me
End Sub

Private Sub B_Quit_Click()
  Dernier = True
  Satisf = False
  Unload Me
End Sub

Private Sub B_Suppr_Click()
  Dim Rep
  Rep = MsgBox("Etes-vous sûr de vouloir supprimer ce client ? ", _
    vbYesNo + vbQuestion)
  If Rep = vbYes Then
    ShCli.Activate
    ShCli.Cells(LigCli, 1).EntireRow.Delete
    B_Annul_Click
  End If
End Sub

Private Sub B_Ver_Click()
  Dim Tr As Boolean, Rep
  Select Case Mode
    Case 0
    If (TextBox1.Text = "") Or (TextBox2.Text = "") Then
      MsgBox "Il faut au moins le nom et le prénom"
      Exit Sub
    End If
    Tr = False
    For LigCli = Ldebut To 1000
      If IsEmpty(ShCli.Cells(LigCli, 1)) Then Exit For
      If (ShCli.Cells(LigCli, 1).Value = TextBox1.Text) And _
        (ShCli.Cells(LigCli, 2).Value = TextBox2.Text) Then _
          Tr = True                                              ❶
'pas d'Exit pour que LigCli soit tjrs la 1re ligne vide
    Next LigCli
    If Tr Then
      Rep = MsgBox("Ce nom et prénom sont déjà présents" + vbCr + _
        "voulez-vous tout de même entrer ce client", vbYesNo + _
        vbExclamation)
      If Rep = vbYes Then B_OK.Enabled= True: B_OKDern.Enabled= True
    Else
      B_OK.Enabled = True: B_OKDern.Enabled = True
    End If
    Case 1, 2
    If (TextBox1.Text = "") Then
      MsgBox "Il faut fournir le nom"
      Exit Sub
    End If
    Tr = False
    For LigCli = Ldebut To 1000
      If IsEmpty(ShCli.Cells(LigCli, 1)) Then Exit For
      If (ShCli.Cells(LigCli, 2).Value = TextBox1.Text) Then _
```

```vba
          Tr = True: Exit For
    Next LigCli
    If Tr Then
      LitDonCli
      Ldebut = LigCli + 1
    Else
      If Mode = 2 Then                                    ❷
        Rep = MsgBox("Nom non trouvé. Entrer manuellement ?", _
          vbYesNo + vbExclamation)
        If Rep = vbYes Then
          B_OK.Enabled = True
          EntMan = True                                   ❸
        End If
      Else
        MsgBox "Nom non trouvé"
      End If
    End If
  End Select
End Sub

Private Sub TextBox1_Exit(ByVal Cancel As MSForms.ReturnBoolean)
  If EntMan Then Exit Sub
  B_OK.Enabled = False
  B_OKDern.Enabled = False
End Sub

Private Sub TextBox2_Exit(ByVal Cancel As MSForms.ReturnBoolean)
  If EntMan Then Exit Sub
  B_OK.Enabled = False
  B_OKDern.Enabled = False
End Sub

Private Sub UserForm_Activate()
  ComboBox1.Clear
  ComboBox1.AddItem "M."
  ComboBox1.AddItem "Mme"
  ComboBox1.AddItem "Mle"
  EntMan = False
  Ldebut = LdCli
  Select Case Mode
    Case 0
      Me.Caption = "Nouveau Client"
      B_Ver.Caption = "Vérifier"
      B_Correct.Enabled = False
      B_Correct.Visible = False
      B_Suppr.Enabled = False
      B_Suppr.Visible = False
    Case 1
      Me.Caption = "Modification/Suppression Client"
      B_Ver.Caption = "Chercher/Suivant"
      B_Correct.Enabled = True
      B_Correct.Visible = True
      B_Suppr.Enabled = False
      B_Suppr.Visible = True
    Case 2
      Me.Caption = "Trouver Client"
      B_OK.Enabled = True
```

```
        B_OK.Visible = True
        B_OKDern.Enabled = False
        B_OKDern.Visible = False
        B_Annul.Enabled = True
        B_Annul.Visible = True
        B_Quit.Enabled = True
        B_Quit.Visible = True
        B_Ver.Caption = "Chercher/Suivant"
        B_Correct.Enabled = True
        B_Correct.Visible = True
        B_Suppr.Enabled = False
        B_Suppr.Visible = True
    End Select
End Sub
```

Les routines **RecDonCli**, **B_Annul_Click**, **B_OK_Click** et **B_OKDern_Click** sont identiques à celles de la 1re étape (page 223). Ces routines plus **B_Quit_Click** et **B_Correct_Click** sont identiques à celles du cas précédent (page 209 et 210). **B_Suppr_Click** est l'adaptation de la routine du même nom de la page 210.

La nouvelle routine **LitDonCli** est la symétrique de RecDonCli : elle inscrit dans les contrôles les données du client et est appelée dans B_Ver_Click lorsqu'on a trouvé le nom cherché.

TextBox1_Exit et **TextBox2_Exit** sont semblables à leurs pendants de la page 211. La seule différence est qu'on neutralise la routine si on est en entrée manuelle (EntMan True).

Voyons maintenant les changements plus considérables :

UserForm_Activate reçoit en plus les initialisations de Ldebut et EntMan. Mais surtout, les trois cas du Select Case sont remplis pour fixer le titre de la BDi, les légendes, la visibilité et l'activation des boutons voulus.

B_Ver_Click devient très élaborée. Le Select Case traite les trois cas, encore que Mode 1 et 2 sont réunis mais la possibilité de passer en entrée manuelle si le nom n'est pas trouvé (ou pas satisfaisant) est réservée à Mode=2 (entrée de facture) : ❷. Si le passage en entrée manuelle est accepté par l'utilisateur, on met EntMan à True : ❸.

❶ : la boucle de recherche dans le cas nouveau client a une différence par rapport au chapitre précédent : elle n'est pas interrompue si le nom est trouvé car si on veut tout de même entrer ce client, il faut que LigCli pointe vers la 1re ligne vide : en effet ni NouvCli ni AcquiertCli de Module 1 n'ont de boucle pour trouver cette ligne vide.

---

❷ LES PROCÉDURES DE MODULE 1

La procédure **Init** gagne l'instruction   LdCli = 2

Les procédures **NouvCli** et **ModCli** sont maintenant complètes et on ajoute les procédures **OuvCli** (ouverture du fichier clients) et **EcritCli** (transfert des données client obtenues dans la BDi vers la BD Clients). Sa première instruction est à remarquer : si le client est nouveau (soit par Mode=0, soit par Entman vrai), on génère le n° de client.

```
'------------------------------------------------------------OuvCli
Sub OuvCli()
  Set WkCli = Workbooks.Open(Repert + Sep + "Clients.xls")
  Set ShCli = WkCli.Sheets("Clientèle")
End Sub


'------------------------------------------------------------EcritCli
Sub EcritCli()
```

```
      Dim k As Integer
      If (Mode = 0) Or EntMan Then DonCli(8) = CStr(LigCli - 1)
      For k = 1 To 8
        ShCli.Cells(LigCli, k).Value = DonCli(k)
      Next k
    End Sub

    '--------------------------------------------------------NouvCli
    Sub NouvCli()
      Rdatex = "D5"
      If Not InitFait Then Init
      OuvCli
      Dernier = False
      While Not Dernier
        Satisf = False
        Mode = 0
        UF_Client.Show
        If Satisf Then EcritCli
      Wend
      WkCli.Save
      WkCli.Close
    End Sub

    '---------------------------------------------------------ModCli
    Sub ModCli()
      Rdatex = "D9"
      If Not InitFait Then Init
      OuvCli
      Dernier = False
      While Not Dernier
        Satisf = False
        Mode = 1
        UF_Client.Show
        If Satisf Then EcritCli
      Wend
      WkCli.Save
      WkCli.Close
    End Sub
```

NouvCli et **ModCli** ont la même structure générale qu'au chapitre précédent, donc nous n'en disons pas plus.

C'est la procédure **AcquiertCli** qui a les changements les plus cruciaux, sans être volumineux, les autres sont inchangées :

```
    '----------------------------------------------------AcquiertCli
    Sub AcquiertCli()
      Satisf = False
      OuvCli
      Mode = 2
      UF_Client.Show
      If Satisf And EntMan Then EcritCli
      WkCli.Save
      WkCli.Close
    End Sub
```

L'instruction `If Satisf And EntMan Then EcritCli` est la plus intéressante : `Satisf` ne suffit pas à décider d'écrire dans la BD les données client acquises. Rappelons que

`AcquiertCli` est appelée en cours de facturation. Donc `Satisf` = vrai peut signifier qu'on a trouvé le client voulu dans la base : il est alors inutile d'écrire les données dans la base, elles y sont déjà. Si `EntMan` est vrai aussi, alors on est passé en entrée manuelle et les données doivent être écrites. Si `Satisf` est faux, on n'a pas validé les données, donc on ne doit pas les écrire.

Vous devez maintenant sauvegarder le classeur programme sous le nom *Facturation2.xls* (vous avez gardé une copie du classeur téléchargé). Les tests sont assez compliqués car il y a de nombreux cas de figure :

- entrée d'une série de nouveaux clients ou d'un seul
- modification d'une série de clients, ou d'un seul
- entrée d'une facture : on trouve le client dans la base
- entrée d'une facture : le client n'étant pas dans la base, on l'entre manuellement.

ÉTAPE 3 – GESTION DE LA BASE PRODUITS

Cette gestion va être beaucoup plus facile que la gestion de la BD Clients. Il n'y a pas d'interaction avec l'entrée d'un produit dans une facture. La recherche en vue d'une modification est très simplifiée : on n'utilise que la référence. Donc nous ne détaillons pas nos explications puisque tous les principes ont déjà été vus.

❶ BDI UF_PRODUIT

Il s'introduit bien sûr une BDi *UF_Produit*, qui ressemble à *UF_Client*, mais à la gestion plus simple :

Voici le module associé. Au ❶, on peut faire la même remarque que précédemment au même repère.

```
Dim Ldebut As Integer
Sub LitDonPro()
  Dim i As Integer
  For i = 1 To NbDpro
    Controls("TextBox" + CStr(i)).Text = ShPro.Cells(LigPro, i)
  Next i
End Sub

Sub RecDonPro()
  Dim i As Integer
  For i = 1 To NbDpro
    DonPro(i) = Controls("TextBox" + CStr(i)).Text
  Next i
End Sub

Private Sub B_Annul_Click()
  Dernier = False
  Satisf = False
  Unload Me
End Sub

Private Sub B_OK_Click()
  RecDonPro
  Dernier = False
  Satisf = True
```

```vba
    Unload Me
End Sub

Private Sub B_OKDern_Click()
  RecDonPro
  Dernier = True
  Satisf = True
  Unload Me
End Sub

Private Sub B_Quit_Click()
  Dernier = True
  Satisf = False
  Unload Me
End Sub

Private Sub B_Suppr_Click()
  Dim Rep
  Rep = MsgBox("Etes-vous sûr de vouloir supprimer ce produit ? ", _
    vbYesNo + vbQuestion)
  If Rep = vbYes Then
    ShPro.Activate
    ShPro.Cells(LigPro, 1).EntireRow.Delete
    B_Annul_Click
  End If
End Sub

Private Sub B_Chercher_Click()
  Dim Tr As Boolean, Rep
  If (TextBox1.Text = "") Then
    MsgBox "Il faut fournir la référence"
    Exit Sub
  End If
  B_Suppr.Enabled = False
  Select Case Mode
   Case 0
    Tr = False
    For LigPro = Ldebut To 1000
      If IsEmpty(ShPro.Cells(LigPro, 1)) Then Exit For
      If (ShPro.Cells(LigPro, 1).Value = TextBox1.Text) Then _
        Tr = True                                            ❶
'pas d'Exit pour que Ligpro soit tjrs la 1re ligne vide
    Next LigPro
    If Tr Then
      MsgBox ("Référence déjà présente ; changez-la")
    Else
      B_OK.Enabled = True: B_CKDern.Enabled = True
    End If
   Case 1
    Tr = False
    For LigPro = Ldebut To 1000
      If IsEmpty(ShPro.Cells(LigPro, 1)) Then Exit For
      If (ShPro.Cells(LigPro, 1).Value = TextBox1.Text) Then _
        Tr = True: Exit For
    Next LigPro
    If Tr Then
      LitDonPro
      B_Suppr.Enabled = True
```

```
        B_OK.Enabled = True: B_OKDern.Enabled = True
      Else
        MsgBox "Référence non trouvée"
      End If
    End Select
End Sub

Private Sub TextBox1_Exit(ByVal Cancel As MSForms.ReturnBoolean)
  Ldebut = LdPro
  B_OK.Enabled = False
  B_OKDern.Enabled = False
End Sub

Private Sub UserForm_Activate()
  Ldebut = LdPro
  Select Case Mode
    Case 0
      Me.Caption = "Nouveau Produit"
      B_Chercher.Caption = "Vérifier"
      B_Suppr.Enabled = False
      B_Suppr.Visible = False
    Case 1
      Me.Caption = "Modification/Suppression Produit"
      B_Chercher.Caption = "Chercher"
      B_Suppr.Enabled = False
      B_Suppr.Visible = True
  End Select
End Sub
```

❷ LE MODULE 1 À L'ÉTAPE 3

Les seules procédures changées sont *NouvProd* et *ModProd*, et il s'ajoute *OuvPro* (ouverture du classeur BD Produits) et *EcritPro* (écriture du produit) :

```
'-----------------------------------------------------------OuvPro
Sub OuvPro()
  Set WkPro = Workbooks.Open(Repert + Sep + "Produits.xls")
  Set ShPro = WkPro.Sheets("Liste")
End Sub

'-----------------------------------------------------------EcritPro
Sub EcritPro()
  Dim k As Integer
  For k = 1 To NbDpro
    ShPro.Cells(LigPro, k).Value = DonPro(k)
  Next k
End Sub
'-----------------------------------------------------------NouvProd
Sub NouvProd()
  Rdatex = "D21"
  If Not InitFait Then Init
  OuvPro
  Dernier = False
  While Not Dernier
    Satisf = False
    Mode = 0
```

```
      UF_Produit.Show
      If Satisf Then EcritPro
   Wend
   WkPro.Save
   WkPro.Close
End Sub

'-----------------------------------------------------------ModProd
Sub ModProd()
   Rdatex = "D25"
   If Not InitFait Then Init
   OuvPro
   Dernier = False
   While Not Dernier
      Satisf = False
      Mode = 1
      UF_Produit.Show
      If Satisf Then EcritPro
   Wend
   WkPro.Save
   WkPro.Close
End Sub
```

Vous devez maintenant sauvegarder le classeur sous le nom *Facturation3.xls*. Les essais à effectuer sont plus simples : entrez quelques nouveaux produits et faites quelques modifications comme changement de stock ou de prix unitaire.

POUR ALLER PLUS LOIN

Vous devez bien sûr examiner ces programmes avec soin pour bien les comprendre et, éventuellement y trouver des erreurs (nous avons testé un certain nombre de cas de figure mais…). Notez que les fichiers BD doivent être fermés puisque nous n'utilisons pas la fonction *Ouvert*.

Il reste à traiter la reprise facture et ajouter le système d'aide. Par ailleurs, si l'on a beaucoup de produits, la liste déroulante pour le choix de produit d'une ligne détail de facturation risque d'être peu pratique. Une solution est de gérer les produits par catégories, donc d'ajouter une ComboBox à la BD *UF_LigDet Fact* : une fois le produit choisi, on remplit la liste de choix de produits uniquement avec les produits de cette catégorie. On peut éviter d'ajouter une rubrique si on décide que la première lettre de la référence représente la catégorie.

Un autre changement possible est celui-ci : dans la gestion du cas où, en facturation, ne trouvant pas le client dans la base, on l'entre manuellement, ses données sont ajoutées d'office dans la base de données avec le programme tel que nous l'avons écrit. On pourrait vouloir que cette entrée soit confirmée par l'utilisateur : on aurait en somme un "client temporaire". (Notons qu'avec le programme actuel, on peut supprimer ce client après coup).

Autres ajouts possibles :

1) TVA variable selon les produits, donc gestion d'un code TVA attaché au produit ; le pied de facture va être fortement modifié puisqu'il faut un total HT pour chaque taux et la TVA et le TTC de chaque taux.

2) Un système de remise en fonction du total de la facture considérée et éventuellement fonction aussi du chiffre d'affaires total fait avec ce client dans l'année ; dans ce cas, il y a une rubrique de plus à gérer sur les clients.

3) Une gestion de stocks simple à ajouter est de regarder chaque fin de semaine (ou de journée) quels sont les produits arrivés au stock d'alerte. Cela implique une gestion des fournisseurs (une BD de plus) et l'émission de bons de commande.

4) L'écriture d'un résumé de la facture dans une feuille journal qui fera la liaison avec la comptabilité.

Tours de Hanoi

15

Étape 1 - Résolution

Étape 2 – Visualisation

Étape 3 – Déplacements intermédiaires

Étape 4 – Déclenchement par boutons

ÉTAPE 1 - RÉSOLUTION

Nous passons à un problème issu de la mythologie bouddhique célèbre parmi les informaticiens et autres mathématiciens. On a trois piquets autour desquels on peut empiler des disques. Au départ, les n disques sont par diamètres décroissants sur le piquet 1. Le problème est de les faire passer sur le piquet 2 en obéissant aux règles suivantes :

1) Tout disque doit être sur un piquet (on ne peut pas les poser sur la table)

2) On ne peut déplacer qu'un disque à la fois

3) Sur un piquet, à tout moment, il ne peut pas y avoir un disque plus grand au dessus d'un disque plus petit ; les diamètres doivent être décroissants, mais pas forcément consécutifs.

Voici un jeu à 7 disques (carrés) tel qu'il est vendu dans le commerce :

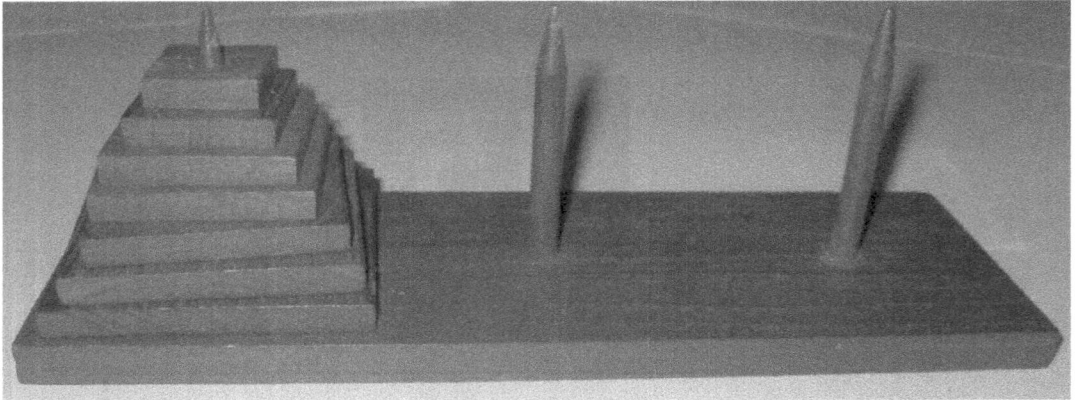

❶ SOLUTION RÉCURSIVE

La récursivité nous offre une solution élégante au problème. Supposons que nous sachions effectuer la manœuvre selon les règles pour n-1 disques, alors nous savons la faire pour n disques : en effet, on effectue la manœuvre pour les n-1 premiers du piquet 1, en les plaçant sur le piquet 3 (au lieu du piquet 2), on place le dernier sur le piquet 2, on effectue une nouvelle fois la manœuvre pour les n-1 disques sur le piquet 3 (au lieu du piquet 1) pour les mettre sur le piquet 2.

Or, nous savons faire la manoeuvre pour n=1 (il suffit de faire le mouvement une fois). Donc nous savons la faire pour 2, pour 3…pour n quelque soit n. Il est démontrable que le nombre de mouvements est 2^n-1, donc pour 9, cela fera déjà 511 mouvements, mais c'est possible.

La procédure se lit : déplacer n disques au départ du piquet i au piquet j, c'est déplacer les n-1 premiers de i au 3e piquet (qui est 6-i-j puisque 1+2+3=6), puis déplacer le dernier disque de i à j, puis déplacer les n-1 disques du 3e piquet au piquet j.

Passons à la programmation, appelons `Déplacer(n As Integer,i As Integer,j As Integer)` la procédure (décrite ci-dessus) est une procédure récursive, elle s'appelle ellemême, elle peut s'écrire :

```
Sub Déplacer(n As Integer, i As Integer, j As Integer)
   If n > 1 Then
      Déplacer n - 1, i, 6 - i - j
      Déplacer 1, i, j
      Déplacer n - 1, 6 - i - j, j
```

```
   Else
   ❶ Debug.Print "Je déplace de " & i & " vers " & j
   End If
End Sub
Sub essai()
   Déplacer 7, 1, 2
End Sub
```

On voit que notre procédure a, comme toute procédure récursive écrite correctement, une branche où elle ne s'appelle pas elle-même (❶) pour permettre à la récursivité de s'arrêter.

S'il n'y a qu'un disque, on écrit un texte dans la fenêtre *Exécution* décrivant le déplacement à effectuer qui fournira ainsi la "feuille de route" à suivre.

Ceci constitue le classeur *Hanoi0.xls*. Pour terminer l'étape 1, nous introduisons d'abord le paramétrage du nombre n de disques qui va être demandé à l'utilisateur. Le maximum ici sera 9, ce qui est déjà beaucoup (puisqu'on démontre que le nombre de mouvements est 2^n-1, donc pour 9, cela fera déjà 511 mouvements).

Pour préparer la visualisation, nous mémorisons les mouvements en introduisant les variables NbMouv (nombre de mouvements) et le tableau Mouv dont les éléments sont de type défini par le programmeur. Toutes ces variables sont globales mais non publiques puisque ce problème ne fait intervenir qu'un module.

D'où le module de *Hanoi1.xls* :

```
Type Mvt
   de As Integer
   a As Integer
End Type
Dim NbMouv As Integer, Mouv(511) As Mvt, n As Integer

Sub Déplacer(n As Integer, i As Integer, j As Integer)
   If n > 1 Then
      Déplacer n - 1, i, 6 - i - j
      Déplacer 1, i, j
      Déplacer n - 1, 6 - i - j, j
   Else
   ❶ NbMouv = NbMouv + 1
      Mouv(NbMouv).de = i
      Mouv(NbMouv).a = j
      Debug.Print "Je déplace de " & i & " vers " & j
   End If
End Sub

Sub essai()
   n = CInt(InputBox("Nb de disques (max 9) ?", "Hanoi", "7"))
   NbMouv = 0
   Déplacer n, 1, 2
   Debug.Print "Il y a eu " & NbMouv & " mouvements"
End Sub
```

ÉTAPE 2 – VISUALISATION

Nous ferons la visualisation dans la feuille unique du classeur, où nous afficherons les aspects successifs. Le disque n° n sera représenté par n signes = cadrés à droite dans une cellule et n signes = cadrés à gauche dans la cellule à droite. L'axe du piquet sera matérialisé par une bordure verticale épaisse. Voici l'aspect initial pour 9 disques :

❶ LA ROUTINE ESSAI

La seule modification de la routine `essai` est qu'elle appelle `DessinInit` avant la résolution et `Dessin` après. La principale variable globale introduite est le tableau `Sommet(3)` qui indique la position du plus haut disque de chaque piquet (13 pour un piquet vide, 12 s'il y a un disque).

```
Sub essai()
  n = CInt(InputBox("Nb de disques (max 9) ?", "Hanoi", "7"))
  NbMouv = 0
  DessinInit
  Déplacer n, 1, 2
  Debug.Print "Il y a eu " & NbMouv & " mouvements"
  Dessin
End Sub
```

Vous devez en outre recopier la procédure `Delai` (Apprentissage : page 124) car on va l'utiliser :

```
Sub Delai(s As Single)
  s = Timer + s
  While Timer < s
    DoEvents
  Wend
End Sub
```

❷ LA ROUTINE DESSININIT

On a d'abord une procédure **Bord** qui dessine un segment de bordure : on a développé une procédure car elle est appelée plusieurs fois et `DessinInit` qui construit le dessin initial.

```
Sub Bord(x As XlBordersIndex)
  With Selection.Borders(x)
    .LineStyle = xlContinuous
```

```
            .Weight = xlThick
      End With
End Sub

Sub DessinInit()
   Dim pl As Integer, k As Integer
   pl = 13 - n
   Sommet(1) = pl
   Sommet(2) = 13
   Sommet(3) = 13
   Range("A1:H14").Clear
' Prépare bordures
   Range("B13:G13").Select
   Bord (xlEdgeTop)
   For k = 2 To 6 Step 2
      Range(Cells(pl, k), Cells(12, k)).Select
      Bord (xlEdgeRight)
      Selection.HorizontalAlignment = xlRight
   Next k
' Installe les disques
   For k = pl To 12
      Cells(k, 2).Value = "'" + String(k - pl + 1, "=")
      Cells(k, 3).Value = "'" + String(k - pl + 1, "=")
   Next k
   Range("A1").Select
   Delai (0.5)
End Sub
```

La variable importante dans **DessinInit** est pl : première ligne occupée. On la déduit de n. On commence par vider la zone du dessin qui pourrait avoir été laissé là. Puis on installe les bordures servant de plancher et de piquets, puis les disques. On en profite pour aligner à droite les cellules qui recevront les demi-disques de gauche.

Point spécial dans l'installation des disques, il faut précéder la chaîne de caractères d'une apostrophe sinon la chaîne commençant par = serait prise pour une expression. On termine par un délai d'une demi-seconde (vous pouvez changer la valeur) pour voir l'état initial.

---

❸ LA ROUTINE DESSIN

Elle consiste essentiellement en une boucle sur les mouvements. Pour chaque mouvement, on met dans la variable c la chaîne représentant le disque au sommet du piquet de départ (i, ligne L dans le dessin) et on range ce disque au nouveau sommet du piquet d'arrivée (j, ligne M dans le dessin) : ❷, après l'avoir effacé du haut de son piquet de départ : ❶. Puis on met à jour les sommets et marque un délai.

Les numéros de colonne où mettre les disques sont faciles à calculer : c'est 2*i et 2*j et la colonne qui suit.

```
Sub Dessin()
   Dim Imv As Integer, i As Integer, j As Integer
   Dim L As Integer, M As Integer, c As String
   For Imv = 1 To NbMouv
      i = Mouv(Imv).de
      j = Mouv(Imv).a
      L = Sommet(i)
      M = Sommet(j) - 1
```

```
      c = "'" + Cells(L, 2 * i).Value
      Cells(L, 2 * i).Value = ""
      Cells(L, 2 * i + 1).Value = ""          ❶
      Cells(M, 2 * j).Value = c               ❷
      Cells(M, 2 * j + 1).Value = c
      Sommet(i) = L + 1
      Sommet(j) = M
      Delai (0.3)
   Next Imv
End Sub
```

Ceci est le programme *Hanoi2.xls*. Nous installons maintenant quelques améliorations :
d'abord une visualisation sommaire des déplacements intermédiaires, puis un
déclenchement par boutons.

ÉTAPE 3 – DÉPLACEMENTS INTERMÉDIAIRES

Nous effectuons un petit changement dans `DessinInit` : l'opération de suppression d'un éventuel dessin précédent est transformée en procédure `Annuler`. Donc dans `DessinInit`, au lieu de `Range("A1:H14").Clear`, nous avons l'appel `Annuler` et la procédure **Annuler** consiste en l'unique instruction qu'elle remplace :

```
Sub Annuler()
   Range("A1:H14").Clear
End Sub
```

Dans **Dessin**, le seul changement à effectuer est d'insérer l'appel de la procédure `Interm` entre le moment où on a effacé le disque de son piquet de départ et le moment où on le dessine en haut de son piquet d'arrivée (❶ et ❷ du listing de la page 242).

```
Sub Dessin()
  Dim Imv As Integer, i As Integer, j As Integer
  Dim L As Integer, M As Integer, c As String
  For Imv = 1 To NbMouv
    i = Mouv(Imv).de
    j = Mouv(Imv).a
    L = Sommet(i)
    M = Sommet(j) - 1
    c = "'" + Cells(L, 2 * i).Value
    Cells(L, 2 * i).Value = "'
    Cells(L, 2 * i + 1).Value = ""
    Interm i, j, c
    Cells(M, 2 * j).Value = c
    Cells(M, 2 * j + 1).Value = c
    Sommet(i) = L + 1
    Sommet(j) = M
    Delai (0.3)
  Next Imv
End Sub
```

C'est la procédure **Interm** qui a la tâche des affichages intermédiaires. Ses paramètres sont i et j, les numéros de piquets de départ et d'arrivée et c qui définit le disque déplacé. La ligne li où les intermédiaires seront affichés est 2 lignes au dessus du sommet des piquets, soit 11-n. On distingue deux cas : si les deux piquets sont consécutifs, il n'y a qu'un intermédiaire dont la cellule gauche est en k, la droite en k+1. Sinon, il y a en plus deux intermédiaires aux 1/3, 2/3. Voici des valeurs possibles :

i	j	k	mi,mi+1
1	2	3	3, 4
2	3	5	5, 6
1	3	4	3, 4 ; 4, 5 ; 5, 6

La variable *mi* désigne successivement la cellule gauche de ces tracés intermédiaires. Chaque tracé est fait dans le sous-programme interne d'étiquette Dess. Le tracé revient à dessiner le disque, attendre un délai, effacer le disque.

```
Sub Interm(i As Integer, j As Integer, c As String)
  Dim k As Integer, mi As Integer, li As Integer
  li = 11 - n
  k = i + j
```

```
  If Abs(i - j) > 1 Then
     mi = (2 * i + k) \ 2
     GoSub Dess
  End If
  mi = k
  GoSub Dess
  If Abs(i - j) > 1 Then
     mi = (2 * j + k) \ 2
     GoSub Dess
  End If
  Exit Sub
Dess:
     Cells(li, mi).HorizontalAlignment = xlRight
     Cells(li, mi).Value = c
     Cells(li, mi + 1).HorizontalAlignment = xlLeft
     Cells(li, mi + 1).Value = c
     Delai 0.2
     Cells(li, mi).Value = ""
     Cells(li, mi + 1).Value = ""
     Return
End Sub
```

Ceci forme le classeur *Hanoi3.xls*. La prochaine étape est l'installation de boutons.

❶ CRÉER TROIS BOUTONS

Dans cette étape, nous installons trois boutons (pour la marche à suivre, voir Apprentissage : pages 26 et 151). Rappelons que la solution que nous préférons est de tracer un rectangle grâce à un outil de la barre d'outils *Dessin*, puis

- Clic-droit, *Ajouter du texte* : tapez le titre du bouton (ici : *Lancement*, *Mouvement* et *Annuler*)
- Clic-droit, *Affecter une macro* ; choisissez respectivement *essai*, *Bouton* (une routine nouvelle qu'on introduit) et *Annuler*.

Pour formater les boutons :

- Clic-droit sur le bord du bouton (si clic-droit dans le bouton, la BDi n'a que l'onglet *Police*).
- *Format de la forme automatique*
- Onglet *Police* : l'exemple ci-dessus = *Arial, 12 pt, gras*
- Onglet *Alignement* : centré pour Horizontal et Vertical ; onglet Couleurs et traits : gris clair comme couleur de remplissage.

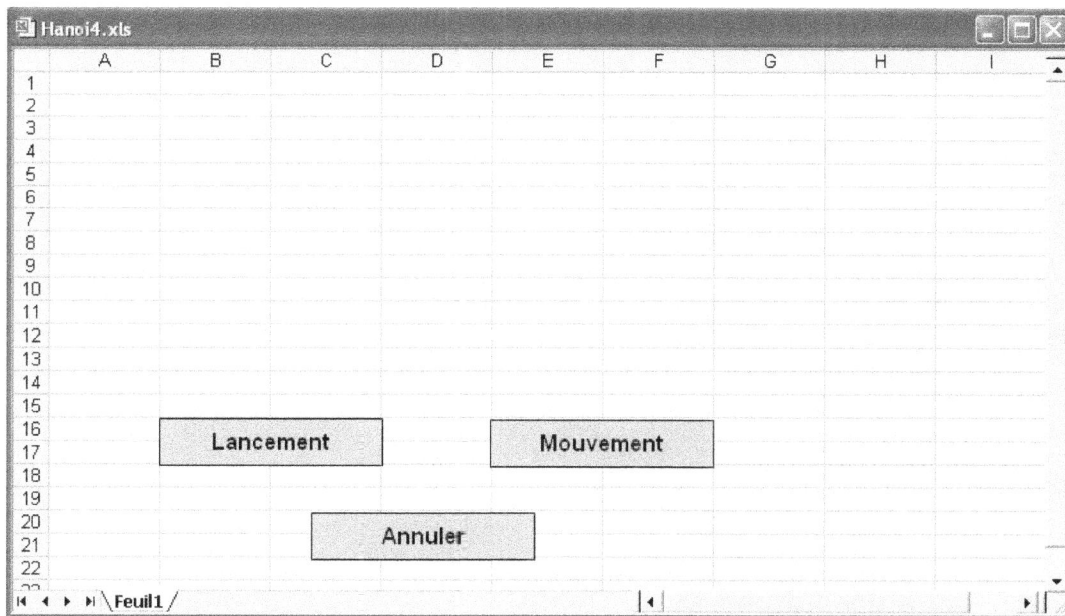

On a installé les boutons assez bas pour ne pas gêner les dessins.

Au point de vue programme, le changement est que Dessin se subdivise en trois procédures et la boucle For Imv ... est réorganisée pour qu'on avance d'un pas à chaque appui sur le bouton [Mouvement]. Dessin se réduit à l'initialisation Imv=0. Le reste de l'ancienne routine est maintenant dans **DesMouv** qui est appelée par **Bouton**. On fait progresser Imv et si Imv a atteint le nombre de mouvements à effectuer, l'appel et rendu inopérant car on quitte immédiatement la routine.

```
Sub Bouton()
  DesMouv
End Sub

Sub Dessin()
  Imv = 0
```

```
End Sub
Sub DesMouv()
  Dim i As Integer, j As Integer
  Dim L As Integer, m As Integer, c As String
  Imv = Imv + 1
  If Imv > NbMouv Then Exit Sub
    i = Mouv(Imv).de
    j = Mouv(Imv).a
    L = Sommet(i)
    m = Sommet(j) - 1
    c = "'" + Cells(L, 2 * i).Value
    Cells(L, 2 * i).Value = ""
    Cells(L, 2 * i + 1).Value = ""
    Interm i, j, c
    Cells(m, 2 * j).Value = c
    Cells(m, 2 * j + 1).Value = c
    Sommet(i) = L + 1
    Sommet(j) = m
End Sub
```

Ceci fournit le programme *Hanoi4.xls*.

---

❷ COEXISTENCE BOUTONS-TEMPORISATIONS

On peut remarquer que nous avons enlevé toutes les temporisations dans *Hanoi4.xls*. Ce que nous avons écrit laisse un problème potentiel : si vous cliquez sur le bouton pendant un mouvement, le système va s'affoler, perdre des disques etc. Si nous rétablissons les temporisations pour que les mouvements aient lieu soit à la demande, soit automatiquement si l'utilisateur attend trop, ce phénomène se manifestera encore plus.

La solution est d'introduire un booléen D (vrai=on effectue un mouvement). Il est déclaré en tête de module : `Dim D as Boolean` et, dans `DesMouv`, on insère comme 1re instruction exécutable : `D=True` et comme dernière instruction avant `End Sub` : `D=False`.

Les autres procédures sont ainsi modifiées :

```
Sub Bouton()
  If Not D Then DesMouv
End Sub

Sub Dessin()
  If Imv > NbMouv Then Exit Sub
  DesMouv
  Delai 2
  Dessin
End Sub
```

et l'initialisation `Imv=0` qui était dans `Dessin` passe dans `essai` juste avant l'appel de `Dessin`.

Ceci nous fournit la dernière version *Hanoi5.xls*.

PARTIE 4

ANNEXES :
AIDE-MÉMOIRE

Raccourcis clavier

Désignation des touches

Liste des mots-clés

Liste des opérateurs

Principaux objets de classeurs, propriétés,
méthodes, événements

Principaux contrôles de BDi, propriétés

Principaux contrôles de BDi, événements

Modèle d'objets simplifié

RACCOURCIS CLAVIER

Touche	Fonction
F1	Aide
F2	Afficher l'Explorateur d'objets
Maj+F2	Définition
Ctrl+Maj+F2	Dernière position
F3	Suivant (Rechercher)
F4	Fenêtre Propriétés
Alt+F4	Ferme l'Explorateur de projets
F5	Exécuter
F7	Affichage code
Maj+F7	Affichage objet
F8	Exécuter en pas à pas détaillé/Avancer d'un pas
Alt+F8	Affiche la BDi Enregistrer une macro
Ctrl+F8	Exécuter jusqu'au curseur
Maj+F8	Pas à pas principal
Ctrl+Maj+F8	Pas à pas sortant
F9	Installer/désinstaller un point d'arrêt
Ctrl+F9	Définir l'instruction suivante
Maj+F9	Espion express
Ctrl+Maj+F9	Effacer tous les points d'arrêt
Maj+F10	Affiche menu contextuel
Alt+F11	Basculer entre Excel et VBA
Ctrl+Espace	Compléter le mot
Ctrl+Pause	Interrompre l'exécution
Suppr	Effacer
Tab	Retrait
Maj+Tab	Retrait négatif
Ctrl+A	Sélectionner tout
Ctrl+C	Copier
Ctrl+E	Exporter un fichier
Ctrl+F	Rechercher
Ctrl+G	Fenêtre Exécution
Ctrl+H	Remplacer
Ctrl+I	Info express
Ctrl+Maj+I	Info paramètres
Ctr+J	Répertorier propriétés/méthodes
Ctrl+Maj+J	Répertorier constantes
Ctrl+L	Pile des appels
Ctrl+M	Importer un fichier
Ctrl-P	Imprimer
Alt+Q	Quitter VBA et revenir à Excel
Ctrl+R	Explorateur de projets
Ctrl+S	Sauvegarder
Ctrl+V	Coller
Ctrl+W	Modifier un espion
Ctrl+X	Couper
Ctrl+Z	Annuler

DÉSIGNATION DES TOUCHES

On a besoin de désigner les touches notamment dans l'instruction On Key. Les caractères imprimables sont présentés entre accolades (ex. {A}). Pour les caractères spéciaux :

Aide	{HELP}
Attn	{BREAK}
Curseur Bas	{DOWN}
Début	{HOME}
Défilement	{SCROLLLOCK}
Curseur Droite	{RIGHT}
Échap	{ESCAPE} ou {ESC}
Effacer	{CLEAR}
Entrée (Pavé Numérique)	{ENTER}
Entrée	~ (tilde)
F1 à F15	{F1} à {F15}
Fin	{END}
Curseur Gauche	{LEFT}
Curseur Haut	{UP}
Insertion	{INSERT}
Page Précédente	{PGUP}
Page Suivante	{PGDN}
Ret.Arr ←	{BACKSPACE} ou {BS}
Retour	{RETURN}
Suppr	{DELETE} ou {DEL}
Tabulation ⇄	{TAB}
Verr.Maj	{CAPSLOCK}
Verr.Num	{NUMLOCK}

Vous pouvez aussi spécifier des touches combinées avec Maj et/ou Ctrl et/ou Alt. Pour spécifier une combinaison de touches, utilisez le tableau suivant.

Pour combiner les touches avec	Utiliser avant le code de la touche
Alt	% (signe de pourcentage)
Ctrl	^ (signe d'insertion)
Maj	+ (signe plus)

LISTE DES MOTS-CLÉS

Gestion des variables

Attribution d'une valeur	Let Set
Déclaration de variables ou de constantes.	Const Dim Private Public New, Static
Déclaration d'un module privé	Option Private Module
Obtention d'informations sur une variable	IsArray, IsDate, IsEmpty, IsError, IsMissing, IsNull, IsNumeric, IsObject, TypeName, VarType
Référence à l'objet en cours.	Me
Activation de la déclaration explicite des variables.	Option Explicit
Définition du type de données par défaut	Deftype
Définition des types de données intrinsèques.	Boolean Byte Currency Date Double Integer Long Object Single String Variant

Gestion des tableaux

Test d'un tableau.	IsArray
Création d'un tableau.	Array
Modification de la limite inférieure par défaut	Option Base
Déclaration et initialisation d'un tableau.	Dim Private Public ReDim, Static
Renvoi des limites d'un tableau.	LBound UBound
Réinitialisation d'un tableau.	Erase, ReDim

Gestion des collections

Création d'un objet **Collection**.	Collection
Ajout d'un objet à une collection	Add
Suppression d'un objet d'une collection	Remove
Référence à un objet d'une collection	Item

Structuration du programme

Branchement.	GoSub..Return, GoTo, OnError, On...GoSub, On...GoTo
Sortie ou pause du programme.	DoEvents, End,Exit, Stop
Boucle.	Do.Loop, For.Next, For Each.Next, While.Wend, With
Prise de décisions.	Choose, If.Then.Else, SelectCase, Switch
Utilisation de procédures.	Call, Function, PropertyGet, Property Let, Property Set, Sub

LISTE DES MOTS-CLÉS

Conversions de données

Code ANSI en chaîne.	Chr
Chaîne en minuscules ou en majuscules	Format, Lcase, Ucase
Date en numéro de série.	DateSerial, DateValue
Nombre décimal en une autre base.	Hex, Oct
Nombre en chaîne.	Format, Str
Type de données en autre type.	CBool, CByte, CCur, CDate, CDbl, CDec, CInt, CLng, CSng, CStr, CVar, CVErr, Fix, Int
Date en jours, mois, jours de semaine ou années.	Day, Month, Weekday, Year
Heure en heures, minutes ou secondes.	Hour, Minute, Second
Chaîne en code ASCII.	Asc
Chaîne en nombre.	Val
Heure en numéro de série.	TimeSerial, TimeValue

Gestion des dates

Renvoi de la date ou de l'heure en cours.	Date, Now, Time
Calculs de date.	DateAdd, DateDiff, DatePart
Renvoi d'une date.	DateSerial, DateValue
Renvoi d'une heure.	TimeSerial, TimeValue
Définition de la date ou de l'heure.	Date, Time
Chronométrage d'un traitement.	Timer

Manipulation des chaînes de caractères

Comparaison de deux chaînes.	StrComp
Conversion de chaînes.	StrConv
Conversion en minuscules ou en majuscules.	Format, LCase, UCase
Création de chaînes répétant un même caractère.	Space, String
Calcul de la longueur d'une chaîne.	Len
Mise en forme d'une chaîne.	Format
Alignement d'une chaîne.	Lset, RSet
Manipulation de chaînes.	InStr, Left, Ltrim, Mid, Right, RTrim, Trim
Définition des règles de comparaison de chaînes.	Option Compare
Utilisation des codes ASCII et ANSI.	Asc, Chr

LISTE DES MOTS-CLÉS

Fonctions mathématiques

Fonctions trigonométriques.	Atn, Cos, Sin, Tan
Calculs usuels.	Exp, Log, Sqr
Génération de nombres aléatoires.	Randomize, Rnd
Renvoi de la valeur absolue.	Abs
Renvoi du signe d'une expression.	Sgn
Conversions numériques.	Fix, Int

Fonctions financières

Calcul d'amortissement.	DDB, SLN, SYD
Calcul de valeur future.	FV
Calcul de taux d'intérêt.	Rate
Calcul de taux de rendement interne.	IRR, MIRR
Calcul de nombre d'échéances.	Nper
Calcul de montant de versements.	IPmt, Pmt, PPmt
Calcul de valeur actuelle.	NPV, PV

Gestion des fichiers

Changement de répertoire ou de dossier.	ChDir
Changement de lecteur.	ChDrive
Copie d'un fichier	FileCopy
Création d'un répertoire ou d'un dossier.	MkDir
Suppression d'un répertoire ou dossier.	RmDir
Attribution d'un nouveau nom à un fichier répertoire ou dossier.	Name
Renvoi du chemin en cours.	CurDir
Renvoi de l'horodatage d'un fichier	FileDateTime
Renvoi d'attributs de fichier, de répertoire et de nom de volume.	GetAttr
Renvoi de la longueur d'un fichier.	FileLen
Renvoi d'un nom de fichier ou de volume.	Dir
Définition des attributs d'un fichier.	SetAttr

LISTE DES MOTS-CLÉS

Actions dans les fichiers

Accès ou création d'un fichier	Open
Fermeture de fichiers	Close, Reset
Mise en forme de la sortie.	Format, Print, Print #, Spc, Tab, Width#
Copie d'un fichier.	FileCopy
Récupération d'informations sur un fichier.	EOF, FileAttr, FileDateTime, FileLen, FreeFile, GetAttr, Loc, LOF, Seek
Gestion de fichiers.	Dir, Kill, Lock, Unlock, Name
Lecture d'un fichier.	Get, Input, Input #, Line Input #
Renvoi de la longueur d'un fichier.	FileLen
Définition ou lecture des attributs de fichier.	FileAttr, GetAttr, SetAttr
Définition de positions de lecture/écriture dans un fichier	Seek
Écriture dans un fichier.	Print #, Put, Write#

Gestion des événements

Traitement des événements en attente.	DoEvents
Exécution d'autres programmes.	AppActivate, Shell
Envoi de touches à une application.	SendKeys
Émission d'un bip par l'ordinateur.	Beep
Système.	Environ
Fourniture d'une chaîne de ligne de commande	Command
Automation.	CreateObject, GetObject
Couleur.	QBColor, RGB

Gestion des options des programmes

Suppression des paramètres d'un programme.	DeleteSetting
Lecture des paramètres d'un programme.	GetSetting, GetAllSettings
Enregistrement des paramètres d'un programme.	SaveSetting

Gestion des erreurs

Génération d'erreurs d'exécution	Clear, Error, Raise
Récupération des messages d'erreur.	Error
Informations sur les erreurs.	Err
Renvoi de la variable *Error*.	CVErr
Interception des erreurs durant l'exécution	OnError, Resume
Vérification de type.	IsError

LISTE DES OPÉRATEURS

Arithmétiques

^	Élévation à la puissance	
*	Multiplication	
/	Division réelle	5/3 donne 1.6666….
\	Division entière	5\3 donne 1
Mod	Reste de la division	5 Mod 3 donne 2
+	Addition	
-	Prendre l'opposé ou soustraction	
&	Concaténation de chaînes (+ convient aussi)	

Comparaison

=	Égalité
<>	Différent
<	Inférieur
<=	Inférieur ou égal
>	Supérieur
>=	Supérieur ou égal
Like	Dit si une chaîne est conforme à un modèle (avec jokers)

" Bonjour " Like "Bon*" donne True (vrai)

Is	Identité entre deux objets

Logiques

Not	Contraire	Not True donne False
And	Et logique	vrai si et seulement si les deux opérandes sont vrais
Or	Ou inclusif	vrai dès que l'un des opérandes est vrai
Xor	Ou exclusif	vrai si un des opérandes est vrai mais pas les deux
Eqv	Équivalence	vrai si les deux opérandes sont dans le même état vrai ou faux
Imp	Implication	Après c = a Imp b on a :

a	b	c
faux	faux	vrai
faux	vrai	vrai
vrai	faux	faux
vrai	vrai	vrai

PRINCIPAUX OBJETS DE CLASSEURS

Nous présentons seulement un choix des éléments qui nous semblent d'utilisation la plus probable en VBA. Nous faisons l'impasse des graphiques et des tableaux croisés.

APPLICATION

Propriétés

ActiveCell, ActiveChart, ActivePrinter, ActiveSheet, ActiveWindow, ActiveWorkbook, AddIns, AlertBeforeOverwriting, AltStartupPath, AskToUpdateLinks, Assistant, CalculateBeforeSave, Calculation, Caller, Caption, Cells, Charts, Columns, CommandBars, Cursor, CutCopyMode, DecimalSeparator, DefaultFilePath, Dialogs, DisplayAlerts, DisplayFormulaBar, DisplayScrollBars, FileDialog, FileFind, FileSearch, Height, Left, LibraryPath, MemoryFree, Name, Names, OperatingSystem, Parent, Path, PathSeparator, Range, ReferenceStyle, Rows, ScreenUpdating, Selection, Sheets, SheetsInNewWorkbook, StandardFont, StandardFontSize, StartupPath, StatusBar, TemplatesPath, ThisWorkbook, ThousandsSeparator, Top, UserName, Version, Width, Windows, WindowState, Workbooks, WorksheetFunction, Worksheets

Méthodes

ActivateMicrosoftApp, AddChartAutoFormat, Calculate, CheckSpelling, DoubleClick, Evaluate, FindFile, GetOpenFilename, GetSaveAsFilename, InputBox, OnKey, OnRepeat, OnTime, OnUndo, Quit, Run, SendKeys, Undo, Volatile, Wait

Evénements

NewWorkbook, SheetActivate, SheetBeforeDoubleClick, SheetBeforeRightClick, SheetCalculate, SheetChange, SheetDeactivate, SheetFollowHyperlink, WindowActivate, WindowDeactivate, WorkbookActivate, WorkbookBeforeClose, WorkbookBeforePrint, WorkbookBeforeSave, WorkbookDeactivate, WorkbookNewSheet, WorkbookOpen

COLLECTION WORKBOOKS

Propriétés

Application, Count, Creator, Item, Parent

Méthodes

Add, Close, Open

WORKBOOK

Propriétés

ActiveChart, ActiveSheet, Application, Charts, Colors, CommandBars, FileFormat, FullName, HasPassword, IsAddin, Name, Names, Parent, Password, Path, ReadOnly, Saved, Sheets, Styles, Windows, Worksheets, WritePassword

Méthodes

Activate, AddinInstall, AddinUninstall, Close, FollowHyperlink, PrintOut, Protect, Save, SaveAs, SaveCopyAs, Unprotect

PROPRIÉTÉS, MÉTHODES, ÉVÉNEMENTS DES OBJETS

Evénements

Activate, BeforeClose, BeforePrint, BeforeSave, Deactivate, NewSheet, Open, SheetActivate, SheetBeforeDoubleClick, SheetBeforeRightClick, SheetCalculate, SheetChange, SheetDeactivate, SheetFollowHyperlink, SheetSelectionChange, WindowActivate, WindowDeactivate

COLLECTION WORKSHEETS

Propriétés

Application, Count, Item, Parent, Visible

Méthodes

Add, Copy, Delete, FillAcrossSheets, Move, PrintOut, Select

WORKSHEET

Propriétés

Application, Cells, CircularReference, CodeName, Columns, Comments, Hyperlinks, Name, Names, PageSetup, Parent, ProtectContents, ProtectDrawingObjects, Protection, ProtectionMode, QueryTables, Range, Rows, StandardHeight, StandardWidth, Type, UsedRange, Visible

Méthodes

Activate, Calculate, Copy, Delete, EnableCalculation, Evaluate, Move, Paste, PasteSpecial, PrintOut, Protect, SaveAs, Select, Unprotect

Evénements

Activate, BeforeDoubleClick, BeforeRightClick, Calculate, Change, Deactivate, FollowHyperlink, SelectionChange

RANGE

Propriétés

Address, AddressLocal, Application, Areas, Borders, Cells, Column, Columns, ColumnWidth, Comment, Count, CurrentRegion, End, EntireColumn, EntireRow, Errors, Font, Formula, FormulaLocal, FormulaR1C1, FormulaR1C1Local, HasFormula, Height, Hidden, HorizontalAlignment, Hyperlinks, Interior, Item, Left, Locked, Name, NumberFormat, NumberFormatLocal, Offset, Orientation, Parent, QueryTable, Range, Replace, Row, RowHeight, Rows, ShrinkToFit, Style, Top, Value, Value2, VerticalAlignment, Width, Worksheet, WrapText

Méthodes

Activate, AddComment, AdvancedFilter, AutoFill, AutoFilter, AutoFit, BorderAround, Calculate, Clear, ClearComments, ClearContents, Copy, Cut, DataSeries, Delete, Dependents, DirectDependents, FillDown, FillLeft, FillRight, FillUp, Find, Insert, Justify, PasteSpecial, PrintOut, Run, Select, Show, Sort, Table, Text, TextToColumns

COLLECTION BORDERS ET BORDER (* = n'appartient qu'à Borders)

Propriétés

Application, Color, ColorIndex, Count *, Creator, Item *, LineStyle, Parent, Value *, Weight

PRINCIPAUX CONTRÔLES DE BDI, PROPRIÉTÉS

	CheckBox	ComboBox	CommandButton	Frame	Image	Label	ListBox	MultiPage	OptionButton	ScrollBar	SpinButton	TabStrip	TextBox	ToggleButton	UserForm
Name	✓	✓	✓	✓	✓	✓	✓	✓	✓	✓	✓	✓	✓	✓	✓
Accelerator	✓		✓			✓			✓					✓	
AutoSize	✓	✓	✓		✓	✓			✓				✓	✓	
AutoTab		✓											✓		
AutoWordSelect		✓											✓		
BackColor	✓	✓	✓	✓	✓	✓	✓	✓	✓	✓	✓	✓	✓	✓	✓
BorderColor		✓		✓	✓	✓	✓						✓		✓
BorderStyle		✓		✓	✓	✓	✓						✓		✓
Caption	✓		✓	✓		✓			✓						✓
ControlSource	✓	✓					✓		✓	✓	✓		✓	✓	
ControlTipText	✓	✓	✓		✓	✓	✓	✓	✓	✓	✓	✓	✓	✓	
DragBehavior		✓											✓		
Enabled	✓	✓	✓	✓	✓	✓	✓	✓	✓	✓	✓	✓	✓	✓	✓
EnterKeyBehavior													✓		
Font	✓	✓	✓		✓	✓	✓	✓	✓			✓	✓	✓	✓
ForeColor	✓	✓	✓	✓		✓	✓	✓	✓	✓	✓	✓	✓	✓	✓
Height	✓	✓	✓		✓	✓	✓	✓	✓	✓	✓	✓	✓	✓	✓
HideSelection		✓											✓		
IntegralHeight							✓						✓		
Left	✓	✓	✓	✓	✓	✓	✓	✓	✓	✓	✓	✓	✓	✓	✓
Locked	✓	✓	✓		✓	✓	✓	✓	✓	✓	✓	✓	✓	✓	
MaxLength		✓											✓		
MultiLine													✓		
PasswordChar													✓		
SelectionMargin		✓											✓		
Picture…	✓		✓	✓	✓	✓		✓	✓					✓	✓
ScrollBars (et ass.)				✓				✓					✓		✓
SpecialEffect	✓	✓		✓	✓	✓	✓		✓				✓	✓	
TabKeyBehavior													✓		
TabStop	✓	✓	✓	✓			✓	✓	✓	✓	✓	✓	✓	✓	
Tag	✓	✓	✓	✓	✓	✓	✓	✓	✓	✓	✓	✓	✓	✓	✓
Text		✓					✓						✓		
TextAlign		✓					✓						✓		
Top	✓	✓	✓			✓	✓	✓	✓	✓	✓	✓	✓	✓	✓
Value	✓	✓	✓				✓	✓	✓	✓	✓	✓	✓	✓	
Visible	✓	✓	✓	✓	✓	✓	✓	✓	✓	✓	✓	✓	✓	✓	✓
Width	✓	✓	✓		✓	✓	✓	✓	✓	✓	✓	✓	✓	✓	✓
WordWrap	✓		✓			✓			✓				✓	✓	

	CheckBox	ComboBox	CommandButton	Frame	Image	Label	ListBox	MultiPage	OptionButton	ScrollBar	SpinButton	TabStrip	TextBox	ToggleButton	UserForm
Activate															✓
AddControl			✓					✓							✓
AfterUpdate	✓	✓					✓		✓	✓	✓		✓	✓	
BeforeDragOver	✓	✓	✓	✓	✓	✓	✓	✓	✓	✓	✓	✓	✓	✓	✓
BeforeDropOrPaste	✓	✓	✓	✓	✓	✓	✓	✓	✓	✓	✓	✓	✓	✓	✓
BeforeUpdate	✓	✓					✓		✓	✓	✓		✓	✓	
Change	✓	✓					✓	✓	✓	✓	✓	✓	✓	✓	
Click	✓	✓					✓	✓	✓			✓		✓	✓
DblClick	✓	✓					✓	✓	✓			✓		✓	✓
Deactivate															✓
DropButtonClick		✓											✓		
Enter	✓	✓	✓	✓			✓	✓	✓	✓	✓	✓	✓	✓	
Error	✓	✓	✓	✓	✓	✓	✓	✓	✓	✓	✓	✓	✓	✓	✓
Exit	✓	✓	✓	✓			✓	✓	✓	✓	✓	✓	✓	✓	
Initialize															✓
KeyDown	✓	✓	✓	✓			✓	✓	✓	✓	✓	✓	✓	✓	✓
KeyPress	✓	✓	✓	✓			✓	✓	✓	✓	✓	✓	✓	✓	✓
KeyUp	✓	✓	✓	✓			✓	✓	✓	✓	✓	✓	✓	✓	✓
LayOut				✓				✓							✓
MouseDown	✓	✓	✓	✓	✓	✓	✓	✓	✓			✓	✓	✓	✓
MouseMove	✓	✓	✓	✓	✓	✓	✓	✓	✓			✓	✓	✓	✓
MouseUp	✓	✓	✓	✓	✓	✓	✓	✓	✓			✓	✓	✓	✓
RemoveControl				✓				✓							✓
Terminate															✓
Scroll				✓				✓		✓					✓
SpinDown											✓				
SpinUp											✓				
Zoom				✓				✓							✓

MODÈLE D'OBJETS SIMPLIFIÉ

Application
- AddIns (AddIn)
- Assistant
- CommandBars (CommandBar)
- Debug
- Dialogs (Dialog)
- FileFind
- FileSearch
- Names (Name)
- VBE
- Windows (Window)
- Workbooks (Workbook)
  - Charts (Chart) ⇨
  - CommandBars ( )
  - Names (Name)
  - Styles (Style)
    - Borders ( )
    - Font
    - Interior
  - VBProject
  - Windows ( )
  - Worksheets (Worksheet) ⇨
- WorksheetFunction

Charts (Chart)
- Axes (Axis)
  - AxisTitle
  - GridLines
  - TickLabels
- ChartArea
- ChartGroups (ChartGroup)
- ChartTitle
- Corners
- DataTable
  - Border
  - Font
- Floor
  - LegendEntries (-Entry)
    - LegendKey
- PageSetup
- PlotArea
- SeriesCollection (Series)
- Shapes (Shape)
- Walls

Worksheets (Worksheet)
- ChartObjects (ChartObject)
  - Chart
- Comments (Comment)
- Hyperlinks (Hyperlink)
- Names (Name)
- Outline (Plan)
- PageSetup
- PivotTables ( ) (Tableaux croisés)
  - PivotCache
  - PivotFields ( )
    - PivotItems ( )
  - PivotFormulas ( )
- QueryTables (QueryTable)
  - Parameters (Parameter)
- Range ⇨
- Scenarios (Scenario)
- Shapes (Shape)
  - ControlFormat
  - FillFormat
  - Hyperlink
  - LineFormat
  - LinkFormat
  - PictureFormat
  - ShadowFormat
  - TextFrame
- ...

Range
- Areas
- Borders (Border)
- Characters
  - Font
- Comment
- Font
- FormatConditions ( )
- Hyperlinks (Hyperlink)
- Interior
- Name
- Style
  - Borders (Border)
  - Font
  - Interior
- Validation

TABLE DES EXEMPLES

Index

W

Z